# 互换性与测量技术基础
## （第2版）

庞学慧　主　编

武文革　崔宝珍　副主编

电子工业出版社
**Publishing House of Electronics Industry**
北京·BEIJING

# 内 容 简 介

本书全面采用最新的国家标准，并以国家标准为指南，充实理论，加强应用，既满足本、专科教学的基本要求，又适于作为工程技术参考书自学。

全书共分 12 章。除包括绪论、极限与配合及圆柱结合的互换性、测量技术基础、几何公差、表面结构、光滑工件尺寸的检验、滚动轴承的互换性、常用结合件（含键、圆锥、螺纹）的互换性与检测、渐开线圆柱齿轮传动的互换性、尺寸链等 10 章基本内容外，考虑到公差设计与现代测量技术的最新发展，以及拓展读者的视野，并照顾到各层次读者的需要，又增加了计算机辅助公差设计和三坐标测量机简介等两章内容。前 10 章均附有习题和思考题。

本书可供高等院校机械类、仪器仪表及机械电子类专业的师生使用，也可作为工具书供从事机械设计、机械制造、标准化与计量等工作的工程技术人员参考使用。

**图书在版编目（CIP）数据**

互换性与测量技术基础 / 庞学慧主编. —2 版. —北京：电子工业出版社，2015.5
普通高等教育"十二五"机电类规划教材
ISBN 978-7-121-26013-1

Ⅰ. ①互…　Ⅱ. ①庞…　Ⅲ. ①零部件－互换性－高等学校－教材②零部件－测量技术－高等学校－教材
Ⅳ. ①TG801

中国版本图书馆 CIP 数据核字（2015）第 097183 号

策划编辑：李　洁
责任编辑：康　霞
印　　刷：北京七彩京通数码快印有限公司
装　　订：北京七彩京通数码快印有限公司
出版发行：电子工业出版社
　　　　　北京市海淀区万寿路 173 信箱　邮编　100036
开　　本：787×1 092　1/16　印张：17.5　字数：44 千字
版　　次：2009 年 7 月第 1 版
　　　　　2015 年 5 月第 2 版
印　　次：2023 年 1 月第 11 次印刷
定　　价：45.00 元

凡所购买电子工业出版社图书有缺损问题，请向购买书店调换。若书店售缺，请与本社发行部联系，联系及邮购电话：(010) 88254888，88258888。

质量投诉请发邮件至 zlts@phei.com.cn，盗版侵权举报请发邮件至 dbqq@phei.com.cn。

本书咨询联系方式：lijie@phei.com.cn。

# 第二版前言

本书作为教材已使用了五年多的时间。在这五年多的时间里，原作者们在辛勤的科研和教学工作之余，不断地总结和提炼，逐渐发现了书中的一些不足之处；承蒙广大高校教师及同学的厚爱，在使用本书的过程中，也给我们提出了许多很好的修改意见和建议。另外，五年多的时间里，产品几何技术规范（GPS）的理论不断发展，我国也推出了许多新的国家标准、行业标准和计量技术规范。各种因素促成了我们对本书的修订。

首先是与第一版的各位作者进行了认真的讨论，提出了修订计划和建议，梳理了书中的错误及不当之处，对晦涩难懂的论述及可能的内容增减进行了具体研究。其次，进行了修订任务的分工和分解，以庞学慧、武文革、崔宝珍三人为主，具体分工是：中北大学的庞学慧负责第 1~3 章及第 9、10 章的修订，武文革负责第 4 章的修订，崔宝珍负责第 6~8 章的修订并重新编写了第 5 章，太原科技大学化学与生物工程学院的王强老师负责第 11、12 章的修订。另外，中北大学的赵丽琴老师参与了第 4、9 章的部分修订工作。全书由庞学慧负责最终定稿。

本书配有 PPT 课件，如有需要请登录电子工业出版社华信教育资源网（www.hxedu.com.cn）注册后免费下载。限于作者的水平，书中不免会存在不妥甚至错误，恳请读者予以批评指正。修改意见和建议请发至电子邮箱：pang_x_h@163.com，作者将不胜感激。

编　者
2015 年 1 月

  《互换性与测量技术基础》是高等工科院校机械类、仪器仪表及机械电子类专业的一门重要的技术基础课。其内容涵盖了实现互换性生产的标准化领域和计量学领域的有关知识，涉及机械与电子产品的设计、制造、质量控制、生产组织管理等许多方面，是"联系设计类课程与制造类课程的纽带，是从基础课向专业课过渡的桥梁"。

  随着科学研究与技术创新的不断推进，新一代产品几何技术规范（Geometrical Product Specification and Verification，GPS）已基本建立，它以几何学理论为基础，覆盖从宏观到微观的产品几何特征，涉及产品开发、设计、制造、验收、使用以及维修、报废等产品生命周期的全过程。新一代GPS标准体系是对传统公差设计和控制思想的一次大的变革，是集产品规范与认证于一体的信息时代的新型标准体系，它标志着标准和计量进入了一个新的时代。基于对新一代GPS标准体系的认同，我国近些年来加快了国家标准的修订工作。为了更好地与国际接轨，国家标准一般都等效采用国际标准。本书的编写，遵循新一代GPS的思想，以最新国家标准为指南，既保证书中内容的新鲜和权威，又充分照顾到新旧国家标准的衔接。

  由于目前教学时数普遍压缩，编写过程中，力求基本概念清楚、准确，标准化与测量部分内容精练。对实验课将涉及的测量仪器原理、结构及使用方法等内容未作编写。考虑到公差设计与现代测量技术的飞速发展，以及为使学生将来更好地从事科学研究和工程技术工作，特增加了"计算机辅助公差设计"和"三坐标测量机简介"两章。

  本书由庞学慧、武文革共同策划和担任主编。其中，第1、2章由吴淑芳编写，第3、10章由郑智贞编写，第4章4.3节和4.4节及第9章由范国勇编写，第5、6、7章由崔宝珍编写，第8、11、12章由成云平编写。此外，庞学慧还编写了第4章的4.1节和4.2节，以及第1~5章的初稿；武文革编写了第4章五、六节，以及第6~10章的初稿。全书由庞学慧负责统稿。

  限于编者的水平和编写时间的紧迫，书中难免存在不妥甚至错误之处，恳请广大读者予以批评和指正。

编 者

2009 年 4 月

<<<<< CONTENTS

## 第4章　几何公差

## 第5章　表面结构

## 第6章　光滑工件尺寸的检验

# 第 12 章 三坐标测量机简介

# 参考文献

# 第 1 章　绪论

## 1.1　互换性概述

### 1.1.1　互换性的含义

许多产品如汽车、自行车、钟表、机器设备等的零件坏了以后，我们常常会购买一个新的，在更换与装配后，通常都能很好地满足使用要求。之所以能这样方便，就是因为这些零件都具有互换性。

要使零件具有互换性，不仅要求决定零件特性的那些技术参数的公称值相同，而且要求将其实际值的变动限制在一定范围内，以保证零件充分近似，即应按"公差"来制造。公差即允许实际参数值的最大变动范围。

由此可将互换性（interchangeability）的含义阐述如下："机械制造中的互换性，是指按规定的几何、物理及其他质量参数的公差，来分别制造机械的各个组成部分，使其在装配与更换时，不需辅助加工及修配便能很好地满足使用和生产上的要求"。

### 1.1.2　互换性的分类

（1）几何参数互换性与功能互换性

按决定参数或使用要求，互换性可分为几何参数互换性与功能互换性。

几何参数互换性——规定几何参数的公差以保证合格零件的几何参数充分近似所达到的互换性。此为狭义互换性，即通常所讲的互换性，有时也局限于保证零件尺寸配合要求的互换性。

功能互换性——规定功能参数的公差所达到的互换性。功能参数当然包括几何参数，但还包括其他一些参数，如材料机械性能参数，化学、光学、电学、流体力学等参数。此为广义互换性，往往着重于保证除尺寸配合要求以外的其他功能要求。

（2）完全互换与不完全互换

按互换程度，互换性可分为完全互换与不完全互换。

若零部件在装配或更换时，不需辅助加工与修配，并且不需选择，则为完全互换。当装配精度要求很高时，采用完全互换将使零件尺寸公差很小，加工困难甚至无法加工。对批量较大的零件，这时可将其制造公差适当放大，待加工完毕后，通过测量将零件按实际尺寸大小分为若干组，使同组零件间的差别减小，按组进行装配。这种仅组内零件可以互换，组与组之间不可互换，称为不完全互换。一般而言，不完全互换只限于部件或机构制造厂内部的装配。至于厂外协作，即使产量不大，往往也要求完全互换。

（3）外互换与内互换

对标准件或机构来说，互换性可分为外互换与内互换。

外互换——指部件或机构与其相配件间的互换性，如滚动轴承与相配的轴颈、轴承座孔的配合。外互换应为完全互换。

内互换——指部件或机构内部组成零件间的互换性，如滚动轴承内圈、外圈、滚动体等件的配合。内互换可以是完全互换，也可以是不完全互换。

### 1.1.3 互换性的作用

从使用看，若零件具有互换性，则在磨损或损坏后，可用新的备件代替。由于备件具有互换性，不仅维修方便，而且使机器的修理时间和费用显著减少，可保证机器工作的连续性和持久性，从而显著提高机器的使用价值。在一些特殊行业，如发电厂、通信系统，其设备零部件具有互换性所起的作用，往往很难用经济价值来衡量。对于兵器这样的特殊器械，保证零部件的互换性也是绝对必要的。

从制造看，互换性是提高生产水平和进行文明生产的有力手段。装配时，由于零部件具有互换性，不需辅助加工和修配，这能减轻装配工的劳动量，缩短装配周期，并且可以使装配工作按流水作业的方式进行，以至进行自动装配，从而使装配生产率大大提高。加工时，由于规定有公差，同一部机器上的各个零件可以同时分别加工。批量、大规模生产的零件还可由专门车间或工厂，采用高效率的专用设备加工。这样，产量和质量必然会得到提高，成本也会显著降低。

从设计看，由于采用按互换性原则设计和生产的标准零件和部件，可简化绘图、计算等工作，缩短设计周期，并提高设计的可靠性。这对发展系列产品和促进产品结构、性能的不断改进，都有重大的作用。

总之，在机械制造中遵循互换性原则，不仅能显著提高劳动生产率，而且能有效保证产品质量和降低成本。所以，互换性是机械制造中的重要生产原则与有效技术措施。

# 1.2 标准化与优先数

## 1.2.1 标准化概述

在机械制造中，标准化（Standardization）是广泛实现互换性生产的前提，而极限与配合等互换性标准是重要的基础标准。

从概念讲，标准化是指制订、贯彻技术标准，以促进全面经济发展的整个过程。技术标准（简称标准）是从事生产、建设工作以及商品流通等的一种共同技术依据，它以生产实践、科学试验及可靠经验为基础，由有关方面协调制订，经一定程序批准后，在一定范围内具有约束力。

标准可以按不同级别颁布。我国技术标准分为国家标准、部标准（专业标准）和企业标准三级。从世界范围看，还有国际标准与区域性标准。近十几年来，为了适应技术科学与工程的快速发展，我国国家标准更新很快，同时为了便于和国际接轨，新的国家标准基本都是等效采用国际标准的。

从内容讲，标准化的范围极其广泛，几乎涉及人类生活的各个方面。因此，技术标准种类繁多。按照标准化对象的特征，技术标准大致可归纳为以下几类：

（1）基础技术标准

基础技术标准是以标准化共性要求和前提条件为对象的标准。包括计量单位、术语、符号、优先数系、机械制图、极限与配合、零件结构要素等标准，例如：

中华人民共和国国家标准　国际单位制及其应用　GB 3100—93；

中华人民共和国国家标准　技术制图 通用术语　GB/T 13361—2012；

中华人民共和国国家标准　焊缝符号表示法　GB/T 324—2008。

（2）产品标准

产品标准以产品及其构成部分为对象的标准。包括机电设备、仪器仪表、工艺装备、零部件、毛坯、半成品及原材料等基本产品或辅助产品的标准等。产品标准包括产品品种系列标准和产品质量标准，例如：

中华人民共和国机械行业标准　数控卧式车床 系列型谱 JB/T 4368.1—1996；

中华人民共和国国家标准　旋转电机结构及安装形式（IM 代号）　GB/T 997—2003；

中华人民共和国国家标准　交流电梯电动机通用技术条件 GB/T 12974—2012。

（3）方法标准

方法标准是以生产技术活动中的重要程序、规划、方法为对象的标准。包括设计计算方法、工艺规程、测试方法、验收规则及包装运输方法等标准，例如：

中华人民共和国国家标准　圆柱螺旋弹簧设计计算 GB/T 23935—2009；

中华人民共和国国家标准　数控车床和车削中心检验条件　第 1 部分：卧式机床几何精度检验　GB/T 16462.1—2007；

中华人民共和国国家标准　仪器仪表包装通用技术条件 GBT 15464—1995。

（4）安全与环境保护标准

安全与环境保护标准是专门为了安全与环境保护目的而制定的标准。例如：

中华人民共和国国家标准　工业企业厂界环境噪声排放标准 GB12348—2008；

中华人民共和国国家标准　金属切削机床 安全防护通用技术条件 GB15760—2004。

从作用讲，标准化的影响是多方面的。标准化是组织现代化大生产的重要手段，是实现专业化协作生产的必要前提，是科学管理的重要组成部分。标准化同时是联系科研、设计、生产、流通和使用等方面的技术纽带，是使整个社会经济合理化的技术基础。标准化也是发展贸易，提高产品在国际市场上竞争能力的技术保证。

## 1.2.2　优先数系和优先数

工程上各种技术参数的协调、简化和统一，是标准化的重要内容。

在生产中，当选定一个数值作为某种产品的参数指标时，这个数值就会按照一定的规律向一切相关的制品、材料等的有关参数指标传播扩散。例如电动机的功率和转速的数值确定后，不仅会传播到有关机器的相应参数上，而且必然会传播到其本身的轴、轴承、键、齿轮、联轴节等一整套零部件的尺寸和材料特性参数上，并将传播到加工和检验这些零部件的刀具、量具、夹具及专用机床等的相应参数上。因此，对于各种技术参数，必须从全局出发加以协调。另外，从方便设计、制造、管理、使用和维修等来考虑，对技术参数的数值，也应进行适当的简化和统一。

优先数系和优先数就是对各种技术参数的数值进行协调、简化和统一的一种科学的数值制度。

（1）优先数系和优先数的定义

1）优先数系（Series of preferred numbers），即公比为 $\sqrt[5]{10}$、$\sqrt[10]{10}$、$\sqrt[20]{10}$、$\sqrt[40]{10}$ 和 $\sqrt[80]{10}$，且项值中含有 10 的整数幂的几何级数的常用圆整值。分别用 R5，R10，R20，R40，R80 表示，其中前四个为基本系列，最后一个作为补充系列。优先数系可向两个方向无限延伸，表 1-1 仅为基本系列 1～10 范围的圆整值。

2）优先数（Preferred numbers），符合 R5，R10，R20，R40 和 R80 系列的圆整值即为优先数。优先数有理论值、计算值、常用值和圆整值之分。

优先数的理论值一般是无理数，不便于实际应用。在作参数系列的精确计算时可采用计算值，即对理论值取五位有效数字。计算值对理论值的相对误差小于 1/20000。

R5，R10，R20 和 R40 基本系列中的优先数常用值，对计算值的相对误差在 +1.26%～−1.01% 范围内。各系列的公比分别为：

R5 系列　　　公比 $q_5 = \sqrt[5]{10} \approx 1.60$；

R10 系列　　公比 $q_{10} = \sqrt[10]{10} \approx 1.25$；

R20 系列　　公比 $q_{20} = \sqrt[20]{10} \approx 1.12$；

R40 系列　　公比 $q_{40} = \sqrt[40]{10} \approx 1.06$。

工程应用中，一般机械产品的主要参数通常采用 R5 系列和 R10 系列，专用工具的主要尺寸采用 R10 系列。

3）优先数系的派生系列，当优先数系的基本系列无一能满足分级要求时，还会用到派生系列。派生系列是从基本系列或补充系列 R$r$ 中，每 $p$ 项取值导出的系列，以 R$r/p$ 表示，比值 $r/p$ 是 1～10、10～100 等各个十进制数内项值的分级数。

派生系列的公比为：

$$q_{r/p} = q_r^p = \left(\sqrt[r]{10}\right)^p = 10^{p/r}$$

比值 $r/p$ 相等的派生系列具有相同的公比，但其项值是多义的。例如，派生系列 R10/3 的公比 $q_{10/3} = 10^{3/10} \approx 2$，可导出三种不同项值的系列：

1.00，2.00，4.00，8.00

1.25，2.50，5.00，10.0

1.60，3.15，6.30，12.5

**表 1-1　优先数系的基本系列（常用值）**

| R5 | R10 | R20 | R40 | R5 | R10 | R20 | R40 | R5 | R10 | R20 | R40 |
|---|---|---|---|---|---|---|---|---|---|---|---|
| 1.00 | 1.00 | 1.00 | 1.00 | | | 2.24 | 2.24 | | 5.00 | 5.00 | 5.00 |
| | | | 1.06 | | | | 2.36 | | | | 5.30 |
| | | 1.12 | 1.12 | 2.50 | 2.50 | 2.50 | 2.50 | | | 5.60 | 5.60 |
| | | | 1.18 | | | | 2.65 | | | | 6.00 |
| | 1.25 | 1.25 | 1.25 | | | 2.80 | 2.80 | 6.30 | 6.30 | 6.30 | 6.30 |
| | | | 1.32 | | | | 3.00 | | | | 6.70 |
| | | 1.40 | 1.40 | | 3.15 | 3.15 | 3.15 | | | 7.10 | 7.10 |
| | | | 1.50 | | | | 3.35 | | | | 7.50 |
| 1.60 | 1.60 | 1.60 | 1.60 | | | 3.55 | 3.55 | 8.00 | 8.00 | 8.00 | 8.00 |
| | | | 1.70 | | | | 3.75 | | | | 8.50 |
| | | 1.80 | 1.80 | 4.00 | 4.00 | 4.00 | 4.00 | | | 9.00 | 9.00 |
| | | | 1.90 | | | | 4.25 | | | | 9.50 |
| 2.00 | 2.00 | 2.00 | 2.00 | | 4.50 | 4.50 | 4.50 | 10.00 | 10.00 | 10.00 | 10.00 |
| | | | 2.12 | | | | 4.75 | | | | |

移位系列也是一种派生系列，它的公比与某一基本系列相同，但项值与该基本系列不同。例如，项值从 25.0 开始的 R80/8 系列，是项值从 25.0 开始的 R10 系列的移位系列。

设计中，在所有需要数值分级的场合，首先是按一个或几个数系对特征值的分级标准化，以最少项数满足全部要求。优先数系则正好符合这些要求。优先数与优先数系的主要优点如下：

① 相临两项的相对差均匀，疏密适中，而且计算方便，容易记忆。

② 在同一系列中优先数的积、商、整数（正或负）次乘方仍为优先数。

③ 包含任一项值的全部十进倍数和十进分数。

④ 可以向大、小数值两端无限延伸。

（2）优先数系和优先数的应用

鉴于优先数系和优先数会给机械设计、制造过程带来许多便利，与国家标准《优先数和优先数系》（GB/T 321—2005）同时，又颁布了《优先数和优先数系的应用指南》（GB/T 19763—2005）和《优先数和优先数化整值系列的选用指南》（GB/T 19764—2005）两项国家标准。

制订参数分级方案时，系列值的选择取决于对制造、使用综合考虑的技术与经济的合理性。对于参数系列化尚无明确要求的单个参数值，也应采用优先数，随着生产的发展逐步形成有规律的系列。

在确定自变量参数（即项值的选择不受已有标准或配套产品等因素限制的参数）的系列方案时，只要能满足技术与经济上的要求，应当按照 R5，R10，R20，R40 的顺序，优先选用公比较大的基本系列。以后如有必要，可插入中间值变成公比较小的系列。

当基本系列的公比不能满足分级要求时，可选用派生系列。选用时应优先采用公比较大和延伸项中含有项值 1 的派生系列。移位系列只宜用于因变量参数的系列。

当参数系列的延伸范围很大，从制造和使用的经济性考虑，在不同的参数区间需要采用公比不同的系列时，可分段选用最适宜的基本系列或派生系列，以构成复合系列。

# 1.3　产品几何技术规范（GPS）简介

## 1.3.1　GPS 概述

产品几何技术规范（Geometrical Product Specification and Verification，GPS）是一套关于产品几何参数完整的技术标准体系，它覆盖了工件尺度、几何形状、位置关系及表面形貌等各个方面，贯穿于产品的研究、设计、制造、验收、使用及维修等全过程。

第一代的产品几何技术规范是以几何学为基础的标准，包括尺寸公差、形状和位置公差、表面粗糙度、测量仪器、测量器具、测量不确定度等标准，是由原 ISO/TC3（极限与配合，尺寸公差及相关检测）、ISO/TC10/SC5（几何公差与相关检测）和 ISO/TC57（表面纹理与相关检测）三个技术委员会各自独立制定的。三者间出现了重复、空缺和不足，产生了术语定义、基本规则及综合要求的差异和矛盾，使得标准之间出现众多不衔接和矛盾之处。同时，基于几何学的标准体系，虽然为几何产品的设计、制造及检验提供了技术规范，但因其局限于描述理想几何形状的工件，没有考虑几何规范与产品功能要求的联系，缺乏表达各种功能和控制要求的图形语言，不能充分精确地表述对几何特征误差控制的要求，从而造成功能要求失控；在设计规范中没有给出测量评定方法，检验过程缺乏误差控制的设计信息，使得产品合格评定缺乏唯一的准则，从而造成测量评估失控，导致产品质量评定的纠纷。

1996 年 6 月，ISO 技术管理局（ISO/TMB）成立了新的技术委员会 ISO/TC213，全面负责构建一个新的、完整的产品几何技术规范国际标准体系，即新一代 GPS 标准体系。新一代 GPS 以数学作为基础语言结构，以计量数学为根基，给出产品功能、技术规范、制造与检验之间的量值传递的数学方法，它蕴涵了工业化大生产的基本特征，反映了技术发展的内在需要，为产品技术评估提供了"通用语言"，为设计、制造、产品开发及计量检验人员建立了一个交流的平台。

新一代 GPS 是引领世界制造业前进方向的、基础性的新型国际标准体系，是实现数字化制造和发展先进制造技术的关键。这一标准体系与现代设计制造技术相结合，是对传统公差设计和检验的一次大的变革。GPS 的发展与应用有多种原因，最根本的是使产品的一些基本性能得到了保证，体现在产品的功能性、安全性、独立性及互换性等方面。

GPS 的应用不仅局限于工业领域，它早已渗透到了商业领域及国民经济的各个部门。随着制造与经济的全球化，基于"标准和计量"的新一代 GPS 标准体系的重要作用日益得到国际社会的认同，其发展和应用水平，不但影响一个国家的经济发展，而且对一个国家的科学技术和制造水平有着决定性的作用。

## 1.3.2 GPS 的体系结构

ISO/TR 14638 给出了新一代 GPS 体系的总体结构，如图 1-1 所示。它包括四种类型的 GPS 标准，分别是全局、基础、通用和补充 GPS 标准，大约由 200 多个 ISO、ISO/TR 及 ISO/TS 文件组成。

| 全局GPS标准（The Global GPS Standards） | | | | | | | |
|---|---|---|---|---|---|---|---|
| 链环号<br>要素的<br>几何特征 | 1<br>产品<br>图样<br>表达 | 2<br>公差<br>的<br>定义 | 3<br>实际要<br>素特征<br>的定义 | 4<br>工件误差<br>的评判—<br>与规定极<br>限的比较 | 5<br>要素的<br>特征计<br>量值的<br>提取 | 6<br>计量<br>设备<br>要求 | 7<br>计量设<br>备的标<br>定标准 |
| 1　尺　寸 | | | | | | | |
| 2　距　离 | | | | | | | |
| 3　半　径 | | | | | | | |
| 4　角　度 | | | | | | | |
| 5　与基准无关<br>的线的形状 | | | | | | | |
| 6　与基准有关<br>的线的形状 | | | | | | | |
| 7　与基准无关<br>的面的形状 | | | | | | | |
| 8　与基准有关<br>的面的形状 | | | | | | | |
| 9　方　向 | | | | | | | |
| 10　位　置 | | | | | | | |
| 11　圆跳动 | | | | | | | |
| 12　全跳动 | | | | | | | |
| 13　基　准 | | | | | | | |
| 14　轮廓粗糙度 | | | | | | | |
| 15　轮廓波纹度 | | | | | | | |
| 16　基本轮廓 | | | | | | | |
| 17　表面缺陷 | | | | | | | |
| 18　边　沿 | | | | | | | |
| 补充GPS标准（The Complementary GPS Standards） | | | | | | | |

（左侧纵向标注：基础GPS标准（The Fundamental GPS Standards））

图 1-1　GPS 的总体结构

GPS 体系结构中，通用 GPS 标准（General GPS Standards）是主体，用来确定零件的不同几何特性在图样上表示的规则、定义和检验原则等标准。通用 GPS 标准构成了一个 GPS 矩阵，其中"行"是不同几何要素的分类，"列"是标准与计量。矩阵中每一行构成一个标准链，给出了从设计规范、检测技术到比对原则和量值溯源的标准关系。在通用 GPS 标准矩阵中包括 18 种几何要素，每种几何要素对应一个标准链，每个标准链由七个环组成，每个环中至少包含一个标准，它们之间相互关联，并影响着其他环节的标准。

目前，我国新修订的 GPS 国家标准，基本都采用了 ISO 标准。但是，标准化是一个复杂的系统工程，正处在不断地研究、发展和完善的过程。本教材所介绍的内容，仅仅是 GPS 的初级知识。

# 习题

1. 简述互换性的基本含义。按互换性组织生产活动有哪些优越性？
2. 完全互换性与不完全互换性有何区别？各用于何种场合？
3. 标准的种类和级别各有哪些？
4. 写出下列优先数系列：R5，R20/3（第一个项为 10，写出后五项优先数）。
5. 下面两列数据属于哪种系列？公比为多少？
(1) 电动机转速：375r/min，750r/min，1500r/min，3000 r/min……
(2) 摇臂钻床的最大钻孔直径：25mm，40mm，63mm，80mm，100mm，125mm 等。

# 第2章 极限与配合及圆柱结合的互换性

## 2.1 概述

圆柱结合是机械制造中应用最广泛的一种结合，由孔和轴构成。这种结合由结合直径与结合长度两个参数确定。从使用要求看，直径通常更重要，而且长径比可规定在一定范围内。因此，对圆柱结合可简化为按直径这一主参数考虑。

圆柱结合的公差制是机械工程方面重要的基础标准，包括极限制、配合制、检验制及量规制等。这种公差制不仅用于圆柱形内、外表面的结合，也适用于其他结合中由单一尺寸确定的部分，例如键结合中的键（槽）宽，花键结合中的外径、内径及键（槽）宽等。

"公差"主要反映机器零件使用要求与制造要求的矛盾；而"配合"则反映组成机器的零件之间的关系。公差与配合的标准化有利于机器的设计、制造、使用和维修。

20世纪90年代后期，我国将原国家标准"公差与配合"（GB/T 1800～1804—79）修订并更名为"极限与配合"（包括 GB/T 1800，GB/T 1801 和 GB/T 1803）。"极限与配合"的标准化，是使机械工业能广泛组织专业化集中生产和协作并实现互换性生产的一个基本条件，国际上公认它是特别重要的基础标准之一。

## 2.2 极限与配合的基本术语及定义

国家标准《极限与配合 基础 第1部分：词汇》（GB/T 1800.1－1997）规定的基本术语，适用于各技术标准、文件及科技出版物等。

### 2.2.1 孔和轴

**1. 孔（Hole）**

通常指工件的圆柱形内表面，也包括非圆柱形内表面（由二平行平面或切面形成的包容面）。

**2. 轴（Shaft）**

通常指工件的圆柱形外表面，也包括非圆柱形外表面（由二平行平面或切面形成的被包容面）。

孔和轴的显著区别主要在于，从加工方面看，孔是越加工越大，轴是越加工越小；从装配关系看，孔是包容面，轴是被包容面。在国家标准中，孔和轴不仅包括通常理解的圆柱形内、外表面，而且还包括其他几何形状的内、外表面中由单一尺寸确定的部分。在图 2-1 中，$D_1$、$D_2$、$D_3$ 和 $D_4$ 均可视为孔，而 $d_1$、$d_2$、$d_3$ 和 $d_4$ 均可视为轴。

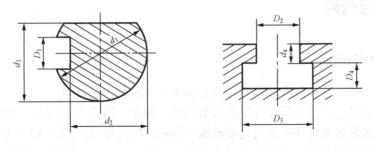

图 2-1 孔与轴

## 2.2.2 尺寸

### 1．尺寸（Size）

以特定单位表示线性尺寸值的数值。

如长度、高度、直径、半径等都是尺寸。在工程图样上，尺寸通常以"mm"为单位，标注时可将长度单位"mm"省略。

### 2．基本尺寸（Basic Size）

通过它应用上、下偏差可算出极限尺寸的尺寸。

基本尺寸通常是设计者经过强度、刚度计算，或根据经验对结构进行考虑，并参照标准尺寸数值系列确定的。相配合的孔和轴的基本尺寸应相同，并分别用 $D$ 和 $d$ 表示。

### 3．实际尺寸（Actual Size）

通过测量获得的某一孔、轴的尺寸。

由于存在测量误差，实际尺寸并非尺寸的真值。同时，由于形状误差的影响，零件的同一表面上的不同部位，其实际尺寸往往并不相等。通常用 $D_a$ 和 $d_a$ 表示孔与轴的实际尺寸。

### 4．极限尺寸（Limits of Size）

一个孔或轴允许的尺寸的两个极端。

极限尺寸中较大的一个称为最大极限尺寸，孔用 $D_{max}$ 表示，轴用 $d_{max}$ 表示；较小的一个称为最小极限尺寸，孔用 $D_{min}$ 表示，轴用 $d_{min}$ 表示。合格零件的实际尺寸应位于两个极限尺寸之间，也可达到极限尺寸。

### 5．最大实体极限（Maximum Material Limit）

对应于孔和轴最大实体尺寸的那个极限尺寸，即轴的最大极限尺寸和孔的最小极限尺寸。而最大实体尺寸是孔或轴在允许的材料量为最多状态下的极限尺寸。

### 6．最小实体极限（Least Material Limit）

对应于孔和轴最小实体尺寸的极限尺寸，即轴的最小极限尺寸和孔的最大极限尺寸。而最小实体尺寸是孔或轴在允许的材料量为最少状态下的极限尺寸。

## 2.2.3 偏差与公差

### 1. 偏差（Deviation）

某一尺寸（实际尺寸、极限尺寸等）减去基本尺寸所得的代数差。

最大极限尺寸减去其基本尺寸所得的代数差称上偏差，用代号 *ES*（孔）和 *es*（轴）表示；最小极限尺寸减去其基本尺寸所得的代数差称下偏差，用代号 *EI*（孔）和 *ei*（轴）表示。上偏差和下偏差统称为极限偏差。实际尺寸减去其基本尺寸所得的代数差称实际偏差。偏差可以为正值、负值和零。合格零件的实际偏差应在规定的极限偏差范围内。

### 2. 尺寸公差（简称公差）（Size Tolerance）

最大极限尺寸减最小极限尺寸之差，或上偏差减下偏差之差。它是允许尺寸的变动量。

孔公差用 $T_H$ 表示，轴公差用 $T_S$ 表示。用公式可表示为：

$$\left.\begin{array}{l} T_H = \left|D_{max} - D_{min}\right| \\ = \left|ES - EI\right| \end{array}\right\} \tag{2-1}$$

$$\left.\begin{array}{l} T_S = \left|d_{max} - d_{min}\right| \\ = \left|es - ei\right| \end{array}\right\} \tag{2-2}$$

公差是用以限制误差的，工件的误差在公差范围内即为合格。也就是说，公差代表制造精度的要求，反映加工的难易程度。这一点必须与偏差区别开来，因为偏差仅仅表示与基本尺寸偏离的程度，与加工难易程度无关。

【例 2-1】已知孔、轴的基本尺寸为 $\phi$50mm，孔的最大极限尺寸为 $\phi$50.030mm，最小极限尺寸为 $\phi$50mm；轴的最大极限尺寸为 $\phi$49.990mm，最小极限尺寸为 $\phi$49.970mm。试求孔、轴的极限偏差和公差。

**解：** 孔的上偏差　$ES = D_{max} - D = 50.030 - 50 = +0.030 \text{(mm)}$

孔的下偏差　$EI = D_{min} - D = 50 - 50 = 0$

轴的上偏差　$es = d_{max} - d = 49.990 - 50 = -0.010 \text{(mm)}$

轴的下偏差　$ei = d_{min} - d = 49.970 - 50 = -0.030 \text{(mm)}$

孔的公差　$T_H = \left|D_{max} - D_{min}\right| = \left|50.030 - 50\right| = 0.030 \text{(mm)}$

轴的公差　$T_S = \left|d_{max} - d_{min}\right| = \left|49.990 - 49.970\right| = 0.020 \text{(mm)}$

### 3. 零线（Zero Line）

在极限与配合图解中，表示基本尺寸的是一条直线，以其为基准确定偏差和公差。

通常，零线沿水平方向绘制，正偏差位于其上，负偏差位于其下，如图 2-2 所示。

### 4. 公差带（Tolerance Zone）

在公差带图解中，由代表上偏差和下偏差或最大极限尺寸和最小极限尺寸的两条直线所限定的一个区域。它是由公差带大小和其相对零线的位置来确定的，如图 2-2 所示。

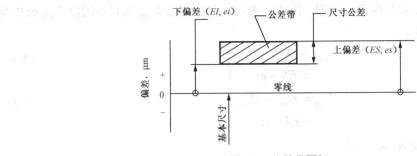

图 2-2　公差带图解

### 5．标准公差（IT）（Standard Tolerance）

国家标准极限与配合制中，所规定的任一公差，称为标准公差。其中，字母 IT 是"国际公差"（International Tolerance）的缩写。

设计时公差带的大小应尽量选择标准公差，可见公差带的大小已由国家标准标准化。标准公差数值见表 2-2。

### 6．基本偏差（Fundamental Deviation）

国家标准极限与配合制中，确定公差带相对零线位置的那个极限偏差，称为基本偏差。它可以是上偏差或下偏差，一般为靠近零线的那个偏差，在图 2-2 中为下偏差。

## 2.2.4　配合与基准制

### 1．配合（Fit）

配合是指基本尺寸相同的，相互结合的孔和轴公差带之间的关系。

（1）间隙配合（Clearance Fit）

孔的尺寸减去相配合的轴的尺寸，若差值大于等于零，称为间隙。本教材规定，计算中以"$X$"表示间隙。

间隙配合是指具有间隙（包括最小间隙等于零）的配合，如图 2-3 所示。

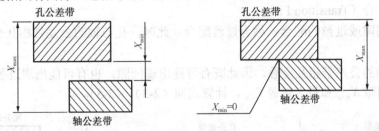

图 2-3　间隙配合

应当指出，间隙是指一对相配合的孔、轴零件尺寸间的关系，此时，孔的尺寸大于等于轴的尺寸；而间隙配合则是指相配合的一组孔与一组轴之间的装配关系，用公差带图解表示比较直观，此时，孔的公差带一定在轴的公差带之上。当孔为最大极限尺寸而轴为最小极限尺寸时，两者之差最大，装配后产生最大间隙，用 $X_{\max}$ 表示；当孔为最小极限尺寸而轴为最大极限尺寸时，两者之差最小，装配后产生最小间隙，用 $X_{\min}$ 表示。最大间隙 $X_{\max}$ 与最小间隙 $X_{\min}$ 统称为极限间隙，计算式分别为：

$$\left.\begin{array}{l} X_{\max} = D_{\max} - d_{\min} \\ \qquad = ES - ei \end{array}\right\} \tag{2-3}$$

$$\left.\begin{array}{l} X_{\min} = D_{\min} - d_{\max} \\ \qquad = EI - es \end{array}\right\} \tag{2-4}$$

（2）过盈配合（Interference Fit）

孔的尺寸减去相配合的轴的尺寸，若差值小于等于零，称为过盈。本教材规定，计算中以"$Y$"表示过盈。

过盈配合是指具有过盈（包括最小过盈等于零）的配合，如图 2-4 所示。

过盈是指一对相配合的孔、轴零件尺寸间的关系，此时，孔的尺寸小于等于轴的尺寸；而过盈配合则是指相配合的一组孔与一组轴之间的装配关系，用公差带图解表示比较直观，此时，孔的公差带一定在轴的公差带之下。当孔为最小极限尺寸而轴为最大极限尺寸时，两者之差最大，装配后产生最大过盈，用 $Y_{\max}$ 表示；当孔为最大极限尺寸而轴为最小极限尺寸时，两者之差最小，装配后产生最小过盈，用 $Y_{\min}$ 表示。最大过盈 $Y_{\max}$ 与最小过盈 $Y_{\min}$ 统称为极限过盈，计算式分别为：

$$\left.\begin{array}{l} Y_{\max} = D_{\min} - d_{\max} \\ \qquad = EI - es \end{array}\right\} \tag{2-5}$$

$$\left.\begin{array}{l} Y_{\min} = D_{\max} - d_{\min} \\ \qquad = ES - ei \end{array}\right\} \tag{2-6}$$

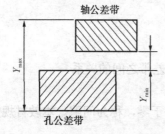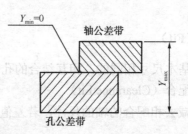

图 2-4　过盈配合

（3）过渡配合（Transition Fit）

可能具有间隙或过盈的配合，称为过渡配合。此时，孔与轴的公差带相互交叠，如图 2-5 所示。

由于孔、轴的公差带相互交叠，因此既有可能出现间隙，也有可能出现过盈；两种极端情况是出现最大间隙 $X_{\max}$ 和最大过盈 $Y_{\max}$。计算式同（2-3）、（2-5）。

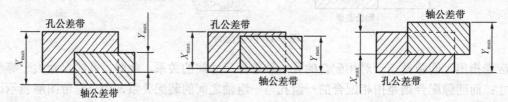

图 2-5　过渡配合

## 2. 配合公差（Variation of Fit）

配合公差是指组成配合的孔、轴公差之和。

配合公差本质上是允许间隙或过盈的变动量。对于间隙配合，其值等于最大间隙与最小间隙之代数差的绝对值；对于过盈配合，等于最大过盈与最小过盈之代数差的绝对值；对于过渡配合，等于最大间隙与最大过盈之代数差的绝对值。配合公差用 $T_f$ 表示，计算式为：

$$T_f = T_H + T_S \tag{2-7}$$

或

$$\begin{aligned} T_f &= \left| X_{\max} - X_{\min} \right| \\ &= \left| Y_{\max} - Y_{\min} \right| \\ &= \left| X_{\max} - Y_{\max} \right| \end{aligned} \tag{2-7-1}$$

【**例 2-2**】已知孔为 $\phi 50_{0}^{+0.025}$，与 $\phi 50_{+0.002}^{+0.018}$ 的轴形成配合。试求配合的极限间隙、极限过盈及配合公差，并画出公差与配合图解。

**解**：孔的上偏差　$ES = +0.025$,　　最大极限尺寸　$D_{\max} = 50.025$

　　　孔的下偏差　$EI = 0$,　　　　最小极限尺寸　$D_{\min} = 50$

　　　轴的上偏差　$es = +0.018$,　　最大极限尺寸　$d_{\max} = 50.018$

　　　轴的下偏差　$ei = +0.002$,　　最小极限尺寸　$d_{\min} = 50.002$

　　　最大间隙　$X_{\max} = D_{\max} - d_{\min} = ES - ei = +0.023$

　　　最大过盈　$Y_{\max} = D_{\min} - d_{\max} = EI - es = -0.018$

　　　配合公差　$T_f = \left| X_{\max} - Y_{\max} \right| = \left| +0.023 + 0.018 \right| = 0.041$

公差与配合图解见图 2-6。

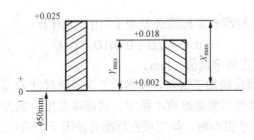

图 2-6　公差与配合图解

## 3. 配合制（Fit System）

配合制是指同一极限制的孔和轴组成配合的一种制度。

国家标准对配合制规定了两种形式：基孔制配合和基轴制配合。

（1）基孔制配合（Hole-basis System of Fits）

基孔制是基本偏差为一定的孔公差带与不同基本偏差的轴公差带形成各种配合的一种制度。基孔制配合中的孔称为基准孔（Basic Hole），其下偏差为基本偏差且等于零，代号为"H"。图 2-7（a）所示为基孔制的间隙配合、过渡配合及过盈配合。

（2）基轴制配合（Shaft-basis System of Fits）

基轴制是基本偏差为一定的轴公差带与不同基本偏差的孔公差带形成各种配合的一种制

度。基轴制配合中的轴称为基准轴（Basic Shaft），其上偏差为基本偏差且等于零，代号为"h"。图 2-7（b）所示为基轴制的间隙配合、过渡配合及过盈配合。

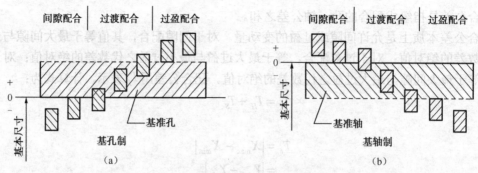

图 2-7　基孔制配合与基轴制配合

# 2.3　标准公差系列

## 2.3.1　标准公差因子 *i*

统计规律表明，零件的加工误差不仅与加工方法有关，而且与零件的基本尺寸大小有关。为了合理地规定公差数值以评定零件精度等级的高低，提出了标准公差因子的概念。

标准公差因子（Standard Tolerance Factor）是计算标准公差的基本单位，是制订标准公差数值的基础。

基本尺寸≤500mm 时，标准规定标准公差因子 *i* 由下式计算：

$$i = 0.45 \times \sqrt[3]{D} + 0.001D \quad (\mu m) \tag{2-8}$$

式中　*D*——基本尺寸段的几何平均值，mm。

在式（2-8）中，第一项反映加工误差，显然加工误差随尺寸 *D* 呈抛物线规律；第二项用于补偿测量误差的影响，主要包括测量温度不稳定、对标准温度有偏差以及量规变形等引起的测量误差。实际上，当零件尺寸很小时，第二项在标准公差因子中所占比例很小；当尺寸较大时，第二项在标准公差因子中所占比例加大，且随尺寸 *D* 的增大而显著加大，公差值也相应增加，影响了零件误差的规律。

对大尺寸零件而言，与尺寸 *D* 成正比的误差所占比例随尺寸 *D* 快速增加，而温度（包括加工温度、测量温度）变化引起的误差，随尺寸 *D* 的加大呈线性增长。因而，国家标准规定，基本尺寸>500～3150mm 时，标准公差因子 *I* 的计算式为：

$$I = 0.004D + 2.1 \quad (\mu m) \tag{2-9}$$

## 2.3.2　公差等级

极限与配合国家标准在基本尺寸至 500mm 内，将标准公差分为 20 个等级，分别为 IT01、IT0、IT1、……、IT18。其中 IT01 公差等级最高，公差值最小；IT18 公差等级最低，公差值最大。在基本尺寸大于 500～3150mm 内，分为 IT1 至 IT18 共 18 个公差等级。

标准公差由标准公差因子 $i$ 乘以与公差等级对应的系数 $a$ 得到，即

$$T = ai \tag{2-10}$$

式中　$a$——公差等级系数（见表 2-1）。

表 2-1　基本尺寸≤500mm 标准公差计算公式

| 公 差 等 级 | 公　　式 | 公 差 等 级 | 公　　式 | 公 差 等 级 | 公　　式 |
|---|---|---|---|---|---|
| IT01 | $0.3+0.008D$ | IT5 | $7i$ | IT12 | $160i$ |
| IT0 | $0.5+0.012D$ | IT6 | $10i$ | IT13 | $250i$ |
| IT1 | $0.8+0.020D$ | IT7 | $16i$ | IT14 | $400i$ |
| IT2 | $(IT1)\left(\dfrac{IT5}{IT1}\right)^{1/4}$ | IT8 | $25i$ | IT15 | $640i$ |
| IT3 | $(IT1)\left(\dfrac{IT5}{IT1}\right)^{2/4}$ | IT9 | $40i$ | IT16 | $1000i$ |
|  |  | IT10 | $64i$ | IT17 | $1600i$ |
| IT4 | $(IT1)\left(\dfrac{IT5}{IT1}\right)^{3/4}$ | IT11 | $100i$ | IT18 | $2500i$ |

当基本尺寸一定时，公差等级系数 $a$ 是决定标准公差大小的唯一参数。由表 2-1 可见，从 IT6～IT18 级，随着公差等级的降低，公差等级系数 $a$ 按 R5 优先数系逐渐加大。对最高的三个公差等级 IT01，IT0 和 IT1，因加工误差很小，测量误差成为零件误差的主体，所以标准公差的计算采用线性关系公式。为了简化，IT2、IT3 和 IT4 三个等级的标准公差值在 IT1 级和 IT5 级之间，按几何级数递增。

## 2.3.3　基本尺寸分段

根据表 2-1 给出的标准公差计算公式，每一基本尺寸都对应一个公差值。但在实际生产中，基本尺寸很多，因而就会形成一个庞大的公差数值表，给生产带来不便，同时也不利于公差值的标准化和系列化。为了减少标准公差的数量、统一公差值、简化公差表格以便于实际应用，国家标准对基本尺寸进行了分段。

基本尺寸分主段落和中间段落。表 2-2 第一列为主段落。对>10mm 的每一主段落进行细分形成中间段落，见表 2-4 的第一列，读者也可参阅 GB/T 1800.1－2009 附录 A。尺寸分段后，对同一尺寸段内的所有基本尺寸，在相同公差等级的情况下，规定相同的标准公差。计算各基本尺寸段的标准公差时，公式中的 $D$ 用每一尺寸段首尾两个尺寸（$D_1$、$D_2$）的几何平均值，即

$$D = \sqrt{D_1 \times D_2} \tag{2-11}$$

对≤3mm 的尺寸段，用 1mm 和 3mm 的几何平均值 $D = \sqrt{1 \times 3} = 1.732\,\text{mm}$ 计算标准公差。

**【例 2-3】**零件基本尺寸为 45mm，求其标准公差值 IT7 及 IT8。

**解**：45mm 属于>30～50mm 尺寸段

几何平均值 $D = \sqrt{30 \times 50} \approx 38.730\,\text{mm}$

标准公差因子 $i = 0.45 \times \sqrt[3]{38.730} + 0.001 \times 38.730 \approx 1.561\,\mu\text{m}$

标准公差数值 IT7=16×1.561=24.976≈25μm

IT8=25×1.561=39.025≈39μm

表 2-2 中的标准公差数值就是经过这样的计算，并按规定的尾数化整规则进行圆整后得出的。

表 2-2　标准公差数值（摘自 GB/T 1800.1—2009）

| 基本尺寸 | 公差等级 | | | | | | | | | | | | | | | | | | | |
|---|---|---|---|---|---|---|---|---|---|---|---|---|---|---|---|---|---|---|---|---|
| | IT01 | IT0 | IT1 | IT2 | IT3 | IT4 | IT5 | IT6 | IT7 | IT8 | IT9 | IT10 | IT11 | IT12 | IT13 | IT14 | IT15 | IT16 | IT17 | IT18 |
| | (μm) | | | | | | | | | | | | | (mm) | | | | | | |
| ≤3 | 0.3 | 0.5 | 0.8 | 1.2 | 2 | 3 | 4 | 6 | 10 | 14 | 25 | 40 | 60 | 0.1 | 0.14 | 0.25 | 0.4 | 0.6 | 1 | 1.4 |
| >3~6 | 0.4 | 0.6 | 1 | 1.5 | 2.5 | 4 | 5 | 8 | 12 | 18 | 30 | 48 | 75 | 0.12 | 0.18 | 0.3 | 0.48 | 0.75 | 1.2 | 1.8 |
| >6~10 | 0.4 | 0.6 | 1 | 1.5 | 2.5 | 4 | 6 | 9 | 15 | 22 | 36 | 58 | 90 | 0.15 | 0.22 | 0.36 | 0.58 | 0.9 | 1.5 | 2.2 |
| >10~18 | 0.5 | 0.8 | 1.2 | 2 | 3 | 5 | 8 | 11 | 18 | 27 | 43 | 70 | 110 | 0.18 | 0.27 | 0.43 | 0.7 | 1.1 | 1.8 | 2.7 |
| >18~30 | 0.6 | 1 | 1.5 | 2.5 | 4 | 6 | 9 | 13 | 21 | 33 | 52 | 84 | 130 | 0.21 | 0.33 | 0.52 | 0.84 | 1.3 | 2.1 | 3.3 |
| >30~50 | 0.6 | 1 | 1.5 | 2.5 | 4 | 7 | 11 | 16 | 25 | 39 | 62 | 100 | 160 | 0.25 | 0.39 | 0.62 | 1 | 1.6 | 2.5 | 3.9 |
| >50~80 | 0.8 | 1.2 | 2 | 3 | 5 | 8 | 13 | 19 | 30 | 46 | 74 | 120 | 190 | 0.3 | 0.46 | 0.74 | 1.2 | 1.9 | 3 | 4.6 |
| >80~120 | 1 | 1.5 | 2.5 | 4 | 6 | 10 | 15 | 22 | 35 | 54 | 87 | 140 | 220 | 0.35 | 0.54 | 0.87 | 1.4 | 2.2 | 3.5 | 5.4 |
| >120~180 | 1.2 | 2 | 3.5 | 5 | 8 | 12 | 18 | 25 | 40 | 63 | 100 | 160 | 250 | 0.4 | 0.63 | 1 | 1.6 | 2.5 | 4 | 6.3 |
| >180~250 | 2 | 3 | 4.5 | 7 | 10 | 14 | 20 | 29 | 46 | 72 | 115 | 185 | 290 | 0.46 | 0.72 | 1.15 | 1.85 | 2.9 | 4.6 | 7.2 |
| >250~315 | 2.5 | 4 | 6 | 8 | 12 | 16 | 23 | 32 | 52 | 81 | 130 | 210 | 320 | 0.52 | 0.81 | 1.3 | 2.1 | 3.2 | 5.2 | 8.1 |
| >315~400 | 3 | 5 | 7 | 9 | 13 | 18 | 25 | 36 | 57 | 89 | 140 | 230 | 360 | 0.57 | 0.89 | 1.4 | 2.3 | 3.6 | 5.7 | 8.9 |
| >400~500 | 4 | 6 | 8 | 10 | 15 | 20 | 27 | 40 | 63 | 97 | 155 | 250 | 400 | 0.63 | 0.97 | 1.55 | 2.5 | 4 | 6.3 | 9.7 |
| >500~630 | | | 9 | 11 | 16 | 22 | 30 | 44 | 70 | 110 | 175 | 280 | 440 | 0.7 | 1.1 | 1.75 | 2.8 | 4.4 | 7 | 11 |
| >630~800 | | | 10 | 13 | 18 | 25 | 35 | 50 | 80 | 125 | 200 | 320 | 500 | 0.8 | 1.25 | 2 | 3.2 | 5 | 8 | 12.5 |
| >800~1000 | | | 11 | 15 | 21 | 29 | 40 | 56 | 90 | 140 | 230 | 360 | 560 | 0.9 | 1.4 | 2.3 | 3.6 | 5.6 | 9 | 14 |
| >1000~1250 | | | 13 | 18 | 24 | 34 | 46 | 66 | 105 | 165 | 260 | 420 | 660 | 1.05 | 1.65 | 2.6 | 4.2 | 6.6 | 10.5 | 16.5 |
| >1250~1600 | | | 15 | 21 | 29 | 40 | 54 | 78 | 125 | 195 | 310 | 500 | 780 | 1.25 | 1.95 | 3.1 | 5 | 7.8 | 12.5 | 19.5 |
| >1600~2000 | | | 18 | 25 | 35 | 48 | 65 | 92 | 150 | 230 | 370 | 600 | 920 | 1.5 | 2.3 | 3.7 | 6 | 9.2 | 15 | 23 |
| >2000~2500 | | | 22 | 30 | 41 | 57 | 77 | 110 | 175 | 280 | 440 | 700 | 1100 | 1.75 | 2.8 | 4.4 | 7 | 11 | 17.5 | 28 |
| >2500~3150 | | | 26 | 36 | 50 | 69 | 93 | 135 | 210 | 330 | 540 | 860 | 1350 | 2.1 | 3.3 | 5.4 | 8 | 13.5 | 21 | 33 |

注：1. 基本尺寸大于 500mm 的 IT1 至 IT5 的标准公差数值是试行的；2. 基本尺寸小于或等于 1mm 时，无 IT14 至 IT18。

# 2.4　基本偏差系列

## 2.4.1　基本偏差及其代号

基本偏差是确定公差带相对零线位置的极限偏差，它可以是上偏差，也可以是下偏差，一般为靠近零线的那个偏差。

为了形成不同的配合，国家标准对孔和轴分别规定了 28 种基本偏差。基本偏差的代号用拉丁字母表示，大写字母用于孔，小写字母用于轴。在 26 个字母中，去掉 5 个容易与其他含义混淆的 I、L、O、Q 和 W（i、l、o、q、w），余下的字母再加上 7 个双写字母 CD、EF、FG、JS、ZA、ZB 和 ZC（cd、ef、fg、js、za、zb、zc）共 28 个作为孔、轴 28 种基本偏差的代号，从而构成基本偏差系列，如图 2-8 所示。

对于孔：A～H 的基本偏差为下偏差 *EI*，其绝对值依次减小；J～ZC 的基本偏差为上偏差 *ES*，其绝对值依次增大；JS 的上、下偏差绝对值相等，均可称为基本偏差。

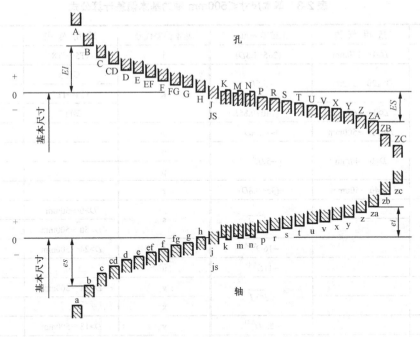

图 2-8　基本偏差系列

对于轴：a～h 的基本偏差为上偏差 *es*，其绝对值依次减小；j～zc 的基本偏差为下偏差 *ei*，其绝对值逐渐增大；js 的上、下偏差绝对值相等，均可称为基本偏差。

## 2.4.2　轴基本偏差的标准化

轴的基本偏差是以基孔制为前提制订的。

基本偏差的大小往往决定着孔、轴的配合性质，因此它体现了设计、使用方面的要求。在大量的生产实践和科学试验的基础上，根据各种不同的配合要求，国家标准制订了轴的基本偏差计算公式，见表 2-3。

a～h 用于间隙配合，基本偏差为上偏差，其绝对值等于最小间隙。其中 a、b、c 三种用于大间隙热动配合，考虑到零件热膨胀的影响，最小间隙采用与直径成正比的计算公式；d、e、f 主要用于旋转运动，应保证良好的液体摩擦，但考虑到零件表面粗糙度的影响，所以最小间隙略小于直径的平方根；g 主要用于滑动和半液体摩擦或用于定位，间隙要小，故公式中直径的指数更小些；cd、ef、fg 三种是中间插入，适用于小尺寸的旋转运动零件。

j、k、m、n 用于过渡配合，基本偏差为下偏差，与基准孔形成的间隙或过盈都不大。基本偏差计算公式根据经验与统计结果确定。

p～zc 用于过盈配合，其基本偏差为下偏差。基本偏差计算公式是从保证最小过盈来考虑的，而且大多数按与最常用的基准孔 H7 相配合来计算。

表 2-4 为根据表 2-3 公式计算，并经圆整所得的轴的基本偏差数值表。

得到基本偏差后，轴公差带的另一偏差（上偏差或下偏差）可根据轴的基本偏差与选用的标准公差计算：

$$\left.\begin{array}{l}ei = es - \text{IT} \quad (\text{基本偏差为a～js})\\ es = ei + \text{IT} \quad (\text{基本偏差为j～zc})\end{array}\right\} \tag{2-12}$$

表 2-3　基本尺寸≤500mm 轴的基本偏差计算公式

| 基本偏差代号 | 适 用 范 围 | 上偏差 $es/\mu m$ | 基本偏差代号 | 适 用 范 围 | 上偏差 $es/\mu m$ |
|---|---|---|---|---|---|
| a | $D>1\sim120mm$ | $-(265+1.3D)$ | j | IT5~IT8 | 没有公式 |
|  | $D>120\sim500mm$ | $-3.5D$ | k | ≤IT3 | 0 |
| b | $D>1\sim160mm$ | $\approx-(140+0.85D)$ |  | IT4~IT7 | $+0.6\sqrt[3]{D}$ |
|  | $D>160\sim500mm$ | $\approx-1.8D$ |  | ≥IT8 | 0 |
| c | $D>0\sim40mm$ | $-52D^{0.2}$ | m | | $+(IT7—IT6)$ |
|  | $D>40\sim500mm$ | $-(95+0.8D)$ | n | | $+5D^{0.34}$ |
| cd | | $-\sqrt{c\cdot d}$ | p | | $+IT7(0\sim5)$ |
|  | | | r | | $+\sqrt{p\cdot s}$ |
| d | | $-16D^{0.44}$ | s | $D>0\sim50mm$ | $+IT8+(1\sim4)$ |
| e | | $-11D^{0.41}$ |  | $D>50\sim500mm$ | $+IT7+0.4D$ |
| ef | | $-\sqrt{e\cdot f}$ | t | $D>24\sim500mm$ | $+IT7+0.63D$ |
| f | | $-5.5D^{0.41}$ | u | | $+IT7+D$ |
| fg | | $-\sqrt{f\cdot g}$ | v | $D>14\sim500mm$ | $+IT7+1.25D$ |
|  | | | x | | $+IT7+1.6D$ |
| h | | 0 | y | $D>18\sim500mm$ | $+IT7+2D$ |
|  | | | z | | $+IT7+2.5D$ |
|  | | | za | | $+IT8+3.15D$ |
|  | | | zb | | $+IT9+4D$ |
|  | | | zc | | $+IT10+5D$ |

js: $\pm0.5IT_n$

注：（1）公式中 $D$ 是基本尺寸段的几何平均值，mm；（2）j 只在表 2-5 中给出其值。

## 2.4.3　孔的基本偏差

基孔制与基轴制是两种并行的制度。既然轴的基本偏差是以基孔制为前提制订，则孔的基本偏差应以基轴制为前提制订。按照基孔制或基轴制均能得到间隙、过盈和过渡配合。因此，国家标准中直接从轴的基本偏差换算得到孔的基本偏差。

一般来说，同一字母的孔的基本偏差与轴的基本偏差相对于零线是完全对称的。即孔与轴的基本偏差代号对应时（例如 A 对应 a），两者的基本偏差绝对值相等，而符号相反：

$$\left.\begin{array}{l} EI = es \\ ES = ei \end{array}\right\} \tag{2-13}$$

该规则习惯上称为**通用规则**，适用于 A 至 H 和标准公差等级低于 IT8 级的 K、M、N 及低于 IT7 级的 P~ZC。但以下两种情况例外：

1）基本尺寸>3~500mm，标准公差等级低于 IT8 级的孔的基本偏差 N，其值 $ES=0$；

2）基本尺寸>3~500mm 的基孔制或基轴制配合中，某一公差等级的孔要与高一级的轴相配（例如 H7/p6 和 P7/h6），并要求具有相等的间隙或过盈。此时，孔的基本偏差应按（2-13）式计算，并附加一个 Δ 值，即：

$$ES=-ei+\Delta \tag{2-14}$$

式中，Δ——相配合的孔的标准公差 $IT_n$ 与高一级的轴的标准公差 $IT_{(n-1)}$ 之差，即

$$\Delta = \mathrm{IT}_n - \mathrm{IT}_{(n-1)} \tag{2-15}$$

式（2-14）称为特殊规则，其适用范围为：基本尺寸≤500mm，标准公差等级高于 IT8 级的 J、K、M、N 和标准公差等级高于 IT7 级的 P～ZC。

基本尺寸≤500mm 孔的基本偏差数值见表 2-5。

基本偏差确定后，孔公差带的另一偏差（上偏差或下偏差）可根据孔的基本偏差与选用的标准公差计算：

$$
\begin{aligned}
ES &= EI + \mathrm{IT} \quad (\text{基本偏差为A~JS}) \\
EI &= ES - \mathrm{IT} \quad (\text{基本偏差为J ~ ZC})
\end{aligned}
\left.\right\} \tag{2-16}
$$

表 2-4　基本尺寸至 500mm 轴的基本偏差

| 基本尺寸 (mm) 大于 | 至 | 上 偏 差 (es) 所有公差等级 a | b | c | cd | d | e | ef | f | fg | g | h | js | 下 偏 差 (ei) 5, 6 j | 7 j | 8 j | 4~7 k | ≤3 >7 k |
|---|---|---|---|---|---|---|---|---|---|---|---|---|---|---|---|---|---|---|
| — | 3 | −270 | −140 | −60 | −34 | −20 | −14 | −10 | −6 | −4 | −2 | 0 | | −2 | −4 | −6 | 0 | 0 |
| 3 | 6 | −270 | −140 | −70 | −46 | −30 | −20 | −14 | −10 | −6 | −4 | 0 | | −2 | −4 | | +1 | 0 |
| 6 | 10 | −280 | −150 | −80 | −56 | −40 | −25 | −18 | −13 | −8 | −5 | 0 | | −2 | −5 | | +1 | 0 |
| 10 | 14 | −290 | −150 | −95 | | −50 | −32 | | −16 | | −6 | 0 | | −3 | −6 | | +1 | 0 |
| 14 | 18 | | | | | | | | | | | | | | | | | |
| 18 | 24 | −300 | −160 | −110 | | −65 | −40 | | −20 | | −7 | 0 | | −4 | −8 | | +2 | 0 |
| 24 | 30 | | | | | | | | | | | | | | | | | |
| 30 | 40 | −310 | −170 | −120 | | −80 | −50 | | −25 | | −9 | 0 | | −5 | −10 | | +2 | 0 |
| 40 | 50 | −320 | −180 | −130 | | | | | | | | | ±IT$_n$/2 | | | | | |
| 50 | 65 | −340 | −190 | −140 | | −100 | −60 | | −30 | | −10 | 0 | | −7 | −12 | | +2 | 0 |
| 65 | 80 | −360 | −200 | −150 | | | | | | | | | | | | | | |
| 80 | 100 | −380 | −220 | −170 | | −120 | −72 | | −36 | | −12 | 0 | | −9 | −15 | | +3 | 0 |
| 100 | 120 | −410 | −240 | −180 | | | | | | | | | | | | | | |
| 120 | 140 | −460 | −260 | −200 | | −145 | −85 | | −43 | | −14 | 0 | | −11 | −18 | | +3 | 0 |
| 140 | 160 | −520 | −280 | −210 | | | | | | | | | | | | | | |
| 160 | 180 | −580 | −310 | −230 | | | | | | | | | | | | | | |
| 180 | 200 | −660 | −340 | −240 | | −170 | −100 | | −50 | | −15 | 0 | | −13 | −21 | | +4 | 0 |
| 200 | 225 | −740 | −380 | −260 | | | | | | | | | | | | | | |
| 225 | 250 | −820 | −420 | −280 | | | | | | | | | | | | | | |
| 250 | 280 | −920 | −480 | −300 | | −190 | −110 | | −56 | | −17 | 0 | | −16 | −26 | | +4 | 0 |
| 280 | 315 | −1050 | −540 | −330 | | | | | | | | | | | | | | |
| 315 | 355 | −1200 | −600 | −360 | | −210 | −125 | | −62 | | −18 | 0 | | −18 | −28 | | +4 | 0 |
| 355 | 400 | −1350 | −680 | −400 | | | | | | | | | | | | | | |
| 400 | 450 | −1500 | −760 | −440 | | −230 | −135 | | −68 | | −20 | 0 | | −20 | −32 | | +5 | 0 |
| 450 | 500 | −1650 | −840 | −480 | | | | | | | | | | | | | | |

续表

| 基本尺寸(mm) | | 下偏差 (ei) | | | | | | | | | | | | | |
| 大于 | 至 | 所有公差等级 | | | | | | | | | | | | | |
| | | m | n | p | r | s | t | u | v | x | y | z | za | zb | zc |
| — | 3 | +2 | +4 | +6 | +10 | +14 | | +18 | | +20 | | +26 | +32 | +40 | +60 |
| 3 | 6 | +4 | +8 | +12 | +15 | +19 | | +23 | | +28 | | +35 | +42 | +50 | +80 |
| 6 | 10 | +6 | +10 | +15 | +19 | +23 | | +28 | | +34 | | +42 | +52 | +67 | +97 |
| 10 | 14 | +7 | +12 | +18 | +23 | +28 | | +33 | | +40 | | +50 | +64 | +90 | +130 |
| 14 | 18 | +7 | +12 | +18 | +23 | +28 | | +33 | +39 | +45 | | +60 | +77 | +108 | +150 |
| 18 | 24 | +8 | +15 | +22 | +28 | +35 | | +41 | +47 | +54 | +63 | +73 | +98 | +136 | +183 |
| 24 | 30 | +8 | +15 | +22 | +28 | +35 | +41 | +48 | +55 | +64 | +75 | +88 | +118 | +160 | +218 |
| 30 | 40 | +9 | +17 | +26 | +34 | +43 | +48 | +60 | +68 | +80 | +94 | +112 | +148 | +200 | +274 |
| 40 | 50 | +9 | +17 | +26 | +34 | +43 | +54 | +70 | +81 | +97 | +114 | +136 | +180 | +242 | +325 |
| 50 | 65 | +11 | +20 | +32 | +41 | +53 | +66 | +87 | +102 | +122 | +144 | +172 | +226 | +300 | +405 |
| 65 | 80 | +11 | +20 | +32 | +43 | +59 | +75 | +102 | +120 | +146 | +174 | +210 | +274 | +360 | +480 |
| 80 | 100 | +13 | +23 | +37 | +51 | +71 | +91 | +124 | +146 | +178 | +214 | +258 | +335 | +445 | +585 |
| 100 | 120 | +13 | +23 | +37 | +54 | +79 | +104 | +144 | +172 | +210 | +254 | +310 | +400 | +525 | +690 |
| 120 | 140 | +15 | +27 | +43 | +63 | +92 | +122 | +170 | +202 | +248 | +300 | +365 | +470 | +620 | +800 |
| 140 | 160 | +15 | +27 | +43 | +65 | +100 | +134 | +190 | +228 | +280 | +340 | +415 | +535 | +700 | +900 |
| 160 | 180 | +15 | +27 | +43 | +68 | +108 | +146 | +210 | +252 | +310 | +380 | +465 | +600 | +780 | +1000 |
| 180 | 200 | +17 | +31 | +50 | +77 | +122 | +166 | +236 | +284 | +350 | +425 | +520 | +670 | +880 | +1150 |
| 200 | 225 | +17 | +31 | +50 | +80 | +130 | +180 | +258 | +310 | +385 | +470 | +575 | +740 | +960 | +1250 |
| 225 | 250 | +17 | +31 | +50 | +84 | +140 | +196 | +284 | +340 | +425 | +520 | +640 | +820 | +1050 | +1350 |
| 250 | 280 | +20 | +34 | +56 | +94 | +158 | +218 | +315 | +385 | +475 | +580 | +710 | +920 | +1200 | +1550 |
| 280 | 315 | +20 | +34 | +56 | +98 | +170 | +240 | ++350 | +425 | +525 | +650 | +790 | +1000 | +1300 | +1700 |
| 315 | 355 | +21 | +37 | +62 | +108 | +190 | +268 | +390 | +475 | +590 | +730 | +900 | +1150 | +1500 | +1900 |
| 355 | 400 | +21 | +37 | +62 | +114 | +208 | +294 | +435 | +530 | +660 | +820 | +1000 | +1300 | +1650 | +2100 |
| 400 | 450 | +23 | +40 | +68 | +126 | +232 | +330 | +490 | +595 | +740 | +920 | +1100 | +1450 | +1850 | +2400 |
| 450 | 500 | +23 | +40 | +68 | +132 | +252 | +360 | +540 | +660 | +820 | +1000 | +1250 | +1600 | +2100 | +2600 |

注：1. 基本尺寸小于或等于1mm时，基本偏差a和b均不采用；

　　2. 公差带js7～js11，若$IT_n$数值是奇数，则取偏差$=\pm(IT_n-1)/2$。

表 2-5  基本尺寸至 500mm 孔的基本偏差

| 基本尺寸 (mm) | | 下偏差（EI） | | | | | | | | | | | | 上偏差（ES） | | | | | | | | |
|---|---|---|---|---|---|---|---|---|---|---|---|---|---|---|---|---|---|---|---|---|---|---|
| | | 所有公差等级 | | | | | | | | | | | | 6 | 7 | 8 | ≤8 | >8 | ≤8 | >8 | ≤8 | >8 |
| 大于 | 至 | A | B | C | CD | D | E | EF | F | FG | G | H | JS | J | | | K | | M | | N | |
| — | 3 | +270 | +140 | +60 | +34 | +20 | +14 | +10 | +6 | +4 | +2 | 0 | | +2 | +4 | +6 | 0 | 0 | −2 | −2 | −4 | −4 |
| 3 | 6 | +270 | +140 | +70 | +46 | +30 | +20 | +14 | +10 | +6 | +4 | 0 | | +5 | +6 | +10 | −1+Δ | | −4+Δ | −4 | −8+Δ | 0 |
| 6 | 10 | +280 | +150 | +80 | +56 | +40 | +25 | +18 | +13 | +8 | +5 | 0 | | +5 | +8 | +12 | −1+Δ | | −6+Δ | −6 | −10+Δ | 0 |
| 10 | 14 | +290 | +150 | +95 | | +50 | +32 | | +16 | | +6 | 0 | | +6 | +10 | +15 | −1+Δ | | −7+Δ | −7 | −12+Δ | 0 |
| 14 | 18 | +290 | +150 | +95 | | +50 | +32 | | +16 | | +6 | 0 | | +6 | +10 | +15 | −1+Δ | | −7+Δ | −7 | −12+Δ | 0 |
| 18 | 24 | +300 | +160 | +110 | | +65 | +40 | | +20 | | +7 | 0 | | +8 | +12 | +20 | −2+Δ | | −8+Δ | −8 | −15+Δ | 0 |
| 24 | 30 | +300 | +160 | +110 | | +65 | +40 | | +20 | | +7 | 0 | | +8 | +12 | +20 | −2+Δ | | −8+Δ | −8 | −15+Δ | 0 |
| 30 | 40 | +310 | +170 | +120 | | +80 | +50 | | +25 | | +9 | 0 | | +10 | +14 | +24 | −2+Δ | | −9+Δ | −9 | −17+Δ | 0 |
| 40 | 50 | +320 | +180 | +130 | | +80 | +50 | | +25 | | +9 | 0 | | +10 | +14 | +24 | −2+Δ | | −9+Δ | −9 | −17+Δ | 0 |
| 50 | 65 | +340 | +190 | +140 | | +100 | +60 | | +30 | | +10 | 0 | | +13 | +18 | +28 | −3+Δ | | −11+Δ | −11 | −20+Δ | 0 |
| 65 | 80 | +360 | +200 | +150 | | +100 | +60 | | +30 | | +10 | 0 | | +13 | +18 | +28 | −3+Δ | | −11+Δ | −11 | −20+Δ | 0 |
| 80 | 100 | +380 | +220 | +170 | | +120 | +72 | | +36 | | +12 | 0 | 偏差 等于 ±$IT_n/2$ | +16 | +22 | +34 | −3+Δ | | −13+Δ | −13 | −23+Δ | 0 |
| 100 | 120 | +410 | +240 | +180 | | +120 | +72 | | +36 | | +12 | 0 | | +16 | +22 | +34 | −3+Δ | | −13+Δ | −13 | −23+Δ | 0 |
| 120 | 140 | +460 | +260 | +200 | | +145 | +85 | | +43 | | +14 | 0 | | +18 | +26 | +41 | −4+Δ | | −15+Δ | −15 | −27+Δ | 0 |
| 140 | 160 | +520 | +280 | +210 | | +145 | +85 | | +43 | | +14 | 0 | | +18 | +26 | +41 | −4+Δ | | −15+Δ | −15 | −27+Δ | 0 |
| 160 | 180 | +580 | +310 | +230 | | +145 | +85 | | +43 | | +14 | 0 | | +18 | +26 | +41 | −4+Δ | | −15+Δ | −15 | −27+Δ | 0 |
| 180 | 200 | +660 | +340 | +240 | | +170 | +100 | | +50 | | +15 | 0 | | +22 | +30 | +47 | −4+Δ | | −17+Δ | −17 | −31+Δ | 0 |
| 200 | 225 | +740 | +380 | +260 | | +170 | +100 | | +50 | | +15 | 0 | | +22 | +30 | +47 | −4+Δ | | −17+Δ | −17 | −31+Δ | 0 |
| 225 | 250 | +820 | +420 | +280 | | +170 | +100 | | +50 | | +15 | 0 | | +22 | +30 | +47 | −4+Δ | | −17+Δ | −17 | −31+Δ | 0 |
| 250 | 280 | +920 | +480 | +300 | | +190 | +110 | | +56 | | +17 | 0 | | +25 | +36 | +55 | −4+Δ | | −20+Δ | −20 | −34+Δ | 0 |
| 280 | 315 | +1050 | +540 | +330 | | +190 | +110 | | +56 | | +17 | 0 | | +25 | +36 | +55 | −4+Δ | | −20+Δ | −20 | −34+Δ | 0 |
| 315 | 355 | +1200 | +600 | +360 | | +210 | +125 | | +62 | | +18 | 0 | | +29 | +39 | +60 | −4+Δ | | −21+Δ | −21 | −37+Δ | 0 |
| 355 | 400 | +1350 | +680 | +400 | | +210 | +125 | | +62 | | +18 | 0 | | +29 | +39 | +60 | −4+Δ | | −21+Δ | −21 | −37+Δ | 0 |
| 400 | 450 | +1500 | +760 | +440 | | +230 | +135 | | +68 | | +20 | 0 | | +33 | +43 | +66 | −5+Δ | | −23+Δ | −23 | −40+Δ | 0 |
| 450 | 500 | +1650 | +840 | +480 | | +230 | +135 | | +68 | | +20 | 0 | | +33 | +43 | +66 | −5+Δ | | −23+Δ | −23 | −40+Δ | 0 |

| 基本尺寸 (mm) | | 上偏差 (ES) | | | | | | | | | | | | | Δ值 | | | | | |
| 大于 | 至 | ≤7 P~ZC | P | R | S | T | U | V | X | Y | Z | ZA | ZB | ZC | 3 | 4 | 5 | 6 | 7 | 8 |
|---|---|---|---|---|---|---|---|---|---|---|---|---|---|---|---|---|---|---|---|---|
| — | 3 | | −6 | −10 | −14 | | −18 | | −20 | | −26 | −32 | −40 | −60 | 0 | | | | | |
| 3 | 6 | | −12 | −15 | −19 | | −23 | | −28 | | −35 | −42 | −50 | −80 | 1 | 1.5 | 1 | 3 | 4 | 6 |
| 6 | 10 | | −15 | −19 | −23 | | −28 | | −34 | | −42 | −52 | −67 | −97 | 1 | 1.5 | 2 | 3 | 6 | 7 |
| 10 | 14 | | −18 | −23 | −28 | a | −33 | | −40 | | −50 | −64 | −90 | −130 | 1 | 2 | 3 | 3 | 7 | 9 |
| 14 | 18 | | | | | | | −39 | −45 | | −60 | −77 | −108 | −150 | | | | | | |
| 18 | 24 | | −22 | −28 | −35 | | −41 | −47 | −54 | −63 | −73 | −98 | −136 | −183 | 1.5 | 2 | 3 | 4 | 8 | 12 |
| 24 | 30 | | | | | −41 | −48 | −55 | −64 | −75 | −88 | −118 | −160 | −218 | | | | | | |
| 30 | 40 | 在大于 IT7 级的相应数值上增加一个 Δ 值 | −26 | −34 | −43 | −48 | −60 | −68 | −80 | −94 | −112 | −148 | −200 | −274 | 1.5 | 3 | 4 | 5 | 9 | 14 |
| 40 | 50 | | | | | −54 | −70 | −81 | −97 | −114 | −136 | −180 | −242 | −325 | | | | | | |
| 50 | 65 | | −32 | −41 | −53 | −66 | −87 | −102 | −122 | −144 | −172 | −226 | −300 | −405 | 2 | 3 | 5 | 6 | 11 | 16 |
| 65 | 80 | | | −43 | −59 | −75 | −102 | −120 | −146 | −174 | −210 | −274 | −360 | −480 | | | | | | |
| 80 | 100 | | −37 | −51 | −71 | −91 | −124 | −146 | −178 | −214 | −258 | −335 | −445 | −585 | 2 | 4 | 5 | 7 | 13 | 19 |
| 100 | 120 | | | −54 | −79 | −104 | −144 | −172 | −210 | −254 | −310 | −400 | −525 | −690 | | | | | | |
| 120 | 140 | | −43 | −63 | −92 | −122 | −170 | −202 | −248 | −300 | −365 | −470 | −620 | −800 | 3 | 4 | 6 | 7 | 15 | 23 |
| 140 | 160 | | | −65 | −100 | −134 | −190 | −228 | −280 | −340 | −415 | −535 | −700 | −900 | | | | | | |
| 160 | 180 | | | −68 | −108 | −146 | −210 | −252 | −310 | −380 | −465 | −600 | −780 | −1000 | | | | | | |
| 180 | 200 | | −50 | −77 | −122 | −165 | −236 | −284 | −350 | −425 | −520 | −670 | −880 | −1150 | 3 | 4 | 6 | 9 | 17 | 26 |
| 200 | 225 | | | −80 | −130 | −180 | −258 | −310 | −385 | −470 | −575 | −790 | −960 | −1250 | | | | | | |
| 225 | 250 | | | −84 | −140 | −196 | −284 | −340 | −425 | −520 | −640 | −820 | −1050 | −1350 | | | | | | |
| 250 | 280 | | −56 | −94 | −158 | −218 | −315 | −385 | −475 | −580 | −710 | −920 | −1200 | −1550 | 4 | 4 | 7 | 9 | 20 | 29 |
| 280 | 315 | | | −98 | −170 | −240 | −350 | −425 | −525 | −650 | −790 | −1000 | −1300 | −1700 | | | | | | |
| 315 | 355 | | −62 | −108 | −190 | −268 | −390 | −475 | −590 | −730 | −900 | −1150 | −1500 | −1900 | 4 | 5 | 7 | 11 | 21 | 32 |
| 355 | 400 | | | −114 | −208 | −294 | −435 | −530 | −660 | −820 | −1000 | −1300 | −1650 | −2100 | | | | | | |
| 400 | 450 | | −68 | −126 | −232 | −330 | −490 | −595 | −740 | −920 | −1100 | −1450 | −1850 | −2400 | 5 | 5 | 7 | 13 | 23 | 34 |
| 450 | 500 | | | −132 | −252 | −360 | −540 | −660 | −820 | −1000 | −1250 | −1600 | −2100 | −2600 | | | | | | |

注：1. 基本尺寸小于或等于 1mm 时，基本偏差 A 和 B 及大于 IT8 的 N 均不采用；

2. 公差带 JS7~JS11，若 $IT_n$ 数值是奇数，则取偏差=±（$IT_n$−1）/2。

【例 2-4】试用公式法，确定 $\phi30H7/f6$ 和 $\phi30F7/h6$ 配合中孔与轴的极限偏差。

**解：** 1）$\phi30H7/f6$ 配合

基本尺寸属于 >18~30mm 尺寸段，其几何平均值为

$$D = \sqrt{18 \times 30} \approx 23.238\text{mm}$$

根据式（2-8），标准公差因子为

$$i = 0.45\sqrt[3]{D} + 0.001D = 0.45\sqrt[3]{23.238} + 0.001 \times 23.238 \approx 1.307\mu\text{m}$$

所以　　IT6=$a \times i$=10×1.307≈13μm

IT7=$a \times i$=16×1.307≈21μm

根据表 2-3，轴 f6 的基本偏差为上偏差，数值为

$$es = -5.5D^{0.41} = -5.5 \times (23.238)^{0.41} = -19.976 \approx -20\mu\text{m}$$

轴 f6 的下偏差为

$$ei = es - IT6 = -20 - 13 = -33\mu m$$

基准孔 H7 的下偏差  $EI = 0$

上偏差  $ES = EI + IT7 = 0 + 21 = +21\mu m$

2）$\phi30F7/h6$ 配合

孔 F7 的基本偏差应按通用规则换算，故

$$EI = -es = +20\mu m$$

孔 F7 的上偏差  $ES = EI + IT7 = +20 + 21 = +41\mu m$

基准轴 h6 的上偏差  $es = 0$

下偏差  $ei = es - IT6 = 0 - 13 = -13\mu m$

故得：$\phi30H7(^{+0.021}_{0})$，$\phi30f6(^{-0.020}_{-0.033})$；$\phi30F7(^{+0.041}_{+0.020})$，$\phi30h6(^{0}_{-0.013})$

公差带图解如图 2-9（a）所示。

【例 2-5】试用查表法，确定 $\phi30H8/p8$ 和 $\phi30P8/h8$ 配合中孔与轴的极限偏差。

**解：**由表 2-2 查得  IT8 = 33μm

1）$\phi30H8/p8$ 配合

轴 p8 的基本偏差为下偏差，查表 2-4 得：$ei = +22\mu m$

轴 p8 的上偏差  $es = ei + IT8 = +22 + 33 = +55\mu m$

基准孔 H8 的下偏差  $EI = 0$

上偏差  $ES = EI + IT8 = +33\mu m$

2）$\phi30P8/h7$ 配合

孔 P8 的基本偏差为上偏差，查表 2-5 得：$ES = -22\mu m$

孔 P8 的下偏差  $EI = ES - IT8 = -22 - 33 = -55\mu m$

基准轴 h8 的上偏差  $es = 0$

下偏差  $ei = es - IT8 = -33\mu m$

由此可得：$\phi30H8(^{+0.033}_{0})$，$\phi30p8(^{+0.055}_{+0.022})$；$\phi30P8(^{-0.022}_{-0.055})$，$\phi30h8(^{0}_{-0.033})$

公差带图解如图 2-9（b）所示。

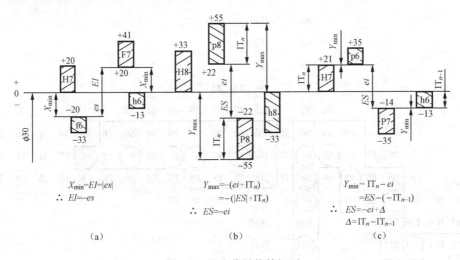

图 2-9  基本偏差换算规则

【例 2-6】试确定 $\phi30H7/p6$ 和 $\phi30P7/h6$ 配合中孔与轴的极限偏差。

**解：**由表 2-2 查得  IT7 = 21μm，IT6 = 13μm

由表 2-4 查得，轴 p6 的基本偏差为下偏差，$ei$=+22μm

轴 p6 的上偏差　　　$es$=$ei$+IT6=+22+13=+35μm

孔 P7 的基本偏差为上偏差，应按特殊规则换算（也可由表 2-5 查得）：

$$\Delta= \mathrm{IT7}-\mathrm{IT6}=21-13=8\mu m$$

$$ES=-ei+\Delta=-22+8=-14\mu m$$

孔 P7 的下偏差　　$EI=ES-\mathrm{IT7}=-14-21=-35\mu m$

由此可得：$\phi30\mathrm{p6}(^{+0.035}_{+0.022})$，$\phi30\mathrm{P7}(^{-0.014}_{-0.035})$；孔 $\phi30\mathrm{H7}$、轴 $\phi30\mathrm{h6}$ 见例 2-4。

公差带图解如图 2-9（c）所示。

需要强调的是，用公式计算标准公差和基本偏差时，其计算结果应按标准圆整。设计时，可直接查表，不必进行计算。

# 2.5　常用尺寸段公差带与配合的标准化

在常用尺寸段，国家标准规定孔、轴各有 20 个等级的标准公差和 28 种基本偏差。理论上讲，公差带可由任一等级的标准公差与任意一种基本偏差组合而成。这样孔、轴各自有多达 543 和 544 种的公差带。不同的孔、轴公差带又可组成大量的配合。如此多的公差带与配合全部使用显然是不经济的，而且有些公差带如 g12、a5 显然是不合理的，生产实践中也不可能用到。同时，为减少定尺寸刀具、量具的品种及规格，对公差带与配合的选用应加以限制。

国家标准《产品几何技术规范（GPS）极限与配合 公差带和配合的选择》（GB/T 1801－2009）对常用尺寸段的孔、轴分别推荐了一般、常用和优先公差带，见表 2-6 和表 2-7。选择时，优先选用圆圈中的优先公差带，其次选用方框中的常用公差带，最后选用表中其他的一般公差带。

GB/T 1801－2009 还规定了常用尺寸段的基孔制优先、常用配合，见表 2-8；基轴制优先、常用配合，见表 2-9。选择时，优先选用表中的优先配合，其次选用常用配合。

表 2-6　一般、常用和优先的孔公差带（基本尺寸≤500mm）

| A | B | C | D | E | F | G | H | J | JS | K | M | N | P | R | S | T | U | V | X | Y | Z |
|---|---|---|---|---|---|---|---|---|---|---|---|---|---|---|---|---|---|---|---|---|---|
| | | | | | | | H1 | | JS1 | | | | | | | | | | | | |
| | | | | | | | H2 | | JS2 | | | | | | | | | | | | |
| | | | | | | | H3 | | JS3 | | | | | | | | | | | | |
| | | | | | | | H4 | | JS4 | K4 | M4 | | | | | | | | | | |
| | | | | | | G5 | H5 | | JS5 | K5 | M5 | N5 | P5 | R5 | S5 | | | | | | |
| | | | | | F6 | G6 | H6 | J6 | JS6 | K6 | M6 | N6 | P6 | R6 | S6 | T6 | U6 | V6 | X6 | Y6 | Z6 |
| | | | D7 | E7 | F7 | (G7) | (H7) | J7 | JS7 | (K7) | M7 | (N7) | (P7) | R7 | (S7) | T7 | (U7) | V7 | X7 | Y7 | Z7 |
| | | C8 | D8 | E8 | (F8) | G8 | (H8) | J8 | JS8 | K8 | M8 | N8 | P8 | R8 | S8 | T8 | U8 | V8 | X8 | Y8 | Z8 |
| A9 | B9 | C9 | (D9) | E9 | (F9) | | (H9) | | JS9 | | | N9 | P9 | | | | | | | | |
| A10 | B10 | C10 | D10 | E10 | | | H10 | | JS10 | | | | | | | | | | | | |
| A11 | B11 | (C11) | D11 | | | | (H11) | | JS11 | | | | | | | | | | | | |
| A12 | B12 | C12 | | | | | H12 | | JS12 | | | | | | | | | | | | |
| | | | | | | | H13 | | JS13 | | | | | | | | | | | | |

**表 2-7　一般、常用和优先的轴公差带（基本尺寸≤500mm）**

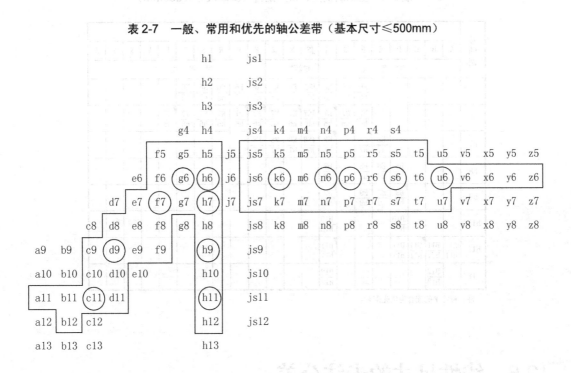

**表 2-8　基孔制优先、常用配合（基本尺寸≤500mm）**

| 基孔制 | 轴 | | | | | | | | | | | | | | | | | | | | |
|---|---|---|---|---|---|---|---|---|---|---|---|---|---|---|---|---|---|---|---|---|---|
| | a | b | c | d | e | f | g | h | js | k | m | n | p | r | s | t | u | v | x | y | z |
| | 间隙配合 | | | | | | | | 过渡配合 | | | | 过盈配合 | | | | | | | | |
| H6 | | | | | | $\frac{H6}{f5}$ | $\frac{H6}{g5}$ | $\frac{H6}{h5}$ | $\frac{H6}{js5}$ | $\frac{H6}{k5}$ | $\frac{H6}{m5}$ | $\frac{H6}{n5}$ | $\frac{H6}{p5}$ | $\frac{H6}{r5}$ | $\frac{H6}{s5}$ | $\frac{H6}{t5}$ | | | | | |
| H7 | | | | | | $\frac{H7}{f6}$ | $\frac{H7}{g6}$ | $\frac{H7}{h6}$ | $\frac{H7}{js6}$ | $\frac{H7}{k6}$ | $\frac{H7}{m6}$ | $\frac{H7}{n6}$ | $\frac{H7}{p6}$ | $\frac{H7}{r6}$ | $\frac{H7}{s6}$ | $\frac{H7}{t6}$ | $\frac{H7}{u6}$ | $\frac{H7}{v6}$ | $\frac{H7}{x6}$ | $\frac{H7}{y6}$ | $\frac{H7}{z6}$ |
| H8 | | | | | $\frac{H8}{e7}$ | $\frac{H8}{f7}$ | $\frac{H8}{g7}$ | $\frac{H8}{h7}$ | $\frac{H8}{js7}$ | $\frac{H8}{k7}$ | $\frac{H8}{m7}$ | $\frac{H8}{n7}$ | $\frac{H8}{p7}$ | $\frac{H8}{r7}$ | $\frac{H8}{s7}$ | $\frac{H8}{t7}$ | $\frac{H8}{u7}$ | | | | |
| H8 | | | | $\frac{H8}{d8}$ | $\frac{H8}{e8}$ | $\frac{H8}{f8}$ | | $\frac{H8}{h8}$ | | | | | | | | | | | | | |
| H9 | | | $\frac{H9}{c9}$ | $\frac{H9}{d9}$ | $\frac{H9}{e9}$ | $\frac{H9}{f9}$ | | $\frac{H9}{h9}$ | | | | | | | | | | | | | |
| H10 | | | $\frac{H10}{c10}$ | $\frac{H10}{d10}$ | | | | $\frac{H10}{h10}$ | | | | | | | | | | | | | |
| H11 | $\frac{H11}{a11}$ | $\frac{H11}{b11}$ | $\frac{H11}{c11}$ | $\frac{H11}{d11}$ | | | | $\frac{H11}{h11}$ | | | | | | | | | | | | | |
| H12 | | $\frac{H12}{b12}$ | | | | | | $\frac{H12}{h12}$ | | | | | | | | | | | | | |

注：标注 ▼ 的配合为优先配合。

表 2-9 基轴制优先、常用配合（基本尺寸≤500mm）

| 基轴制 | 孔 | | | | | | | | | | | | | | | | | | | | | |
|---|---|---|---|---|---|---|---|---|---|---|---|---|---|---|---|---|---|---|---|---|---|---|
| | A | B | C | D | E | F | G | H | JS | K | M | N | P | R | S | T | U | V | X | Y | Z |
| | 间 隙 配 合 | | | | | | | | 过渡配合 | | | | 过 盈 配 合 | | | | | | | | | |
| h5 | | | | | | $\frac{F6}{h5}$ | $\frac{G6}{g5}$ | $\frac{H6}{h5}$ | $\frac{JS6}{h5}$ | $\frac{K6}{h5}$ | $\frac{M6}{h5}$ | $\frac{N6}{h5}$ | $\frac{P6}{h5}$ | $\frac{R6}{h5}$ | $\frac{S6}{h5}$ | $\frac{T6}{h5}$ | | | | | |
| h6 | | | | | | $\frac{F7}{h6}$ | $\frac{G7}{h6}$ | $\frac{H7}{h6}$ | $\frac{JS7}{h6}$ | $\frac{K7}{h6}$ | $\frac{M7}{h6}$ | $\frac{N7}{h6}$ | $\frac{P7}{h6}$ | $\frac{R7}{h6}$ | $\frac{S7}{h6}$ | $\frac{T7}{h6}$ | $\frac{U7}{h6}$ | | | | |
| h7 | | | | | $\frac{E8}{h7}$ | $\frac{F8}{h7}$ | | $\frac{H8}{h7}$ | $\frac{JS8}{h7}$ | $\frac{K8}{h7}$ | $\frac{M8}{h7}$ | $\frac{N8}{h7}$ | | | | | | | | | |
| h8 | | | | $\frac{D8}{h8}$ | $\frac{E8}{h8}$ | $\frac{F8}{h8}$ | | $\frac{H8}{h8}$ | | | | | | | | | | | | | |
| h9 | | | | $\frac{D9}{h9}$ | $\frac{E9}{h9}$ | $\frac{F9}{h9}$ | | $\frac{H9}{h9}$ | | | | | | | | | | | | | |
| h10 | | | | $\frac{D10}{h10}$ | | | | $\frac{H10}{h10}$ | | | | | | | | | | | | | |
| h11 | $\frac{A11}{h11}$ | $\frac{B11}{h11}$ | $\frac{C11}{h11}$ | $\frac{D11}{h11}$ | | | | $\frac{H11}{h11}$ | | | | | | | | | | | | | |
| h12 | | $\frac{B12}{h12}$ | | | | | | $\frac{H12}{h12}$ | | | | | | | | | | | | | |

注：标注 ▼ 的配合为优先配合。

# 2.6 线性尺寸的未注公差

　　构成零件的所有要素总是具有一定的尺寸和几何形状。由于尺寸误差和几何特征（形状、方向、位置）误差的存在，为保证零件的使用功能就必须对它们加以限制，超出限制将会损害其功能。因此，零件在图样上表达的所有要素都有一定的公差要求。

　　对功能上无特殊要求的要素，公差不必一一注出，即采用一般公差。一般公差可应用在线性尺寸、角度尺寸、形状和位置等几何要素。

　　国家标准《一般公差 未注公差的线性和角度尺寸的公差》（GB/T 1804－2000）规定了未注公差的线性和角度尺寸的一般公差的公差等级和极限偏差数值。

## 2.6.1 一般公差的概念

　　"一般公差"（General Tolerances）指在通常加工条件下可保证的公差。采用一般公差的尺寸不需注出其极限偏差数值，零件加工完成后该尺寸一般也不需检验。

　　事实上，图纸上所有的几何要素都有一定的公差要求。对那些功能上无特殊要求的线性尺寸采用一般公差，是由于一般公差代表通常的加工精度，即在普通工艺条件下，机床设备可保证的公差，因而无须注出极限偏差。

　　采用一般公差的优点如下：

　　1）简化制图，使图面清晰易读；

　　2）节省图样设计时间，提高效率；

　　3）突出了图样上注出公差的尺寸，这些尺寸大多是重要的且需要加以控制的；

　　4）简化检验要求，有助于质量管理。

一般公差适用于以下线性尺寸：

1）长度尺寸：包括孔、轴直径、台阶尺寸、距离、倒圆半径和倒角尺寸等；

2）工序尺寸；

3）零件组装后，再经过加工所形成的尺寸。

## 2.6.2  一般公差的公差等级和极限偏差

GB/T 1804—2000 规定一般公差分精密 f、中等 m、粗糙 c 和最粗 v 共四个公差等级。表 2-10 给出了线性尺寸的极限偏差数值，表 2-11 给出了倒圆半径和倒角高度尺寸的极限偏差数值。

**表 2-10  线性尺寸的极限偏差数值**　　　　　　　　　　　　（mm）

| 公差等级 | 基本尺寸分段 | | | | | | | |
|---|---|---|---|---|---|---|---|---|
| | 0.5~3 | >3~6 | >6~30 | >30~120 | >120~400 | >400~1000 | >1000~2000 | >2000~4000 |
| 精密 f | ±0.05 | ±0.05 | ±0.1 | ±0.15 | ±0.2 | ±0.3 | ±0.5 | — |
| 中等 m | ±0.1 | ±0.1 | ±0.2 | ±0.3 | ±0.5 | ±0.8 | ±1.2 | ±2 |
| 粗糙 c | ±0.2 | ±0.3 | ±0.5 | ±0.8 | ±1.2 | ±2 | ±3 | ±4 |
| 最粗 v | — | ±0.5 | ±1 | ±1.5 | ±2.5 | ±4 | ±6 | ±8 |

**表 2-11  倒圆半径和倒角高度尺寸的极限偏差数值**　　　　　　　　　　　　（mm）

| 公差等级 | 基本尺寸分段 | | | |
|---|---|---|---|---|
| | 0.5~3 | >3~6 | >6~30 | >30 |
| 精密 f | ±0.2 | ±0.5 | ±1 | ±2 |
| 中等 m | ±0.2 | ±0.5 | ±1 | ±2 |
| 粗糙 c | ±0.4 | ±1 | ±2 | ±4 |
| 最粗 v | ±0.4 | ±1 | ±2 | ±4 |

设计时，采用一般公差，应在图样标题栏附近或技术要求、技术文件中注明公差等级代号，如 "GB/T 1804—m"。

需要强调的是，线性尺寸若超出了规定的一般公差，但未达到损害其功能，通常不应判定拒收产品。

# 2.7  公差与配合的选用

公差与配合的选择是机械设计与制造中重要的一环，包括基准制、公差等级与配合种类的选取。公差与配合的选择是否合理，对机械的使用性能和制造成本都有很大的影响，有时甚至是起决定性作用的。

选用公差与配合的基本原则是必须保证机械产品的性能优良和制造上经济可行。或者说，公差与配合的选择应使机械产品的使用价值与制造成本的综合经济效果最好。

公差与配合的选择方法主要有计算法、试验法、类比法等三种。

计算法是按一定的理论和公式，通过计算确定公差与配合，其关键是要确定所需间隙或过盈。由于机械产品的多样性与复杂性，因此理论计算是近似的，目前只能作为重要的参考。

试验法就是通过专门的试验或统计分析来确定所需的间隙或过盈。用试验法选取配合最为可靠，但成本较高，故一般只用于重要的、关键性配合的选取。

类比法是以经过生产验证的，类似的机械、机构和零部件为参照，同时考虑所设计机器的使用条件来选取公差与配合，也就是凭经验来选取公差与配合。类比法一直是选择公差与配合的主要方法，今后用计算法和试验法的情况会有所增加，但类比法仍然是最常用的一种方法。

## 2.7.1 基准制的选用

国家标准规定有基孔制与基轴制两种基准制度。两种基准制既可得到各种配合，又统一了基准件的极限偏差，从而避免了零件极限尺寸数目过多和不便制造等问题。基准制的选择应从结构、工艺及经济性等方面综合考虑。

一般情况下应优先选用基孔制。这是因为加工孔通常比加工轴困难，而采用基孔制可以减少定值刀具、量具的规格和数量，有利于刀具、量具的标准化和系列化，具有较好的经济性。但下列情况除外。

（1）当公差等级要求不高，而采用冷拉钢材做轴的配合。此时冷拉轴不应进行机械加工，采用基轴制显然有更好的经济效果。

（2）基本尺寸不变的一段轴上装配有几个不同配合的零件。图 2-10（a）所示为活塞销 2 与连杆 3 及活塞 1 的配合，根据使用要求，活塞销与活塞应为过渡配合，而活塞销与连杆之间有相对运动，应为间隙配合。如果三段配合均选基孔制，则应为 $\phi30H6/m5$、$\phi30H6/h5$ 和 $\phi30H6/m5$，公差带如图 2-10（b）所示。此时必须将轴做成台阶状才能满足各部分配合要求。这样既不便于加工，又不利于装配。如果改用基轴制，则三段的配合可为 $\phi30M6/h5$、$\phi30H6/h5$ 和 $\phi30M6/h5$，公差带如图 2-10（c）所示。将活塞销做成光轴，既便于加工又利于装配。

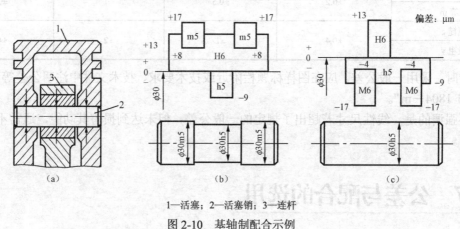

1—活塞；2—活塞销；3—连杆

图 2-10 基轴制配合示例

（3）与标准件配合时，基准制的选择应由标准件决定。例如与滚动轴承内圈相配合的轴应选用基孔制，而与滚动轴承外圆配合的孔则应选用基轴制。

（4）为满足配合的特殊要求，允许采用任意孔、轴公差带组成的配合。图 2-11 所示为 C616 车床床头箱的一部分，由于轴颈 1 与两轴承孔相配合，已选定为 $\phi60js6$，而隔套 2 只起间隔两个轴承的轴向定位作用，为了装拆方便，只要松套在轴颈上即可，公差等级要求不高，因而选用 $\phi60D10$ 与轴颈相配，即 $\phi60D10/js6$。同样，隔套 3 与床头箱孔的配合采用 $\phi95K7/d11$。这类配合既不采用基孔制，也不采用基轴制。

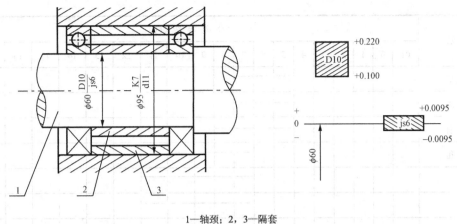

1—轴颈；2，3—隔套

图 2-11　非基准制配合示例

## 2.7.2　公差等级的选用

合理地选择公差等级，就是要解决机械零件、部件的使用要求与制造工艺成本之间的矛盾。首先要保证使用要求，其次要考虑工艺的可能性和经济性，即在满足使用要求的前提下，尽量采用较低的公差等级。

对于基本尺寸≤500mm 的较高等级的配合，由于孔比同级的轴加工困难，当标准公差等级高于 IT8 级时，推荐孔比轴低一级配合。但对于标准公差等级低于 IT8 级或基本尺寸>500mm 的配合，由于孔的测量精度比轴容易保证，推荐采用同级孔、轴配合。

表 2-12 为推荐的各公差等级的应用范围，表 2-13 为各种加工方法所能达到的经济精度，可供设计时参考。

表 2-12　公差等级的应用

| 应　　用 | 公 差 等 级（IT） | | | | | | | | | | | | | | | | | | |
|---|---|---|---|---|---|---|---|---|---|---|---|---|---|---|---|---|---|---|---|
| | 01 | 0 | 1 | 2 | 3 | 4 | 5 | 6 | 7 | 8 | 9 | 10 | 11 | 12 | 13 | 14 | 15 | 16 | 17 | 18 |
| 量　　块 | | | | | | | | | | | | | | | | | | | |
| 量　　规 | | | | | | | | | | | | | | | | | | | |
| 配 合 尺 寸 | | | | | | | | | | | | | | | | | | | |
| 特别精密的零件 | | | | | | | | | | | | | | | | | | | |
| 非配合尺寸 | | | | | | | | | | | | | | | | | | | |
| 原材料公差 | | | | | | | | | | | | | | | | | | | |

表 2-13　各种加工方法的经济加工精度

| 加工方法 | 公 差 等 级（IT） | | | | | | | | | | | | | | | | | | |
|---|---|---|---|---|---|---|---|---|---|---|---|---|---|---|---|---|---|---|---|
| | 01 | 0 | 1 | 2 | 3 | 4 | 5 | 6 | 7 | 8 | 9 | 10 | 11 | 12 | 13 | 14 | 15 | 16 | 17 | 18 |
| 研　　磨 | | | | | | | | | | | | | | | | | | | |
| 珩 | | | | | | | | | | | | | | | | | | | |
| 圆　　磨 | | | | | | | | | | | | | | | | | | | |
| 平　　磨 | | | | | | | | | | | | | | | | | | | |

续表

| 加工方法 | 公差等级（IT） | | | | | | | | | | | | | | | | | | |
|---|---|---|---|---|---|---|---|---|---|---|---|---|---|---|---|---|---|---|---|
| | 01 | 0 | 1 | 2 | 3 | 4 | 5 | 6 | 7 | 8 | 9 | 10 | 11 | 12 | 13 | 14 | 15 | 16 | 17 | 18 |
| 金刚石车 | | | | | | | | | | | | | | | | | | | | |
| 金刚石镗 | | | | | | | | | | | | | | | | | | | | |
| 拉 削 | | | | | | | | | | | | | | | | | | | | |
| 铰 孔 | | | | | | | | | | | | | | | | | | | | |
| 车 | | | | | | | | | | | | | | | | | | | | |
| 镗 | | | | | | | | | | | | | | | | | | | | |
| 铣 | | | | | | | | | | | | | | | | | | | | |
| 刨、插 | | | | | | | | | | | | | | | | | | | | |
| 钻 | | | | | | | | | | | | | | | | | | | | |
| 滚压、挤压 | | | | | | | | | | | | | | | | | | | | |
| 冲 压 | | | | | | | | | | | | | | | | | | | | |
| 压 铸 | | | | | | | | | | | | | | | | | | | | |
| 粉末冶金成形 | | | | | | | | | | | | | | | | | | | | |
| 粉末冶金烧结 | | | | | | | | | | | | | | | | | | | | |
| 砂型铸造、气割 | | | | | | | | | | | | | | | | | | | | |
| 锻 造 | | | | | | | | | | | | | | | | | | | | |

## 2.7.3　配合的选用

　　配合的选用就是要解决结合零件孔与轴在工作时的相互关系，以保证机器正常工作。在设计中，应根据使用要求，尽量选用优先配合和常用配合，如不能满足要求，可选用一般用途的孔、轴公差带组成配合。甚至当有特殊要求时，可以从标准公差和基本偏差中选取合适的孔、轴公差带组成配合。

　　孔和轴之间有相对运动时，必须选择间隙配合。若孔、轴之间无相对运动，而又有键、销等紧固件使之固紧，也可以选用间隙配合。若无紧固件而要求零件间不产生相对运动，则应选用过盈配合或较紧的过渡配合，受力大时必须选用过盈配合。受力不大或基本不受力，而主要要求零件间的相互定位，应选用过渡配合。

　　确定了配合类别以后，就是要根据使用要求——配合公差（间隙或过盈的变动量）的大小，确定与基准件相配的孔或轴的基本偏差代号。对间隙配合而言，最小间隙等于非基准件基本偏差的绝对值，因此可按最小间隙确定非基准件的基本偏差代号；对于过盈配合，应先由配合公差确定孔、轴的公差等级，然后由基准件的标准公差值与最小过盈既可确定非基准件的基本偏差及其代号。过渡配合的选取，以试验法和类比法为主。

　　下面以计算法为例，简要说明根据配合的使用要求，确定孔轴的配合代号。

表 2-14 介绍了常用轴的基本偏差选用说明，表 2-15 为优先配合选用说明，可供配合选用时参考。当选定配合之后，需要按工作条件，并参考机器或机构工作时结合件的相对状态（如运动速度、运动方向、停歇时间、运动精度等）、承载情况、润滑条件、温度变化、配合的重要性、装卸条件以及材料的物理机械性能等，根据具体条件，对配合的间隙或过盈的大小参照表 2-16 进行修正。

【例 2-7】某孔、轴配合的基本尺寸为 $\phi50\text{mm}$，要求配合的间隙为 +0.025～+0.066mm，试确定孔、轴的公差等级及配合代号。

**解：**（1）确定孔、轴的公差等级

根据公式（2-7），配合公差为：

$$
\begin{aligned}
T_f &= T_H + T_S \\
&= \left| X_{\max} - X_{\min} \right| \\
&= \left| +0.066 - (+0.025) \right| \\
&= 0.041 (\text{mm})
\end{aligned}
$$

由于较精密的配合，通常孔的公差等级比轴低一级，所以可查表 2-2 中尺寸段为 >30～50 一行，取两相邻的公差值，使其和刚好不超过 0.041mm，结果为：

孔为 IT7 级，公差 $T_H = 0.025\text{mm}$；轴为 IT6 级，公差 $T_S = 0.016\text{mm}$

（2）确定孔、轴的配合代号

由于多数配合应优先选用基孔制，本例也采用基孔制（采用基轴制的计算过程完全类似），则有：基准孔为 $\phi50\text{H7}\left(^{+0.025}_{0}\right)\text{mm}$，下偏差 $EI=0$，上偏差 $ES=+0.025\text{mm}$，且下偏差 $EI$ 为基本偏差。

由于间隙配合中，非基准件的基本偏差与最小间隙大小相等，根据公式（2-4）有：

$$
X_{\min} = EI - es = +0.025 (\text{mm})
$$

所以，轴的基本偏差为：

$$
es = EI - X_{\min} = 0 - (+0.025) = -0.025 (\text{mm})
$$

查表 2-4，可确定轴的基本偏差代号为 f。

轴的下偏差为：

$$
ei = es - T_S = -0.025 - 0.016 = -0.041 (\text{mm})
$$

轴可记为 $\phi50\text{f6}\left(^{-0.025}_{-0.041}\right)\text{mm}$；

孔、轴的配合代号为：$\phi50\dfrac{\text{H7}}{\text{f6}}$。

公差带图为：

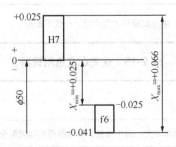

本例若采用基轴制，读者可以自行推导，孔、轴的配合代号为 $\phi50\text{F7/h6}$。

表 2-14　常用轴的基本偏差选用说明

| 配合 | 基本偏差 | 特性及应用 |
|---|---|---|
| 间隙配合 | a、b | 可得到特别大的间隙，应用很少 |
| | c | 可得到很大的间隙，一般用于缓慢、松弛的动配合，以及工作条件较差（如农业机械），受力变形，或为了便于装配，而必须保证有较大间隙的地方 |
| | d | 一般用于 IT7～IT11 级，适用于松的转动配合，如密封盖、滑轮等与轴的配合，也适用于大直径滑动轴承配合 |
| | e | 多用于 IT7～IT9 级，通常用于要求有明显间隙，易于转动的轴承配合，如大跨距轴承，多支点轴承等配合；高等级的 e 轴，适用于高速重载支承 |
| | f | 多用于 IT6～IT8 级的一般转动配合，当温度影响不大时，广泛用于普通润滑油润滑的支承，如齿轮箱、小电动机、泵等的转轴与滑动轴承的配合 |
| | g | 间隙很小，制造成本高，除很轻负荷的精密装置外，不推荐用于转动配合。多用于 IT5、6、7 级，最适合不回转的精密滑动配合 |
| | h | 多用于 IT4～IT11 级，广泛用于无相对转动的零件，作为一般的定位配合。若无温度、变形影响，也用于精密滑动配合 |
| 过渡配合 | js | 偏差完全对称，平均间隙较小，多用于 IT4～IT7 级，要求间隙比 h 轴小，并允许略有过盈的配合，如联轴节、齿圈与钢制轮毂，可用木槌装配 |
| | k | 平均间隙接近于零的配合，适用于 IT4～IT7 级，推荐用于稍有过盈的定位配合，一般用木槌装配 |
| | m | 平均过盈较小的配合，适用于 IT4～IT7 级，一般可用木槌装配，但在最大过盈时，要求有相当的压入力 |
| | n | 平均过盈比 m 轴稍大，很少得到间隙，适用于 IT4～IT7 级，用锤或压力机装配，一般推荐用于紧密的组件配合。H6/n5 的配合为过盈配合 |
| 过盈配合 | p | 与 H6 或 H7 配合时是过盈配合，与 H8 配合时则为过渡配合。对非铁类零件，为较轻的压入配合，当需要时易于拆卸，对钢、铸铁，或铜钢组件装配是标准压入配合 |
| | r | 对铁类零件为中等打入配合，对非铁类零件，为轻打入的配合。当需要时可以拆卸，与 H8 孔配合，直径在 100mm 以上时为过盈配合，直径小时为过渡配合 |
| | s | 用于钢和铁制零件的永久、半永久装配，可产生相当大的结合力。当用弹性材料，如轻合金，配合性质与铁类零件的 p 轴相当，例如套环压装在轴上。尺寸较大时，为了避免损伤配合表面，需用热胀或冷缩法装配 |
| | t | 过盈较大的配合。对钢和铸铁零件适于作永久性结合，不用键可传递力矩，需用热胀或冷缩法装配。例如联轴节与轴的配合 |
| | u | 过盈大，一般应验算在最大过盈时，工件材料是否损坏，用热胀或冷缩法装配。例如火车轮毂与轴的配合 |
| | v、x、y、z | 过盈很大，须经试验后才能应用。一般不推荐 |

表 2-15　优先配合选用说明

| 优先配合 | | 说　明 |
|---|---|---|
| 基孔制 | 基轴制 | |
| $\frac{H11}{c11}$ | $\frac{C11}{h11}$ | 间隙非常大，用于很松、转动很慢的间隙配合，用于装配很松的配合 |
| $\frac{H9}{d9}$ | $\frac{D9}{h9}$ | 间隙很大的自由转动配合，用于精度要求不高，或有大的温度变化、高转速或大的轴径压力时 |

| 优 先 配 合 | | 说　明 |
|---|---|---|
| 基孔制 | 基轴制 | |
| $\dfrac{H8}{f7}$ | $\dfrac{F8}{h7}$ | 间隙不大的转动配合，用于中等转速与中等轴径压力的精确转动，也用于装配较容易的中等定位配合 |
| $\dfrac{H7}{g6}$ | $\dfrac{G7}{h6}$ | 间隙很小的滑动配合，用于不希望自由转动，但可自由移动和滑动并精密定位时，也可用于要求明确的定位配合 |
| $\dfrac{H7}{h6}$ $\dfrac{H8}{h7}$ $\dfrac{H9}{h9}$ $\dfrac{H11}{h11}$ | $\dfrac{H7}{h6}$ $\dfrac{H8}{h7}$ $\dfrac{H9}{h9}$ $\dfrac{H11}{h11}$ | 均为间隙定位配合，零件可自由拆卸，而工作时，一般相对静止不动，在最大实体条件下的间隙为零，在最小实体条件下的间隙由标准公差决定 |
| $\dfrac{H7}{k6}$ | $\dfrac{K7}{h6}$ | 过渡配合，用于精密定位 |
| $\dfrac{H7}{n6}$ | $\dfrac{N7}{h6}$ | 过渡配合，用于允许有较大过盈的更精密定位 |
| $\dfrac{H7}{p6}$ | $\dfrac{P7}{h6}$ | 过盈定位配合，即小过盈配合，用于定位精度特别重要时，能以最好的定位精度达到部件的刚性及对中要求 |
| $\dfrac{H7}{s6}$ | $\dfrac{S7}{h6}$ | 中等压入配合，适用于一般钢件，或用于薄壁件的冷缩配合，用于铸铁件可得到最紧的配合 |
| $\dfrac{H7}{u6}$ | $\dfrac{U7}{h6}$ | 压入配合，适用于可以承受高压入力的零件，或不宜承受大压入力的冷缩配合 |

表 2-16　工作情况对过盈和间隙的影响

| 具 体 情 况 | 过盈应增大或减小 | 间隙应增大或减小 |
|---|---|---|
| 材料许用应力小 | 减小 | — |
| 经常拆卸 | 减小 | — |
| 工作时，孔温高于轴温 | 增大 | 减小 |
| 工作时，轴温高于孔温 | 减小 | 增大 |
| 有冲击载荷 | 增大 | 减小 |
| 配合长度较大 | 减小 | 增大 |
| 配合面几何误差较大 | 减小 | 增大 |
| 装配时可能歪斜 | 减小 | 增大 |
| 旋转速度高 | 增大 | 增大 |
| 有轴向运动 | — | 增大 |
| 润滑油黏度增大 | — | 增大 |
| 装配精度高 | 减小 | 减小 |
| 表面粗糙度高度参数值大 | 增大 | 减小 |

# 习题

1. 试画出下列各孔、轴配合的公差带图，并计算它们的极限尺寸、尺寸公差、配合公差及极限间隙或极限过盈。

（1）孔 $\phi 40^{+0.039}_{0}$ mm，轴 $\phi 40^{+0.027}_{+0.002}$ mm；（2）孔 $\phi 60^{+0.074}_{0}$ mm，轴 $\phi 60^{-0.030}_{-0.140}$ mm

2．试根据表中已给数值，计算并填写空格中的数值（单位为 mm）。

| 基本尺寸 | 最大极限尺寸 | 最小极限尺寸 | 上 偏 差 | 下 偏 差 | 公 差 | 标 注 |
|---|---|---|---|---|---|---|
| 孔 $\phi 8$ | 8.040 | 8.025 | | | | |
| 轴 $\phi 60$ | | | −0.060 | | 0.046 | |
| 孔 $\phi 30$ | | 30.020 | | | 0.130 | |
| 轴 $\phi 50$ | | | −0.050 | −0.112 | | |
| 孔 $\phi 18$ | | | | | | $\phi 18^{+0.017}_{0}$ |

3．试查表确定下列孔、轴公差带代号。

（1）轴 $\phi 40^{+0.033}_{+0.017}$；　　（2）轴 $\phi 18^{+0.046}_{+0.028}$；　　（3）孔 $\phi 65^{-0.03}_{-0.06}$；　　（4）孔 $\phi 240^{+0.285}_{+0.170}$

4．设下列三组配合的基本尺寸和使用要求如下：

（1）$D(d) = \phi 35$ mm，$X_{max} = +120\ \mu m$，$X_{min} = +50\ \mu m$；

（2）$D(d) = \phi 40$ mm，$Y_{max} = -80\ \mu m$，$Y_{min} = -35\ \mu m$；

（3）$D(d) = \phi 60$ mm，$X_{max} = +50\ \mu m$，$Y_{max} = -32\ \mu m$；

试分别确定它们的公差等级，选用适当的配合，并画出公差带图。

# 思考题

1．孔、轴的尺寸公差，上、下偏差，实际偏差的含义有何区别和联系？

2．什么叫基本偏差？为什么要规定基本偏差？轴和孔的基本偏差是如何确定的？

3．什么是基准制？为什么要规定基准制？在什么情况下采用基轴制？

4．极限与配合标准的应用主要解决哪三个问题？其基本原则是什么？

5．试判断以下概念是否正确、完整？

（1）公差可以说是允许零件尺寸的最大偏差；

（2）从制造角度上讲，基孔制的特点就是先加工孔，基轴制的特点就是先加工轴；

（3）过渡配合可能具有间隙，也可能具有过盈，因此，过渡配合可能是间隙配合，也可能是过盈配合。

6．图 2-12 为钻孔夹具简图，1 为钻模板，2 为钻头，3 为定位套，4 为钻套，5 为工件。已知：（a）配合面①和②都有定心要求，需用过盈量不大的固定连接；（b）配合面③有定心要求，在安装和取出定位套时需轴向移动；（c）配合面④有导向要求，且钻头能在转动状态下进入钻套。试选择上述各配合面的配合种类，并简述其理由。

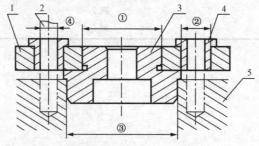

图 2-12　钻孔夹具示意图

# 第 3 章 测量技术基础

## 3.1 概述

### 3.1.1 技术测量概念

测量（Measurement）就是将被测的量与具有确定计量单位的标准量进行比较，从而确定被测量的量值的操作过程。若被测量为 $L$，标准量为 $E$，那么测量就是确定 $L$ 与 $E$ 的比值关系，即 $q = L/E$，则对被测量 $L$ 的测量结果可表示为

$$L = qE \tag{3-1}$$

上式表明，测量过程必须包含被测量和计量单位。此外，还应包含二者如何比较及比较结果准确度如何等方面。因此，一个完整的测量过程应包括四个方面：测量对象、计量单位、测量方法和测量准确度。

**1. 测量对象**

主要指机械几何量。包括长度、角度、表面粗糙度、几何误差以及更复杂的螺纹、齿轮零件中的几何参数等。

**2. 计量单位**

1984 年 2 月，国务院发布《关于在我国统一实行法定计量单位的命令》，明确规定米制为我国的基本计量制度。长度计量中单位为"米"（m），其他常用单位为毫米（mm）和微米（μm）。在角度测量中以度、分、秒为单位。

"米"的定义是在 1983 年 10 月的第十七届国际计量大会上通过的，即："米是光在真空中 1/299792458 秒的时间间隔内所经过的路程的长度"。

**3. 测量方法**

测量方法是指测量时所采用的测量原理、测量条件和测量器具的总和。测量方法的分类将在后面介绍。

**4. 测量准确度**

测量准确度是指测量结果与真值的相符合程度。由于在测量过程中不可避免地存在或大或小的测量误差，误差大说明测量结果准确度低，误差小则准确度高。不给出测量准确度，测量结果就没有意义。每一测量过程的测量结果都应给出其测量准确度。

### 3.1.2 尺寸传递

#### 1. 长度量值传递系统

前述关于米的定义，实际上是以光波波长作为长度基准，虽然准确可靠，但不能直接用于工程测量。为了保证长度测量量值的统一，必须建立从长度基准到生产中使用的各种测量器具，直至工件的量值传递系统。量值传递是通过对比、校准、检定和测量，将国家计量基准复现的单位量值，经计量标准、工作计量器具逐级传递到被测对象的全部过程。我国长度量值传递系统如图 3-1 所示。

由图 3-1 可知，长度量值传递系统有两种实体基准：线纹尺（刻线量具）和量块（端面量具）。其中尤以量块应用较广。

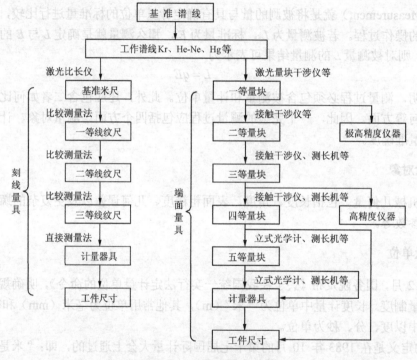

图 3-1　长度量值传递系统

#### 2. 量块（Gauge Block）

量块又称块规。除可作长度基准外，生产中还可以用来检定和校准测量工具或量仪、调整量具或量仪的零位，有时还可直接用于精密测量、精密画线和精密机床的调整。

量块通常做成长方形六面体，如图 3-2 所示。一般由优质钢或能被精加工成容易研合表面的其他类似耐磨材料制造而成。量块有上、下两个相互平行的测量面和四个侧面。量块的标称长度可以在测量面，也可以在侧面。

（1）量块长度（Length of a Gauge Block）*l*

量块一个测量面上的任意点到与其相对的另一测量面相研合的辅助体表面之间的垂直距离，辅助体的材料和表面质量应与量块相同，如图 3-2（b）所示。这里，"量块任意点"不包括距测量面边缘为 0.8 mm 区域内的点。

（2）量块中心长度（Central Length of a Gauge Block）$l_c$

对应于量块未研合测量面中心点的量块长度，如图 3-2（b）所示。

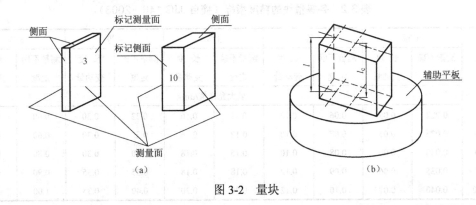

图 3-2　量块

（3）量块标称长度（Nominal Length of a Gauge Block）$l_n$

标记在量块上，用以表明其与主单位（m）之间关系的量值，也称为量块长度的示值。

（4）量块长度变动量（Varation in Length of a Gauge Block）$V$

量块测量面上任意点中的最大长度 $l_{max}$ 与最小长度 $l_{min}$ 之差，如图 3-3 所示。

（5）研合性（Wringing）

量块的一个测量面与另一量块测量面或与另一经精加工的类似量块测量面的表面，通过分子力的作用而相互研合的性能。

量块按准确度级别分为 0 级、1 级、2 级和 3 级，其中 0 级准确度最高，3 级最低。国家标准《几何量技术规范（GPS）长度标准　量块》（GB/T 6093—2001）对 0～3 级与 K 级（校准级）量块，除规定了量块长度相对于量块标称长度的极限偏差 $t_e$ 和量块长度变动量最大允许值 $t_v$ 外（见表 3-1），对量块测量面的平面度、粗糙度及研合性等均给出了定量指标。

图 3-3　量块长度变动量

表 3-1　各级量块的精度指标（摘自 GB/T 6093—2001）

| 标称长度 $l_n$/mm | K 级 | | 0 级 | | 1 级 | | 2 级 | | 3 级 | |
|---|---|---|---|---|---|---|---|---|---|---|
| | $\pm t_e$ | $t_v$ | $\pm t_e$ | $t_v$ | $\pm t_e$ | $t_v$ | $\pm t_e$ | $t_v$ | $\pm t_e$ | $t_v$ |
| | 最大允许值/μm | | | | | | | | | |
| $l_n \leqslant 10$ | 0.20 | 0.05 | 0.12 | 0.10 | 0.20 | 0.16 | 0.45 | 0.30 | 1.00 | 0.50 |
| $10 < l_n \leqslant 25$ | 0.30 | 0.05 | 0.14 | 0.10 | 0.30 | 0.16 | 0.60 | 0.30 | 1.20 | 0.50 |
| $25 < l_n \leqslant 50$ | 0.40 | 0.06 | 0.20 | 0.10 | 0.40 | 0.18 | 0.80 | 0.30 | 1.60 | 0.55 |
| $50 < l_n \leqslant 75$ | 0.50 | 0.06 | 0.25 | 0.12 | 0.50 | 0.18 | 1.00 | 0.35 | 2.00 | 0.55 |
| $75 < l_n \leqslant 100$ | 0.60 | 0.07 | 0.30 | 0.12 | 0.60 | 0.20 | 1.20 | 0.35 | 2.50 | 0.60 |

注：距离测量面边缘 0.8mm 范围内不计。

量块在使用过程中，由于磨损等原因使其实际尺寸发生变化，因此需要定期检定。各级计量部门，常按量块检定的实际尺寸来使用，这样可获得比量块制造精度更高的精度。因此，国家计量检定规程《量块》（JJG 146—2003）中，主要以量块长度的测量不确定度，将其分为 1～5 等共五等量块。表 3-2 为各等量块长度测量不确定度和长度变动量最大允许值。

表 3-2　各等量块的精度指标（摘自 JJG 146－2003）

| 标称长度 $l_n$/mm | 1 等 | | 2 等 | | 3 等 | | 4 等 | | 5 等 | |
|---|---|---|---|---|---|---|---|---|---|---|
| | 测量不确定度 | 长度变动量 | 测量不确定度 | 长度变动量 | 测量不确定度 | 长度变动量 | 测量不确定度 | 长度变动量 | 测量不确定度 | 长度变动量 |
| | 最大允许值/μm | | | | | | | | | |
| $l_n \leqslant 10$ | 0.022 | 0.05 | 0.06 | 0.10 | 0.11 | 0.16 | 0.22 | 0.30 | 0.60 | 0.50 |
| $10 < l_n \leqslant 25$ | 0.025 | 0.05 | 0.07 | 0.10 | 0.12 | 0.16 | 0.25 | 0.30 | 0.60 | 0.50 |
| $25 < l_n \leqslant 50$ | 0.030 | 0.06 | 0.08 | 0.10 | 0.15 | 0.16 | 0.30 | 0.30 | 0.80 | 0.55 |
| $50 < l_n \leqslant 75$ | 0.035 | 0.06 | 0.09 | 0.12 | 0.18 | 0.18 | 0.35 | 0.35 | 0.90 | 0.55 |
| $75 < l_n \leqslant 100$ | 0.040 | 0.07 | 0.10 | 0.12 | 0.20 | 0.20 | 0.40 | 0.35 | 1.00 | 0.6 |

注：1. 距离测量面边缘 0.8mm 范围内不计；

　　2. 表内测量不确定度置信概率为 0.99。

　　量块是定尺寸量具，为了满足不同的尺寸要求，量块都按一定尺寸系列成套生产供应。根据 GB/T 6093－2001《几何量技术规范（GPS）长度标准　量块》规定，一套量块可有 91 块、83 块、46 块、38 块等共 17 种规格。现以 91 块一套的量块为例，列出其规格如下：

　　间隔 0.01mm：　　1.01，1.02，……，1.49　　　共 49 块；

　　间隔 0.1mm：　　1.5，1.6，……，1.9　　　　共 5 块；

　　间隔 0.5mm：　　2.0，2.5，……，9.5　　　　共 16 块；

　　间隔 10mm：　　10，20，……，100　　　　　共 10 块；

　　间隔 0.001mm：　1.001，1.002，……，1.009　　共 9 块；

　　1，0.5 各一块。

　　使用量块时，应合理选择若干量块组成所需的尺寸。为减少量块的组合误差，应尽量减少量块组的数目，通常不超过 4 块。具体的选择方法是，按照所需尺寸的最后一个尾数选取具有相同尾数的第一块，然后以此类推逐块选取。例如，需要组合的尺寸为 43.676mm，量块组可选为 1.006，1.17，1.5 和 40mm 共四块，具体过程如下：

　　量块组合尺寸：　　　43.676

　　选第一块：　　　　 －　1.006

　　　　　　　　　　　　　42.67

　　选第二块：　　　　 －　1.17

　　　　　　　　　　　　　41.5

　　选第三块：　　　　 －　1.5

　　选第四块：　　　　　40

### 3．角度传递系统

　　角度也是机械制造中的重要几何参数之一，由于一个圆周角为 360°，因此角度测量不需要向长度一样定义自然基准。在计量部门，为了方便一般使用多面棱体作为角度参数的实物基准。机械制造中的角度标准主要有角度量块、测角仪和分度头等。

　　GB/T 22525—2008《正多面棱体》规定了各相邻平面法线间的夹角为等值测量角，并具有准确角度值的正多边形的实物量具，如图 3-4 所示。其中，棱体的工作面数有 20 种，见表 3-3；棱体的准确度等级有 0、1、2、3 共四级，其工作角偏差的允许值见表 3-4。

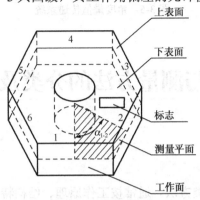

图 3-4　正多面棱体

表 3-3　正多面棱体工作面面数及标称工作角

| 序号 | 工作面面数 | 标称工作角 | 序号 | 工作面面数 | 标称工作角 |
|---|---|---|---|---|---|
| 1 | 4 | 90° | 11 | 19 | 18°56′50.5″ |
| 2 | 6 | 60° | 12 | 20 | 18° |
| 3 | 8 | 45° | 13 | 23 | 15°39′7.8″ |
| 4 | 9 | 40° | 14 | 24 | 15° |
| 5 | 10 | 36° | 15 | 28 | 12°51′25.7″ |
| 6 | 12 | 30° | 16 | 32 | 11°15′ |
| 7 | 15 | 24° | 17 | 36 | 10° |
| 8 | 16 | 22°30′ | 18 | 40 | 9° |
| 9 | 17 | 21°10′35.3″ | 19 | 45 | 8° |
| 10 | 18 | 20° | 20 | 72 | 5° |

表 3-4　正多面棱体工作角偏差允许值（″）

| 准确度等级 | 工作面面数 | |
|---|---|---|
| | ≤24 | >24 |
| 0 | ±1 | ±2 |
| 1 | ±2 | ±3 |
| 2 | ±5 | |
| 3 | ±10 | |

　　以多面棱体作为角度基准的量值传递系统如图 3-5 所示。

图 3-5　角度量值传递系统

# 3.2　测量器具与测量方法的分类及常用术语

## 3.2.1　测量器具的分类

测量器具有多种不同的分类方法。通常按工作原理、结构特点及用途等将其分为标准测量器具、通用测量器具、专用测量器具以及检验夹具等四类。

**1．标准测量器具**

是指测量时体现标准量的测量器具。这种量具通常只有某一固定尺寸，常用来校对和调整其他测量器具，或作为标准量与被测工件进行比较。如量块、直角尺、各种曲线样板和标准量规等。

**2．通用测量器具**

是指通用性强，可测量某一范围内的任一尺寸（或其他几何量），并能获得具体读数值的测量器具。按其结构又可分为以下几种。

1）固定刻线量具，如钢直尺、卷尺等。

2）游标量具，如游标卡尺、深度游标卡尺、高度游标卡尺以及游标量角器等。

3）微动螺旋副式量仪，如外径千分尺、内径千分尺、深度千分尺等。

4）机械式量仪，如百分表、千分表、杠杆百分表、杠杆千分表、扭簧比较仪等。

5）光学式量仪，如光学计、测长仪、投影仪、干涉仪等。

6）气动式量仪，如水柱式气动量仪、浮标式气动量仪等。

7）电动式量仪，如电感式量仪、电容式量仪、电接触式量仪、电动轮廓仪等。

8）光电式量仪，如光电显微镜、激光干涉仪等。

**3．专用测量器具**

是指专门用来测量某种特定参数的测量器具。如圆度仪、渐开线检查仪、丝杠检查仪、极限量规等。

**4．检验夹具**

是指与量具、量仪和定位元件等组合的一种专用的检验工具。当配合各种比较仪时，能用来检验更多更复杂的参数。

## 3.2.2　测量方法的分类

广义的测量方法，是指采用的测量原理、测量器具和测量条件的总和。实际工作中，往往单纯从获得测量结果的方式来理解测量方法，并按其不同的特征分类。

### 1. 直接测量与间接测量

直接测量——被测量的数值直接由测量器具上读出，或由测量器具上的读数与某一标准量相加而得到。例如用游标卡尺和千分尺进行测量属于前者；而立式或卧式光学比较仪的测量，其读数为被测量与预先选定块规之差，属于后者。

间接测量——被测量的数值由测量器具上读数经一定的函数关系运算后获得。例如图 3-6 采用弦高法求圆弧样板直径 $D$，即为间接测量。

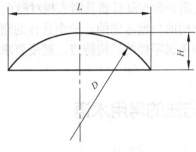

图 3-6　间接测量

### 2. 绝对测量与相对测量

绝对测量——从测量器具上直接得到被测参数的整个量值。

相对测量——测量器具上直接得到的数值是被测量相对于标准量的偏差值。

绝对测量、相对测量都属于直接测量。前述例子如游标卡尺和千分尺的测量为绝对测量，而立式或卧式光学比较仪的测量为相对测量。

### 3. 接触测量与非接触测量

接触测量——测量器具的敏感元件（或测头）与工件被测表面直接接触，并有机械测量力存在。

非接触测量——测量器具的敏感元件与工件被测表面不接触，没有机械测量力。该方法利用光、电、磁、气等物理量使敏感元件与被测工件表面发生联系，如干涉显微镜、磁力测厚仪、气动量仪等。

### 4. 主动测量与被动测量

主动测量——零件在加工过程中进行的测量。

被动测量——零件加工完成后进行的测量。

主动测量的结果可直接用来控制工件的加工过程，决定是否需要继续加工或调整机床，故能及时防止废品的产生。而被动测量的结果一般仅限于发现并剔除废品。

**5．单项测量与综合测量**

单项测量——单个地彼此没有联系地测量零件的各项参数。如分别测量齿轮的齿厚、齿形、齿距、公法线，或分别测量螺纹的中径、螺距、牙形半角等。

综合测量——同时测量零件上几个有关的参数，从而综合判断零件的合格性。例如用单啮仪测量齿轮的切向综合误差来判定其传递运动的准确性；用螺纹量规综合检验其合格性等。

**6．动态测量与静态测量**

动态测量——测量时零件被测表面与测量器具的测头有相对运动。例如用激光比长仪测量精密线纹尺，用激光丝杠动态检查仪测量丝杠等。动态测量能反映在生产过程中被测参数的变化过程。

静态测量——测量时零件被测表面与测量器具测头相对静止。

以上测量方法的分类是从不同的角度考虑的。一个具体的测量过程，可能兼有上述几种测量方法的特征。选择测量方法应考虑零件的结构特点，精度要求，生产批量，技术条件及经济效果等。

## 3.2.3　测量器具与测量方法的常用术语

### 1．刻线间距（Scale Spacing）*C*

测量器具标尺上两相邻刻线中心线间的距离（或圆周弧长）。为了适于人眼观察和读数，刻线间距 *C* 应大于 0.75mm，一般为 1～2.5mm。

### 2．分度值（Value of a Scale Division）*i*

测量器具标尺上每一刻线间距所代表的量值。一般长度量仪中的分度值 *i*=0.1mm、0.01mm、0.001mm、0.0005mm 等。

### 3．灵敏度（Sensitivity）*S* 与放大比（Magnification）*K*

测量器具反映被测几何量微小变化的能力。对于给定的被测量值，被观测变量的增量$\Delta L$ 与其相应的被测量的增量$\Delta x$ 之比，称为测量器具的灵敏度。

$$S = \Delta L / \Delta x \tag{3-2}$$

若上式的分子、分母是同一类物理量，则灵敏度亦称为放大比。对一般等分刻度的量仪，放大比为常数，且可表示为

$$K=(刻线间距)/(分度值)=C/i \tag{3-3}$$

### 4．示值误差（Error of Indication）

示值误差是指测量器具显示的数值与被测量的真值之差。由于真值常常是未知的，所以常用约定真值，即更高精度测量器具的测量结果或足够精确的量块的示值来检定测量器具的示值误差。

## 5．修正值（Correction）

为消除测量器具的系统误差，用代数法加到测量结果上的值。修正值与测量器具的系统误差绝对值相等而符号相反。

## 6．回程误差（Hysteresis Error）

回程误差是指在相同测量条件下，当被测量不变时，测量器具沿正、反行程在同一点上测量结果之差的绝对值。回程误差是由测量器具中测量系统的间隙、变形和摩擦等原因引起的。测量时，为了减少回程误差的影响，应按一个方向进行测量和读数。

## 7．重复性（Repeatability（of Results of Measurements））

重复性是指在相同测量条件下，同一被测量的连续多次测量结果之间的一致程度。这里，相同的测量条件包括：相同的测量程序、相同的观测者、相同的测量仪器、相同的地点和短时间内重复。多次测量结果的差异值越小，则重复性就越好。重复性也可用测量结果的分散性定量地表示。

## 8．复现性（Reproducibility（of Results of Measurements））

复现性是指在测量条件改变时，同一被测量的测量结果之间的一致性。这里，改变的测量条件可包括：测量原理、测量方法、观测者、测量仪器、参考测量标准、测量地点、使用条件和时间等。复现性可用测量结果的分散性定量地表示。

## 9．示值范围（Range of Indication）

示值范围是指由测量器具所显示或指示的最小值至最大值的范围。以图 3-7 所示的立式光学比较仪为例，其示值范围为-100～+100μm。

## 10．测量范围（Measuring Range）

测量范围是指在允许误差极限内测量器具所能测量的被测量最小值到最大值的范围。以图 3-7 所示的立式光学比较仪为例，其测量范围为 0～180mm。

## 11．测量力（Measuring Force）

测量力是指在接触式测量过程中，测量器具测头与被测件表面之间的接触压力。测量力太小则影响接触的可靠性；测量力太大则会引起弹性变形，从而影响测量精度。

## 12．测量不确定度（Uncertainty of Measurement）

测量不确定度是与测量结果相联系的参数，表征可被合理地赋予被测量量值的分散特性。此参数可以是诸如标准偏差或其倍数，或者是已说明了置信水平的分散区间的半宽度。

测量不确定度一般由多个分量组成，其中一些分量可用测量结果的统计分布估算，并用实验标准偏差表征；其他分量也可用标准偏差表征，或用基于经验或其他信息的假定概率分布估算。以标准偏差表示的测量不确定度，称为标准不确定度（Standard Uncertainty）。

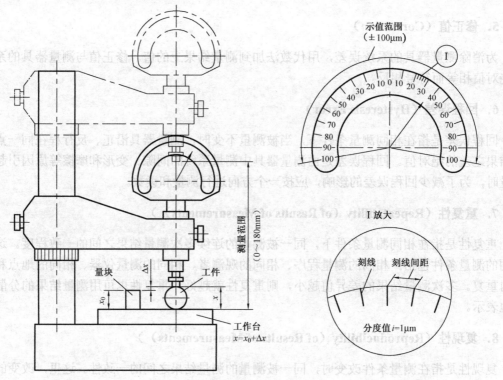

图 3-7 立式光学比较仪

# 3.3 测量误差与数据处理

## 3.3.1 测量误差的基本概念

测量结果与被测量真值之差称为测量误差。若被测量的真值用 $L$ 表示，测量结果用 $l$ 表示，则测量误差 $\delta$ 可表示为

$$\delta = l - L \tag{3-4}$$

上式表达的测量误差 $\delta$ 也称绝对误差（Absolute Error）。

测量过程中，由于测得值 $l$ 可能大于真值 $L$，也可能小于真值 $L$，所以 $\delta$ 可能大于零，也可能小于零，因此式（3-4）也可改写为

$$L = l \pm |\delta| \tag{3-5}$$

绝对误差 $\delta$ 的大小反映了测量结果相对其真值的偏离程度。对基本尺寸相同的几何量进行测量，$\delta$ 越小，则测量精度越高；反之则测量精度越低。但对基本尺寸不同的几何量进行测量时，应采用相对误差来判断测量精度的高低。

相对误差（Relative Error）$\delta_r$ 是指测量的绝对误差 $\delta$ 与被测量真值 $L$ 之比，通常用百分数表示。即

$$\delta_r = \frac{l - L}{L} = \frac{\delta}{L} \times 100\% \approx \frac{\delta}{l} \times 100\% \tag{3-6}$$

　　在实际测量中，产生测量误差的原因很多，包括测量器具误差、基准件误差、测量方法误差、调整误差、环境误差、测量力误差及人为误差等。在正常的测量结果中（即没有因误操作或仪器异常而产生的粗大误差，或已将其剔除），通常可将测量误差分为系统误差和随机误差两部分。

　　（1）系统误差（Systematic Error）　指在重复性条件下对同一被测量进行无限多次测量，所得结果的平均值与被测量的真值之差。系统误差又可分为定值系统误差和变值系统误差。测量中，应尽可能发现和消除系统误差，特别是定值系统误差。

　　（2）随机误差（Random Error）　指测量结果与在重复性条件下，对同一被测量进行无限多次测量所得结果的平均值之差。测量器具的变形、测量力的不稳定、温度的波动和读数不准确等产生的误差均属随机误差。对多次重复测量的随机误差，可按概率统计方法进行分析，发现其内在规律。

## 3.3.2　测量精度

　　测量精度是与测量误差相对的概念。测量误差小，则测量精度高；反之测量误差大，则测量精度低。由于测量误差分系统误差和随机误差，因此笼统的精度概念已不能反映它们的差异，必须对二者及它们的综合影响提出相应的概念（参见 GB 6379.1—2004）。

### 1．精密度（Precision）

　　精密度是在规定条件下，独立测量结果间的一致程度。精密度只依赖于随机误差的分布而与被测量的真值或规定值无关，通常用测量结果的标准差表示。精密度越高，则随机误差越小、标准差越小。

### 2．正确度(Trueness)

　　正确度是由大量测量结果得到的平均值与接受参照值（真值）间的一致程度。正确度用总的系统误差进行度量。正确度越高，则系统误差越小。

### 3．准确度(Accuracy)

　　准确度是测量结果与接受参照值（真值）的一致程度。准确度的度量，由随机误差分量和系统误差分量组成。随机误差与系统误差都小，则准确度高。

　　一般来说，随机误差和系统误差是没有必然联系的。所以，测量的精密度高而正确度不一定高，反之亦然；但准确度高则精密度和正确度都高。图 3-8 为打靶结果，其中图（a）表示随机误差小而系统误差大，即打靶的精密度高而正确度低；图（b）表示系统误差小而随机误差大，即打靶正确度高而精密度低；图（c）表示随机误差和系统误差都小，即打靶的准确度高。

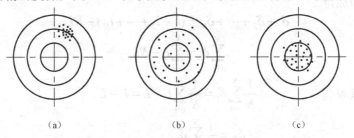

（a）　　　　　　（b）　　　　　　（c）

图 3-8　精密度、正确度和准确度

### 3.3.3 随机误差

#### 1．随机误差的正态分布

前面已经提到，随机误差值受很多因素的影响，但只要多次重复测量，按概率与数理统计方法来进行统计分析，依然可以找出其内在规律。实践证明，随机误差的分布大多属于正态分布，也有属于均匀分布、三角形分布、偏心分布等。

对一个被测量进行无限多次等精度测量，得到 $l_1$，$l_2$，$\cdots$，$l_i$ 等一系列测量结果。若这些测量结果服从正态分布，则由概率论可知，其分布密度函数为

$$y = f(l) = \frac{1}{\sigma\sqrt{2\pi}} e^{-\frac{(l-L)^2}{2\sigma^2}}$$

或

$$y = f(\delta) = \frac{1}{\sigma\sqrt{2\pi}} e^{-\frac{\delta^2}{2\sigma^2}} \tag{3-7}$$

式中　$y$——概率分布密度；

　　　　$l$——随机变量（测量结果）；

　　　　$\sigma$——标准偏差；

　　　　$L$——数学期望（被测量真值）；

　　　　$\delta$——随机误差（$\delta = l - L$）。

式（3-7）的图形如图 3-9 所示。

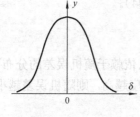

图 3-9　正态分布曲线

#### 2．随机误差的评定指标

对于服从正态分布的随机误差，通常以算术平均值和标准偏差作为评定指标。

（1）算术平均值 $\bar{L}$

对一个被测量进行 $N$ 次等精度测量，测量结果为 $l_1$，$l_2$，$\cdots$，$l_N$，则

$$\bar{L} = \frac{l_1 + l_2 + \cdots + l_N}{N} = \frac{1}{N}\sum_{i=1}^{N} l_i \tag{3-8}$$

各次测量的随机误差分别为

$$\delta_1 = l_1 - L$$
$$\delta_2 = l_2 - L$$
$$\cdots$$
$$\delta_N = l_N - L$$

将以上各式两边相加得

$$\delta_1 + \delta_2 + \cdots + \delta_N = (l_1 + l_2 + \cdots + l_N) - NL$$

即

$$\sum_{i=1}^{N} \delta_i = \sum_{i=1}^{N} l_i - NL$$

将等式两边同除以 $N$ 得

$$\frac{1}{N}\sum_{i=1}^{N} \delta_i = \frac{1}{N}\sum_{i=1}^{N} l_i - L = \bar{L} - L$$

即

$$\delta_{\bar{L}} = \frac{1}{N}\sum_{i=1}^{N} \delta_i \tag{3-9}$$

式中　　$\delta_{\overline{L}}$——算术平均值 $\overline{L}$ 的随机误差。

式（3-9）说明，测量结果算术平均值的随机误差小于各测量结果的随机误差。当测量次数 $N \to \infty$ 时，算术平均值的随机误差 $\delta_{\overline{L}} \to 0$，即 $\overline{L} \to L$。实际上，无限次测量是不可能的，也就是说真值 $L$ 是找不到的。但进行测量的次数越多，其算术平均值就越接近真值。用算术平均值作为最后的测量结果是可靠的、合理的。

（2）标准偏差 $\sigma$

用算术平均值表示测量结果是可靠的，但它不能全面反映测量的精度。例如对某一被测量有两组测得数据，第一组为：12.005，11.996，12.003，11.994，12.002；第二组为：11.9，12.1，11.95，12.05，12.00。算术平均值 $\overline{L}_1 = \overline{L}_2 = 12$，但第一组测得值比较集中，而第二组测得值比较分散。显然，我们更希望得到精密度高的第一组测量结果。

由式（3-7）可知，当标准偏差 $\sigma$ 值减小时，e 的指数 $(-\dfrac{\delta^2}{2\sigma^2})$ 的绝对值增大，表明曲线下降加快。同时，概率密度的最大值 $y_{max} = \dfrac{1}{\sigma\sqrt{2\pi}}$ 增大，表明曲线更高、更陡。可见 $\sigma$ 是影响测量结果分散程度，即影响测量精密度的重要参数。图 3-10 直观地表达了标准偏差 $\sigma$ 对正态分布曲线形态的影响。

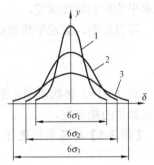

图 3-10　$\sigma$ 对曲线形态的影响

由概率论知，在重复性测量条件下，单次测量的标准偏差 $\sigma$ 为

$$\sigma = \sqrt{\frac{\delta_1^2 + \delta_2^2 + \cdots + \delta_N^2}{N}} = \sqrt{\frac{1}{N}\sum_{i=1}^{N}\delta_i^2} \qquad (3\text{-}10)$$

由于 $\delta = l - L$，而真值 $L$ 一般是未知的。若用算术平均值 $\overline{L}$ 代替真值 $L$，则可得到残余误差 $\nu$，并可利用 $\nu$ 计算标准偏差。

$$\nu = l - \overline{L} \qquad (3\text{-}11)$$

根据各测量结果，有

$$\begin{aligned}\delta_i = l_i - L &= (l_i - \overline{L}) + (\overline{L} - L) \\ &= \nu_i + \delta L\end{aligned} \qquad (3\text{-}12)$$

式中　　$\delta L$——算术平均值与真值之差。

对式（3-11）的系列式求和，得

$$\delta L = \frac{1}{N}\sum_{i=1}^{N}\delta_i \quad (\sum_{i=1}^{N}\nu_i = 0) \qquad (3\text{-}13)$$

对式（3-12）的系列式求平方和，得

$$\sum_{i=1}^{N}\delta_i^2 = \sum_{i=1}^{N}\nu_i^2 + N \cdot \delta L^2 \quad (2\delta L\sum_{i=1}^{N}\nu_i = 0)$$

将式（3-13）平方后代入上式，整理得

$$\sigma = \sqrt{\frac{1}{N-1}\sum_{i=1}^{N}\nu_i^2} \qquad (3\text{-}14)$$

式（3-14）称为**贝塞尔（Bessel）公式**。实际测量中，由于测量次数 $N$ 不会很大，由贝塞尔公式算出的标准偏差称为实验标准偏差，用 $\sigma'$ 表示。实验标准偏差是标准偏差的无偏估计。

$$\sigma' = \sqrt{\frac{1}{N-1}\sum_{i=1}^{N}v_i^2}$$

或

$$\sigma' = \sqrt{\frac{1}{N-1}\sum_{i=1}^{N}(l_i-\overline{L})^2} \tag{3-15}$$

概率论与数理统计的知识告诉我们，测量结果在 $L \pm 3\sigma$ 范围内的置信概率达 99.73%。因此，通常将 $\delta = \pm 3\sigma$ 作为随机误差的误差界限。若某次测量的残余误差 $v > 3\sigma$，则认为该测量出现了粗大误差，测量结果应予以剔除。此即粗大误差的判别与剔除的 $3\sigma$ 准则。

需要特别强调的是，标准偏差 $\sigma$ 反映多次测量中任意一次测量值的精密程度。系列测量中，是以各测得值的算术平均值作为测量结果。因此，更重要的是确定算术平均值的精密程度，即算术平均值的标准偏差。

可以证明，算术平均值的实验标准偏差 $\sigma'_{\overline{L}}$ 与单次测量的实验标准偏差 $\sigma'$ 存在如下关系

$$\sigma'_{\overline{L}} = \frac{1}{\sqrt{N}}\sigma' \tag{3-16}$$

式（3-16）再次表明，系列测量中用算术平均值作为测量结果，可减少测量结果的分散性，提高测量的精密度。

【例 3-1】对某零件进行 10 次重复测量，测量值列于表 3-5 第一列，试给出测量结论。

表 3-5

| $l_i/\text{mm}$ | $v_i = l_i - \overline{L}/\mu\text{m}$ | $v_i^2/\mu\text{m}^2$ |
|---|---|---|
| 30.049 | +1 | 1 |
| 30.047 | −1 | 1 |
| 30.048 | 0 | 0 |
| 30.046 | −2 | 4 |
| 30.050 | +2 | 4 |
| 30.051 | +3 | 9 |
| 30.043 | −5 | 25 |
| 30.052 | +4 | 16 |
| 30.045 | −3 | 9 |
| 30.049 | +1 | 1 |
| $\overline{L} = \frac{1}{10}\sum l_i = 30.048$ | $\sum v_i = 0$ | $\sum v_i^2 = 70$ |

解：（1）计算算术平均值 $\overline{L}$

$$\overline{L} = \frac{1}{10}\sum_{i=1}^{10}l_i = 30.048\,\text{mm}$$

（2）计算残余误差 $v$

$$v_i = l_i - \overline{L}$$

计算结果列于表 3-5 中第二列。

（3）计算单次测量的实验标准偏差 $\sigma'$

$$\sigma' = \sqrt{\frac{1}{10-1}\sum_{i=1}^{10}v_i^2} = \sqrt{\frac{70}{9}} \approx 2.79\,\mu\text{m}$$

（4）计算算术平均值的实验标准偏差 $\sigma'_{\overline{L}}$

$$\sigma'_{\bar{L}} = \frac{1}{\sqrt{10}}\sigma' = \frac{2.79}{\sqrt{10}} \approx 0.88\,\mu m$$

测量结论为

$$L = \bar{L} \pm 3\sigma'_{\bar{L}} = 30.048 \pm 0.0026\,mm$$

## 3.3.4　系统误差

系统误差产生的原因是多样而复杂的，对测量结果的影响也是很明显的。分析和处理系统误差的关键是发现系统误差，其次才是设法消除或减少系统误差。

对于大小和方向都不变的定值系统误差，它不能从重复的系列测量值的数据处理中获得，而只能通过实验对比的方法去测得。即通过改变测量条件，进行不等精度测量。例如，图 3-7 所示的相对测量，用量块作标准并按其公称尺寸使用时，由于量块的尺寸偏差引起的系统误差可用高精度的仪器对量块实际尺寸进行检定来测得，或用更高精度的量块进行对比测量来测得。

消除定值系统误差主要有误差修正法和误差抵消法。其中误差修正法是预先检定出测量器具的系统误差，将其数值改变正负号后作为修正值，用代数法加到实际测得值上，即可得到不包含该系统误差的测量结果。误差抵消法是根据具体情况拟定测量方案，进行两次测量，使得两次读数时出现的系统误差大小相等，方向相反，取两次测得值的平均值作为测量结果，既可消除系统误差。在分度头上进行角度测量和在工具显微镜上测量螺纹的中径、螺距、牙形半角时，常采用误差抵消法。

变值系统误差可以从系列测量值的数据处理和分析观察中获得。常用的方法有残余误差观察法，即将测量值按测量顺序排列（或作图）观察各残余误差的变化规律，如图 3-11 所示。若残余误差大体上正负相同，又没有发生明显的变化，则认为不存在变值系统误差，如图 3-11（a）所示；若残余误差有规律地递增或递减，且其趋势始终不变，则可认为存在线性变化的系统误差，如图 3-11（b）所示；若残余误差有规律地增减交替，形成循环重复时，则认为存在周期性的变值系统误差，如图 3-11（c）所示。

误差分离技术是一种消除测量误差的重要方法。例如在圆度仪上测量零件的圆度误差，其中圆度仪的主轴回转误差必定会被带入测量结果中。采用误差分离技术（如反向法、多测头法等），可将主轴回转误差从测量结果中分离出来，从而可获得更准确的测量结果。

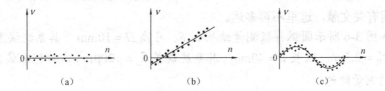

图 3-11　残余误差的变化规律

## 3.3.5　函数误差

函数误差存在于间接测量的最终结果中。

以图 3-6 间接测量圆弧样板直径 $D$ 为例。通过直接测量可获得该零件的弦长 $L$ 和弓高 $H$，而三者之间存在着如下的函数关系：

$$D = \frac{L^2}{4H} + H \tag{3-17}$$

在同等条件下对 $L$ 和 $H$ 进行多次测量，各自的系统误差和随机误差可分别按前述方法进行计算。那么，直径 $D$ 的系统误差和随机误差与 $L$、$H$ 的误差存在怎样的关系呢？

**1．函数的系统误差**

设函数的一般表达式为：

$$y = f(x_1, x_2, \cdots, x_n) \tag{3-18}$$

若 $x_1$，$x_2$，$\cdots$，$x_n$ 为直接测量值，分别存在系统误差 $\delta_{x_1}$，$\delta_{x_2}$，$\cdots$，$\delta_{x_n}$，则函数 $y$ 的系统误差 $\delta_y$ 可近似地用函数全微分表示，即

$$\delta_y = \frac{\partial f}{\partial x_1}\delta_{x_1} + \frac{\partial f}{\partial x_2}\delta_{x_2} + \cdots + \frac{\partial f}{\partial x_n}\delta_{x_n} \tag{3-19}$$

上式说明，函数的系统误差等于该函数对各自变量（直接测量值）在给定点上的偏导数与其相应直接测量值的系统误差的乘积之和。

偏导数 $\frac{\partial f}{\partial x_i}$ 称为误差传递系数（$i=1$，2，$\cdots$，$n$）。

**2．函数的随机误差**

由概率论知：当 $\delta_{x_1}$，$\delta_{x_2}$，$\cdots$，$\delta_{x_n}$ 彼此独立时，函数的随机误差的实验方差 $\sigma_y'^2$ 可按下式计算：

$$\sigma_y'^2 = \left(\frac{\partial f}{\partial x_1}\right)^2 \sigma_{x_1}'^2 + \left(\frac{\partial f}{\partial x_2}\right)^2 \sigma_{x_2}'^2 + \cdots + \left(\frac{\partial f}{\partial x_n}\right)^2 \sigma_{x_n}'^2$$

式中，$\sigma_{x_1}'^2$，$\sigma_{x_2}'^2$，$\cdots$，$\sigma_{x_n}'^2$ 分别为 $\delta_{x_1}$，$\delta_{x_2}$，$\cdots$，$\delta_{x_n}$ 的实验方差。

则函数 $y$ 的实验标准偏差 $\sigma_y'$ 为：

$$\sigma_y' = \sqrt{\left(\frac{\partial f}{\partial x_1}\right)^2 \sigma_{x_1}'^2 + \left(\frac{\partial f}{\partial x_2}\right)^2 \sigma_{x_2}'^2 + \cdots + \left(\frac{\partial f}{\partial x_n}\right)^2 \sigma_{x_n}'^2} \tag{3-20}$$

当直接测量各量彼此不独立时，$\delta_{x_1}$，$\delta_{x_2}$，$\cdots$，$\delta_{x_n}$ 也不彼此独立，式（3-20）应增加相关项，读者可参阅有关文献，这里不再多述。

**【例3-2】** 如图3-6所示圆弧样板测量结果如下：弓高 $H = 10\text{mm}$，其系统误差 $\delta_H = +10\mu\text{m}$、实验标准偏差 $\sigma_H' = 2.3\mu\text{m}$；弦长 $L = 40\text{mm}$，其系统误差 $\delta_L = +20\mu\text{m}$、实验标准偏差 $\sigma_L' = 2.0\mu\text{m}$。试给出直径 $D$ 的测量结论。

**解：**（1）直径 $D$ 的公称值 $D_o$

$$D_o = \frac{L^2}{4H} + H = \frac{40^2}{4 \times 10} + 10 = 50\text{mm}$$

（2）直径 $D$ 的系统误差 $\delta_D$

$$\frac{\partial f}{\partial L} = \frac{L}{2H} = 2, \quad \frac{\partial f}{\partial H} = -\frac{L^2}{4H^2} + 1 = -3$$

$$\delta_D = \frac{\partial f}{\partial L}\delta_L + \frac{\partial f}{\partial H}\delta_H = 2 \times 20 - 3 \times 10 = 10\mu\text{m}$$

修正值$=-\delta_D=-10\mu m=-0.010mm$

（3）直径 $D$ 的实验标准偏差 $\sigma'_D$

$$\sigma'_D = \sqrt{\left(\frac{\partial f}{\partial L}\right)^2 \sigma'^2_L + \left(\frac{\partial f}{\partial H}\right)^2 \sigma'^2_H}$$

$$= \sqrt{2^2 \times 2.0^2 + (-3)^2 \times 2.3^2}$$

$$= 8\mu m$$

（4）直径 $D$ 的测量结论

$$直径\ D = (D_o - \delta_D) \pm 3\sigma'_D = 49.990 \pm 0.024mm$$

# 3.4 测量误差产生的原因及测量的基本原则

## 3.4.1 测量误差产生的原因

测量误差按其产生的原因，可以分为以下三类：

（1）测量方法误差

同一参数可用不同的方法测量，所得结果往往也不同，特别是当采用了近似的测量方法时，误差更大。此外，若测量基准和测量头形状选择不恰当，工件安装不正确，测量力大小不合适等，都会造成测量误差。

（2）测量器具误差

包括原理误差和制造误差。在量仪设计中，经常采用近似机构代替理论上所要求的运动机构，用均匀刻度的刻度尺近似地代替理论上要求非均匀刻度的刻度尺等所造成的误差称原理误差。测量器具在制造、装配与调整时也会有误差。例如仪器读数装置中刻度尺、刻度盘的刻度误差，装配时的偏斜或偏心引起的误差，仪器传动装置中杠杆、齿轮副、螺旋副的制造误差以及装配误差等。

（3）主、客观因素造成的误差

在测量过程中，造成测量误差的客观因素主要有：测量温度、被测零件和测量器具的热膨胀系数、测量时的震动与灰尘、被测零件的表面状态等。影响测量误差的主观因素有：测量者的估读判断误差、眼睛分辨力引起的误差、斜视误差、错觉等。

## 3.4.2 测量技术中的基本原则

为提高测量结果的准确度及可靠性，测量中应遵守以下原则。

（1）基准统一原则

组成零件几何形体的点、线、面等称为要素。"基准"就是用以确定其他要素方向、位置的几何要素。零件在设计、制造、装配、检验等过程中，有设计基准、工艺基准、装配基准和测量基准。而基准统一原则是指：各种基准原则上应该一致。如设计时，应选装配基准作为设计基准；加工时，应选设计基准作为工艺基准；测量时，测量基准应按测量目的选定，即对中间（工艺）测量，应选工艺基准作为测量基准；对终结（验收）测量，应选装配基准作为测量基准。

遵循基准统一原则，可以避免累积误差。因此，基准统一原则是测量技术中应遵循的重要原则。

（2）最小变形原则

被测工件和测量器具都会由于热变形与弹性变形等，使其形状、尺寸发生变化。被测工件与测量器具的相对变形，在很大程度上影响测量结果的精度。因此，最小变形原则的含义是在测量过程中，要求被测工件与测量器具之间的相对变形最小。

（3）最短测量链原则

测量系统的传动链，按其功能可分为三部分，即测量链、指示链及辅助链。测量链的作用是感受被测量值的信息，在长度、角度等几何量的测量中，即感受位移量；指示链的作用是显示测量结果；辅助链的作用是调节、找正测量部位等。在长度测量中，测量链由测量系统中确定两测量面相对位置的各个环节及被测工件组成，而测量误差是各组成环节误差的累积值。因此，应尽量减少测量链的组成环节，并减小各环节的误差，此即最短测量链原则。

（4）阿贝测长原则

在测量中，长度测量就是将被测工件的尺寸与作为标准的线纹尺、量块或其他计量器具等的尺寸进行比较的过程。测量时，测量装置需要移动，而移动方向的正确性通常由导轨保证。由于导轨有制造和安装等误差，使测量装置在移动过程中产生方向偏差。为了减小这种方向偏差对测量结果的影响，1890 年德国人艾恩斯特·阿贝（Ernst Abbe）提出了"将被测物与标准尺沿测量轴线成直线排列"的原则，即阿贝测长原则。最常见的例子，如用千分尺测量就遵守了阿贝测长原则，而游标卡尺则违反了阿贝测长原则。显然游标卡尺的移动卡爪的偏斜，将产生较大的测量误差。

（5）闭合原则

以 $n$ 边棱体角度测量为例，由于棱体内角之和为 $(n-2) \times 180°$，若以 $\Delta_1$、$\Delta_2$、$\cdots$、$\Delta_n$ 表示各内角测量误差值，则其累积误差 $\Delta_{\Sigma} = \sum_{i=1}^{n} \Delta_i = 0$。因此，按闭合原则测量，可检查封闭性连锁测量过程的正确性，发现并消除测量器具的系统误差。

（6）重复原则

测量过程中存在许多未知的、不明显的因素，造成测量结果的误差。为保证测量结果的可靠性，防止出现粗大误差，可对同一被测参数重复进行测量，若测量结果相同或变化不大，则一般表明测量结果的可靠性较高，此即"重复原则"。若用精度相近的不同方法测量同一参数而能获得相同或相近的测量结果，则表明测量结果的可靠性更高。

# 习题

1. 试从 91 块一套的量块中，组合下列尺寸：29.875，42.116，37.632。
2. 用杠杆千分尺连续测量某零件 15 次，测量结果分别为：

    10.216，10.213，10.215，10.214，10.215，10.215，10.217，10.216

    10.214，10.215，10.213，10.217，10.216，10.214，10.215

若测量中没有系统误差，试求：

（1）测量的算术平均值 $\bar{x}$；

（2）单次测量的实验标准偏差 $\sigma'$ 和算术平均值的实验标准偏差 $\sigma'_{\bar{x}}$；

（3）给出最终的测量结论。

3．如图 3-12 所示零件，其测量结果分别为：$d_1 = \phi 30.02 \pm 0.01\,\text{mm}$，$d_2 = \phi 50.05 \pm 0.02\,\text{mm}$，$l = 40.01 \pm 0.03\,\text{mm}$。试求中心距 $L$ 及其测量精度。

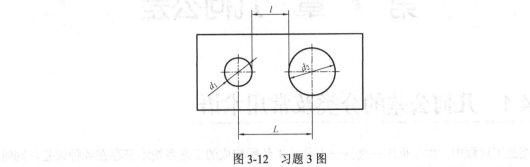

图 3-12　习题 3 图

# 思考题

1．测量的实质是什么？一个完整的测量过程包括哪几个要素？

2．为什么要建立量值传递系统？用什么方法保证计量器具的量值统一？

3．量块的作用是什么？其特征如何？按"级"使用和按"等"使用有何不同？

4．分度值、刻线间距、灵敏度三者有何关系？试以百分表为例加以说明。

5．为什么要用多次测量的算术平均值表示测量结果？以它表示测量结果可减少哪一类误差对测量结果的影响？

6．如何处理测量中的随机误差、系统误差和粗大误差？

# 第 4 章  几何公差

# 4.1  几何公差的分类及常用术语

在加工过程中，由于机床—夹具—刀具—工件所构成的工艺系统本身存在各种误差，同时因受力变形、热变形、振动、刀具磨损等影响，使被加工零件的几何要素不可避免地产生加工误差。误差的表现形式有尺寸误差、几何误差及表面粗糙度等。

几何误差包括形状误差、方向误差、位置误差和跳动误差。几何误差对零件的使用功能有很大影响。例如，光滑工件的间隙配合中，形状误差使间隙分布不均匀，加速局部磨损，导致零件的工作寿命降低；在过盈配合中则造成各处过盈量不一致而影响连接强度。对于在精密、高速、重载或在高温、高压条件下工作的仪器或机器，几何误差的影响更为突出。因此，为满足零件的功能要求，保证互换性，必须对零件的几何误差予以限制，即规定必要的几何公差。

## 4.1.1  几何公差的分类

按照国家标准《产品几何技术规范（GPS）几何公差 形状、方向、位置和跳动公差标注》（GB/T 1182—2008），几何公差包括形状公差、方向公差、位置公差和跳动公差。几何公差的分类、几何特征及符号见表 4-1。

表 4-1  几何公差的分类、几何特征及符号

| 公差类型 | 几何特征 | 符 号 | 有无基准 |
|---|---|---|---|
| 形状公差 | 直线度 | — | 无 |
| | 平面度 | ▱ | |
| | 圆度 | ○ | |
| | 圆柱度 | ⌀ | |
| | 线轮廓度 | ⌒ | |
| | 面轮廓度 | ⌓ | |
| 方向公差 | 平行度 | // | 有 |
| | 垂直度 | ⊥ | |
| | 倾斜度 | ∠ | |
| | 线轮廓度 | ⌒ | |
| | 面轮廓度 | ⌓ | |
| 位置公差 | 位置度 | ⊕ | 有或无 |
| | 同心度（用于中心点） | ◎ | 有 |
| | 同轴度（用于轴线） | ◎ | |
| | 对称度 | = | |

续表

| 公差类型 | 几何特征 | 符　号 | 有无基准 |
|---|---|---|---|
| 位置公差 | 线轮廓度 | ⌒ | 有 |
| | 面轮廓度 | ⌓ | |
| 跳动公差 | 圆跳动 | ↗ | |
| | 全跳动 | ↗↗ | |

## 4.1.2　几何要素

### 1．要素（Feature）

要素也称**几何要素**（Geometrical Feature），是构成零件几何特征的点、线、面。要素是对零件规定几何公差的具体对象。如图 4-1 所示零件，其要素包括平面、圆柱面、圆锥面、球面、球心、轴线等。

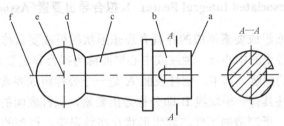

a—平面；b—圆柱面；c—圆锥面；d—球面；e—球心；f—轴线

图 4-1　几何要素

要素有**组成要素**（Integral Feature）和**导出要素**（Derived Feature）之分。

组成要素是实际有定义的面或面上的线。导出要素是由一个或几个组成要素得到的中心点、中心线或中心面。例如，图 4-1 中的球心 e 是由球面 d 得到的导出要素，而球面 d 为组成要素。

### 2．公称组成要素（Nominal Integral Feature）、公称导出要素（Nominal Derived Feature）

公称组成要素是由技术制图或其他方法确定的理论正确的组成要素。由一个或几个公称组成要素导出的中心点、轴线或中心平面称为公称导出要素，如图 4-2（a）所示。

### 3．实际（组成）要素（Real (Integral) Feature）

工件实际表面的组成要素即为实际（组成）要素，如图 4-2（b）所示。

### 4．提取组成要素（Extracted Integral Feature）、提取导出要素（Extracted Derived Feature）

提取组成要素即按规定方法，由实际（组成）要素提取有限数目的点所形成的实际（组成）要素的近似替代，如图 4-2（c）所示。提取要素上点的方法不同，得到的近似替代也不同，因此一个实际（组成）要素可以有多个替代。

由一个或几个提取组成要素得到的中心点、中心线或中心面称为提取导出要素，如图 4-2（c）所示。通常将提取圆柱面的导出中心线称为提取中心线，两相对提取平面的导出中心面称为提取中心面。

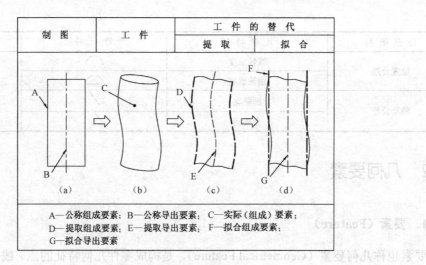

图 4-2　几何要素图解

**5. 拟合组成要素（Associated Integral Feature）、拟合导出要素（Associated Derived Feature）**

按规定的方法由提取组成要素形成的并具有理想形状的组成要素称为拟合组成要素。由一个或几个拟合组成要素导出的中心点、轴线或中心平面称为拟合导出要素，如图 4-2（d）所示。

图 4-2 为几何要素的图解。其中，圆柱表面 A 是一个公称组成要素，它与设计者的想象一致，没有任何误差。圆柱具有一根轴线 B 即公称导出要素，圆柱表面的所有母线到该轴线的距离相同。在制造过程中，所制造的工件与理想形状存在着误差，得到的工件是完整封闭的实际组成要素 C。利用测量设备扫描实际组成要素，由于存在着测量误差，所记录的点不同于真实表面的点，由测量所提取的点表示工件表面称为提取组成要素 D，而推导计算出的中心线称为提取导出要素。依据给定的规则，利用计算机评估所提取的点，通过提取组成要素计算出的理想圆柱 F 是拟合组成要素，其轴线 G 称为拟合导出要素。

这里需特别注意的是，按照国家标准《产品几何量技术规范（GPS）几何要素 第 1 部分 基本术语和定义》（GB/T 18780.1—2002），上述定义中术语"轴线（axis）"和"中心平面（median plane）"用于具有理想形状的导出要素，而术语"中心线（median line）"和"中心面（median surface）"用于非理想形状的导出要素。

此外，在工程实践中，被测要素和基准要素等术语也广泛使用。其中，被测要素是指图样上给出几何公差要求的要素；基准要素是指确定被测要素的方向或（和）位置的要素。

从结构性能考虑，被测要素又可分为单一要素和关联要素。单一要素是指仅对其本身给出几何公差要求的要素；关联要素是指对其基准要素有功能关系的要素。所谓功能关系，就是指要素之间的某种确定的方向和位置关系（如垂直、平行、同轴等）。

## 4.1.3　公差带

几何公差中，限制提取要素变动的区域称为公差带（Tolerance Zone）。

在图样中，设计者应根据零件要素的功能要求，对公差带的形状、大小、方向及位置等四个方面做出表达。这四个方面构成了判断几何要素是否合格的公差带，即通常所说的通过影响公差带的四个因素来确定公差带。

### 1．公差带的形状

公差带的形状取决于被测要素的形状特征和误差特征。根据几何公差项目的特征和图样上的标注，公差带的常见形状有下列九种：

——圆内的区域，如图 4-3（a）所示；

——球内的区域，如图 4-3（b）所示；

——两同心圆之间的区域，如图 4-3（c）所示；

——两平行直线之间的区域，如图 4-3（d）所示；

——两等距曲线之间的区域，如图 4-3（e）所示；

——圆柱面内的区域，如图 4-3（f）所示；

——两同轴圆柱面之间的区域，如图 4-3（g）所示；

——两等距曲面之间的区域，如图 4-3（h）所示；

——两平行平面之间的区域，如图 4-3（i）所示。

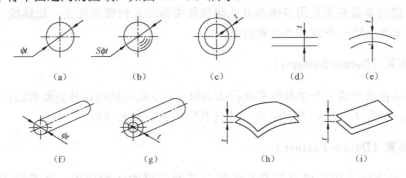

图 4-3  常见公差带形状

### 2．公差带的大小

公差带的大小是指公差带的直径或宽度，由图样中给出的公差值 $t$ 确定。

给出公差值的同时还应给出测量方向，此方向即几何公差框格指引线的箭头方向。箭头方向一般垂直于被测要素，也有垂直于轴线或不垂直于被测要素而与基准成一给定角度的情况。

公差带的大小代表了所要求几何公差精度的高低。

### 3．公差带的方向

公差带的放置方向直接影响到几何误差评定的准确性，因此应与正确评定被测要素误差的方向一致。

对于形状公差，公差带的放置方向应符合最小条件。

对于方向公差，公差带的放置方向应由被测要素与基准的几何关系来确定。如平行度要求公差带放置方向与基准平行；垂直度要求公差带放置方向与基准垂直；倾斜度则要求公差带与基准成一定的角度。

跳动公差带的方向是垂直于基准轴线（径向跳动）、平行于基准轴线（轴向跳动）或与基准轴线成一定的角度（斜向跳动）。

#### 4．公差带的位置

由于零件要素同时受到尺寸公差的控制，因此形状公差带必然在尺寸公差所允许的范围内浮动或受理论正确尺寸的控制（如轮廓度）。

对于方向公差和位置公差，公差带的位置直接与被测要素相对于基准的定位方式有关。当被测要素相对于基准以尺寸公差定位时，则公差带除与基准保持所应有的几何关系（平行、垂直等）外，还可在尺寸公差带内浮动。当被测要素相对于基准以理论正确尺寸定位时，如图 4-4所示，则公差带应固定在理论正确尺寸所要求的位置上。

### 4.1.4 基准

#### 1．基准（Datum）

基准是与被测要素有关且用来确定其几何位置关系的几何理想要素，如轴线、直线、平面等。基准可由零件上的一个或多个要素构成。

#### 2．基准体系（Datum Systems）

基准体系是由两个或三个单独的基准构成的组合，用来共同确定被测要素的几何位置关系。图 4-4 中，平面 *A*、*B*、*C* 都是基准，并且共同构成三基面体系。

#### 3．基准要素（Datum Feature）

基准要素是零件上用来建立基准并实际起基准作用的实际要素。基准要素可以是一条边、一个表面或一个孔。由于基准要素必然存在加工误差，因此在必要时应对其规定适当的形状公差。

#### 4．基准目标（Datum Targets）

基准目标是指零件上与加工或检验设备相接触的点、线或局部区域，用来体现满足功能要求的基准。

就一个表面而言，引入基准目标往往是考虑到该基准要素可能大大偏离其理想形状，若用整个表面做基准要素，则会在加工或检测过程中带来较大的误差，或缺乏再现性。

#### 5．模拟基准要素（Simulated Datum Feature）

模拟基准要素是在加工和检测过程中用来建立基准并与基准要素相接触，且具有足够精度的实际表面，如一个平板、一个支撑或一根心棒等。模拟基准要素是基准的实际体现。

### 4.1.5 理论正确尺寸

当给出一个或一组要素的位置、方向或轮廓度公差时，分别用来确定其理论正确位置、方向或轮廓的尺寸称为理论正确尺寸（Theoretical Exact Dimension，TED）。

TED 也用于确定基准体系中各基准之间的方向、位置关系。

TED 没有公差，并标注在一个方框中，如图 4-4、图 4-5 所示。

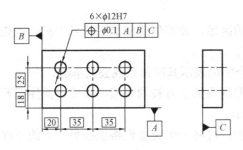

图 4-4　理论正确尺寸

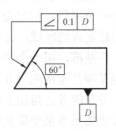

图 4-5　理论正确角度

# 4.2　几何公差的标注

## 4.2.1　几何公差标注附加符号

几何公差标注的附加符号如表 4-2 所示。

表 4-2　附加符号

| 说　明 | 符　号 | 说　明 | 符　号 |
|---|---|---|---|
| 被测要素 | 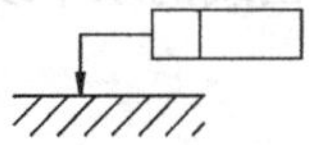  | 全周（轮廓） | 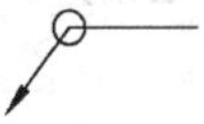  |
| 基准要素 | 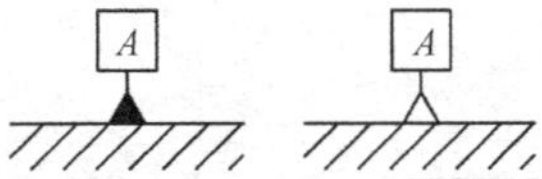  | 包容要求 | Ⓔ |
| 基准目标 | $\frac{\phi 2}{A1}$ | 公共公差带 | CZ |
|  | 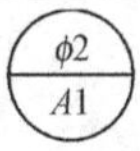  | 小径 | LD |
| 理论正确尺寸 | 50 | 大径 | MD |
| 延伸公差带 | Ⓟ | 中径、节径 | PD |
| 最大实体要求 | Ⓜ | 线素 | LE |
| 最小实体要求 | Ⓛ | 不凸起 | NC |
| 自由状态条件（非刚性零件） | Ⓕ | 任意横截面 | ACS |

注：如需标注可逆要求，可采用符号Ⓡ，见 GB/T 16671。

## 4.2.2　公差框格

用公差框格标注几何公差时，公差要求注写在划分成两格或多格的矩形框格内。自左至右依次标注以下内容（如图 4-6 所示）：

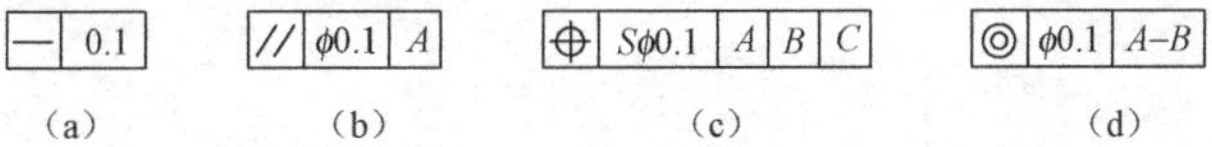

| — | 0.1 |   | // | $\phi$0.1 | A |   | ⊕ | S$\phi$0.1 | A | B | C |   | ◎ | $\phi$0.1 | A–B |
|---|---|---|---|---|---|---|---|---|---|---|---|---|---|---|---|

　　（a）　　　　　　　　（b）　　　　　　　（c）　　　　　　　　（d）

图 4-6　公差框格

——几何特征符号（见表 4-1）。

——公差值。如果公差带为圆内或圆柱面内的区域，公差值前应加注符号"$\phi$"；如果公差带为圆球面内的区域，公差值前应加注符号"$S\phi$"。

——基准，用一个字母表示单个基准或用几个字母表示基准体系或公共基准。

当某项公差应用于几个相同要素时，应在公差框格的上方被测要素的尺寸之前注明要素的个数，并在两者之间加上符号"×"，如图 4-7 所示。

如果需要就某个要素给出几种几何特征的公差，可将一个公差框格放在另一个的下面，如图 4-8 所示。

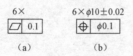

图 4-7　用于多要素的公差框格　　　　　　　　　图 4-8　单一要素多几何特征公差框格

## 4.2.3　被测要素的标注

被测要素与公差框格由一指引线连接。指引线引自框格的任意一侧，被测要素一端带一箭头。

当公差涉及轮廓线或轮廓面时，箭头指向该要素的轮廓线或其延长线上，并且应与尺寸线明显地错开，如图 4-9 所示；箭头也可指向引出线的水平线，引出线引自被测表面，如图 4-10 所示。

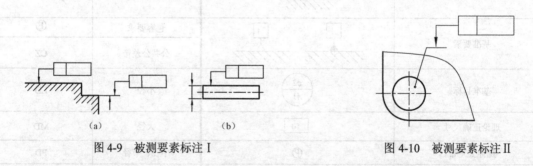

图 4-9　被测要素标注 I　　　　　　　　　　图 4-10　被测要素标注 II

当公差涉及要素的中心线、中心面或中心点时，箭头应位于相应尺寸线的延长线上，如图 4-11 所示。

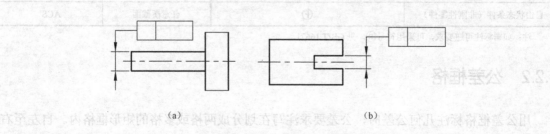

图 4-11　导出要素作为被测要素的标注

## 4.2.4 公差带的标注

公差带的宽度方向为被测要素的法向，如图 4-12 所示。另有规定时应明确注出公差带方向，如图 4-13 所示，即使 $\alpha$ 角等于 90° 也应注出。

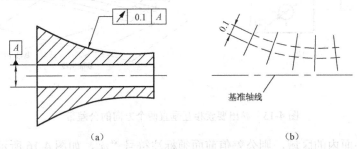

图 4-12 公差带的宽度方向为被测要素的法向

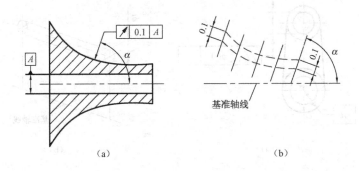

图 4-13 公差带的宽度方向为指定方向

当中心点、中心线、中心面在一个方向上给定公差时，除非另有说明，位置公差带的宽度方向为理论正确尺寸（TED）框格的方向，并按指引线箭头所指互成 0° 或 90°，如图 4-14 所示；方向公差带的宽度方向为指引线箭头方向，与基准成 0° 或 90°；当在同一基准体系中规定两个方向公差时，它们的公差带互相垂直，如图 4-15 所示。

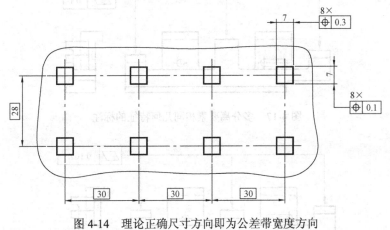

图 4-14 理论正确尺寸方向即为公差带宽度方向

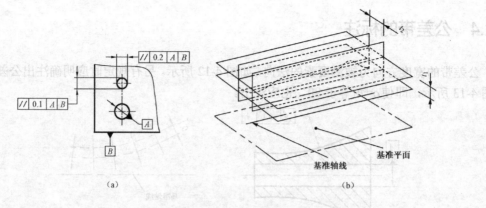

图 4-15　导出要素相互垂直两个方向的公差带

公差带为圆柱面内的区域，则公差值前面须标注符号"$\phi$"，如图 4-16 所示。

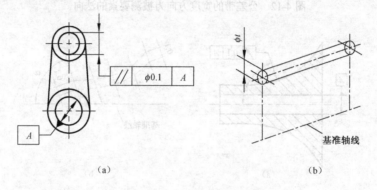

图 4-16　圆柱形公差带

一个公差框格可以用于具有相同几何特征和公差值的若干个分离要素，如图 4-17 所示。

若干个分离要素给出单一公差带时，应按图 4-18 所示在公差框格内公差值后面加注公共公差带的符号"CZ"。

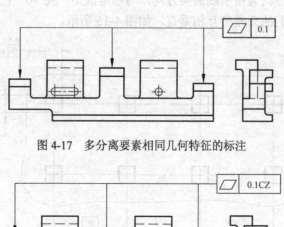

图 4-17　多分离要素相同几何特征的标注

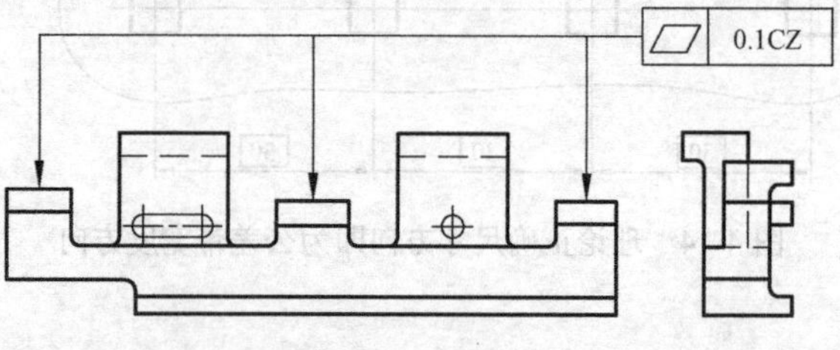

图 4-18　多分离要素单一公差带的标注

## 4.2.5 基准的标注

与被测要素相关的基准用一个大写字母表示。字母标注在基准方框内，与一个涂黑的或空白的三角形相连以表示基准，如图 4-19 所示。涂黑和空白的基准三角形含义相同。

图 4-19　基准的标注符号

表示基准的字母还应标注在公差框格内。当以两个或三个基准建立基准体系（即采用多基准）时，表示基准的大写字母按基准的优先顺序自左至右写在各框格内，如图 4-6（c）所示。若以两个要素建立公共基准时，用中间加连字符的两个大写字母表示，如图 4-6（d）所示。

当基准要素是轮廓线或轮廓面时，基准三角形放置在要素的轮廓线或其延长线上，并且应与尺寸线明显错开，如图 4-20 所示。基准三角形也可放置在该轮廓面引出线的水平线上，如图 4-21 所示。

图 4-20　轮廓要素作为基准的标注 I　　　　　图 4-21　轮廓要素作为基准的标注 II

当基准是尺寸要素确定的轴线、中心平面或中心点时，基准三角形应放置在该尺寸线的延长线上。如果没有足够的位置标注基准要素尺寸的两个尺寸箭头，则其中一个箭头可用基准三角形代替，如图 4-22 所示。

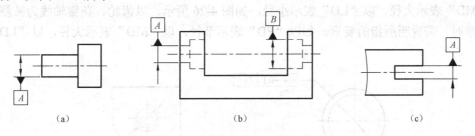

(a)　　　　　　　　　　(b)　　　　　　　　　　(c)

图 4-22　导出要素作为基准的标注

如果只以要素的某一局部作为基准，则应用粗点画线示出该部分并加注尺寸，如图 4-23 所示。

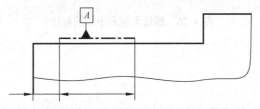

图 4-23　要素局部作为基准的标注

## 4.2.6 附加标注

如果轮廓度特征适用于横截面的整周轮廓或由该轮廓所示的整周表面，应采用"全周"符号表示，如图 4-24 和图 4-25 所示。"全周"符号并不包括整个工件的所有表面，如图 4-25 所示的表面 a 和表面 b，只包括由轮廓和公差标注所表示的各个表面。

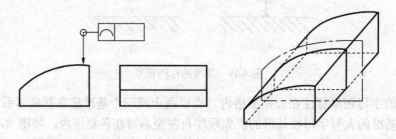

图 4-24　线轮廓度的全周符号标注

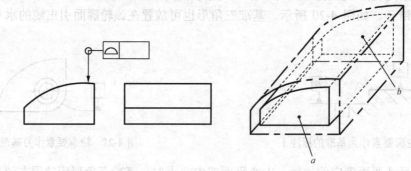

图 4-25　面轮廓度的全周符号标注

以螺纹轴线为被测要素或基准要素时，默认为螺纹中径圆柱的轴线，否则应另有说明，例如以"MD"表示大径，以"LD"表示小径，如图 4-26 所示。以齿轮、花键轴线为被测要素或基准要素时，需说明所指的要素，如以"PD"表示节径，以"MD"表示大径，以"LD"表示小径。

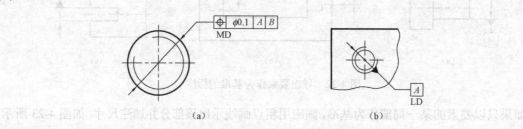

图 4-26　螺纹大径和小径的标注

## 4.2.7 限定性规定

需要对整个被测要素上任意限定范围标注同样几何特征的公差时，可在公差值的后面加注限定范围的线性尺寸值，并在两者间用斜线隔开，如图 4-27（a）所示。如果标注的是两项或两项以上同样几何特征的公差，可直接在整个要素公差框格的下方放置另一个公差框格，如图 4-27 (b) 所示。

(a)  (b)

图 4-27  要素限定范围几何特征的公差框格

如果给出的公差值仅适用于要素的某一指定局部，应采用粗点画线示出该局部的范围，并加注尺寸，如图 4-28 所示。

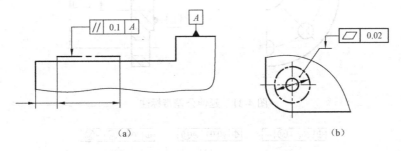

(a)  (b)

图 4-28  要素限定范围几何特征的标注

局部要素作为基准时的标注方法如图 4-23 所示。对被测要素在公差带内的形状的限制，应在公差框格的下方注明，如图 4-29 和图 4-30 所示。其中，如图 4-30 所示提取（实际）线应限定在间距等于 0.02 的两平行直线之间，该两平行直线平行于基准平面 A，且处于平行于基准平面 B 的平面内。

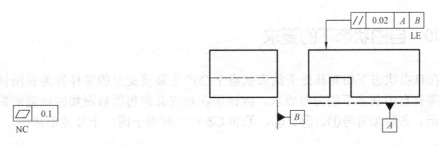

图 4-29  被测要素在公差带内有形状限制  图 4-30  平面中提取（实际）线的几何特征标注

## 4.2.8  延伸公差带

延伸公差带用规范的附加符号 P 表示，如图 4-31 所示。其目的往往是为了保证装配，对由孔内延伸出的零件，如螺栓或定位销的轴线的位置误差，在给定长度上加以限制。

## 4.2.9  最大实体要求和最小实体要求

最大实体要求用规范的附加符号 M 表示。该附加符号可根据需要单独或者同时标注在相应公差值或（和）基准字母的后面，如图 4-32 所示。

最小实体要求用规范的附加符号Ⓛ表示。该附加符号可根据需要单独或者同时标注在相应公差值和（或）基准字母的后面，如图 4-33 所示。

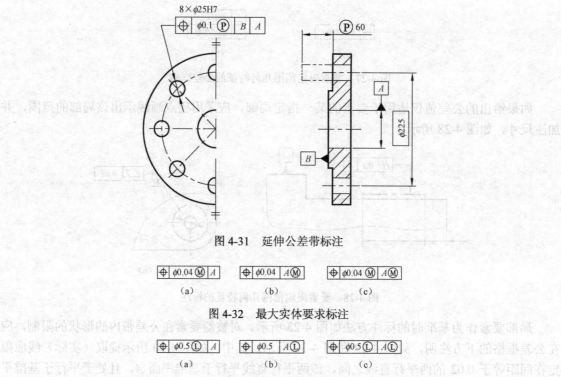

图 4-31　延伸公差带标注

| ⊕ | φ0.04 Ⓜ | A | | ⊕ | φ0.04 | A Ⓜ | | ⊕ | φ0.04 Ⓜ | A Ⓜ |
（a）　　　　　　　　　（b）　　　　　　　　　（c）

图 4-32　最大实体要求标注

| ⊕ | φ0.5 Ⓛ | A | | ⊕ | φ0.5 | A Ⓛ | | ⊕ | φ0.5 Ⓛ | A Ⓛ |
（a）　　　　　　　　　（b）　　　　　　　　　（c）

图 4-33　最小实体要求标注

## 4.2.10　自由状态下的要求

在自由状态下相对其处于约束状态下会产生显著变形的零件称为非刚性零件。对于非刚性零件自由状态下的公差要求，应该用在相应公差值的后面加注规范的附加符号Ⓕ的方法表示。各附加符号Ⓟ、Ⓜ、Ⓛ、Ⓕ和 CZ 可同时用于同一个公差框格中，如图 4-34（c）所示。

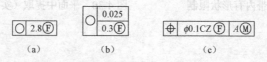

图 4-34　自由状态下的几何特征公差框格

在图样上，应注出自由状态下公差要求的条件，如重力方向（G）或支承状态等说明。此外，在标题栏附近，还应注明"GB/T 16892—NR"。

如图 4-35 所示，其表达的设计要求是当零件处于约束状态时，端面 A 的平面度误差不得大于 0.025mm，B 面和 C 面的圆度误差分别不得大于 0.05mm 和 0.1mm；当零件处于自由状态并按图示重力方向放置时，端面 A 的平面度误差不得大于 0.3mm，B 面和 C 面的圆度误差分别不得大于 0.5mm 和 1mm。

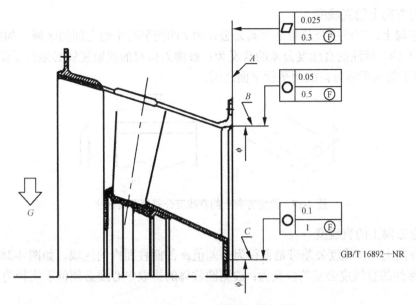

图 4-35　自由状态下的几何特征标注

# 4.3　几何公差及公差带

## 4.3.1　形状公差及公差带

形状公差是单一提取要素的形状对理想形状所允许的变动全量，包括直线度、平面度、圆度、圆柱度及线轮廓度、面轮廓度等几何特征。以下首先讨论前四项几何特征。

**1. 直线度（Straightness）**

直线度是限制实际直线对理想直线变动量的项目，是单一提取直线所允许的变动全量。用于控制平面内或空间直线的形状误差，其公差带根据不同的情况有多种不同的形状。

（1）给定平面内的直线度

在给定平面内，直线度公差带是距离为公差值 $t$ 的两平行直线之间的区域，如图 4-36（a）所示。图 4-36（b）标注的直线度公差的含义为：被测圆柱面上任一提取线必须位于轴向平面内，且距离为公差值 0.1 的两平行直线之间。

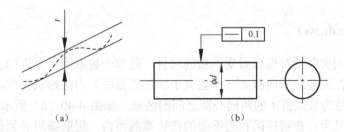

图 4-36　给定平面内的直线度公差带及其标注

（2）给定方向上的直线度

在给定方向上，直线度公差带是距离为公差值 $t$ 的两平行平面之间的区域，如图 4-37（a）所示。图 4-37（b）标注的直线度公差的含义为：被测刀口尺的提取棱线必须位于距离为公差值 0.03，并垂直于箭头所示方向的两平行平面之间。

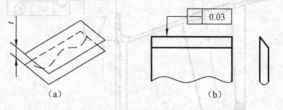

图 4-37　给定方向上的直线度公差带及其标注

（3）任意方向上的直线度

在任意方向上，直线度公差带是直径为公差值 $\phi t$ 的圆柱面内的区域，如图 4-38（a）所示。图 4-38（b）标注的直线度公差的含义为：被测圆柱体的提取中心线必须位于直径为公差值 $\phi 0.08$ 的圆柱面内。

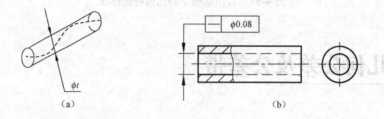

图 4-38　任意方向上的直线度公差带及其标注

### 2．平面度（Flatness）

平面度公差是限制实际表面对理想平面变动量的项目，是单一提取平面所允许的变动全量。其公差带为距离为公差值 $t$ 的两平行平面间的区域。如图 4-39（a）所示。图 4-39（b）标注的平面度公差的含义为：被测提取表面必须位于距离为公差值 0.08 的两平行平面内。

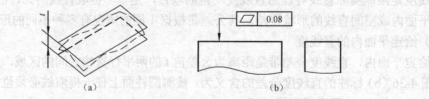

图 4-39　平面度公差带及其标注

### 3．圆度（Roundness）

圆度公差是限制实际圆对理想圆变动量的项目，是单一提取圆所允许的变动全量。圆度公差用于控制实际圆在回转轴径向截面（即垂直于轴线的截面）内的形状误差，其公差带是在同一正截面内，半径差为公差值 $t$ 的两同心圆之间的区域，如图 4-40（a）所示。图 4-40（b）标注的圆度公差的含义为：在圆柱面和圆锥面的任意横截面内，提取圆周必须位于半径差为公差值 0.03 的两同心圆之间。圆度用于限制圆柱面、圆锥面或球面的径向截面轮廓的形状误差。

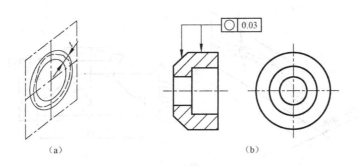

图 4-40　圆度公差带及其标注

#### 4．圆柱度（Cylindricity）

圆柱度是限制实际圆柱面对理想圆柱面变动量的项目，是单一提取圆柱所允许的变动全量。圆柱度公差用于控制圆柱表面的形状误差，其公差带为半径差为公差值 $t$ 的两同轴圆柱面之间的区域，如图 4-41（a）所示。图 4-41（b）标注的圆柱度公差的含义为：被测提取圆柱面必须位于半径差为公差值 0.1 的两同轴圆柱面之间。

圆柱度是控制圆柱体表面各项形状误差的综合指标，可控制径向截面和轴截面内的圆度、素线直线度、轴线直线度等误差。

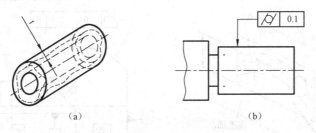

图 4-41　圆柱度公差带及其标注

## 4.3.2　线轮廓度公差与面轮廓度公差及公差带

#### 1．线轮廓度（Profile of a line）

线轮廓度是限制实际曲线（不包括圆弧）对理想曲线变动量的项目，用于控制非圆平面曲线或曲面截面轮廓的形状、方向或位置误差。其公差带是包络一系列直径为公差值 $t$，且圆心在理想轮廓上的圆的两包络线之间的区域。

无基准要求的线轮廓度，属于形状公差；有基准要求，则属于方向或位置公差。

未标注基准的线轮廓度公差是提取轮廓线对理想轮廓线所允许的变动全量，用于控制平面曲线或曲面截面轮廓的形状误差。未标注基准的线轮廓度公差带是包络一系列直径为公差值 $t$ 的圆的两包络曲线之间的区域，诸圆圆心应位于具有理论正确几何形状的理想轮廓线上，如图 4-42（a）所示。图 4-42（b）标注的线轮廓度公差的含义为：在平行于图样所示投影面的任一截面上，提取轮廓线必须位于包络一系列直径为公差值 $\phi 0.04$，且圆心位于具有理论正确几何形状的理想轮廓线上的两包络曲线之间。

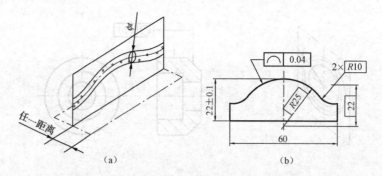

图 4-42　未标注基准的线轮廓度公差带及其标注

标注基准的线轮廓度公差是提取轮廓曲线对具有确定位置的理想轮廓线的允许变动全量，用于控制平面曲线或曲面截面轮廓的方向或位置误差。标注基准的线轮廓度公差带是包络一系列直径为公差值 $t$ 的圆的两包络曲线之间的区域，诸圆圆心应位于具有理论正确几何形状的理想轮廓线上，如图 4-43（a）所示。图 4-43（b）标注的线轮廓度公差的含义为：在平行于图样所示投影面的任一截面上，提取轮廓线必须位于包络一系列直径为公差值 0.05，且圆心位于具有理论正确几何形状的理想轮廓线上的两包络曲线之间。理想轮廓线由理论正确尺寸 25、10 和 22 确定，其位置由基准 $A$、$B$ 和理论正确尺寸 2.5 和 20 确定，因此公差带位置是固定的。

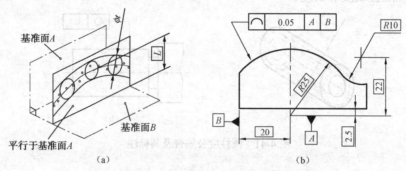

图 4-43　标注基准的线轮廓度公差带及其标注

## 2. 面轮廓度（Profile of a surface）

面轮廓度是限制实际曲面对理想曲面变动量的项目，用于控制空间曲面的形状、方向或位置误差。其公差带是包络一系列直径为公差值 $t$ 的球的两包络面之间的区域，该系列球的球心应位于理论正确几何形状的理想轮廓面上。

无基准要求的面轮廓度，属于形状公差；有基准要求，则属于方向或位置公差。

未标注基准的面轮廓度公差是提取轮廓曲面对理想轮廓曲面所允许的变动全量，用于控制实际曲面的形状误差。其公差带是包络一系列直径为公差值 $S\phi t$ 的球的两包络面之间的区域，诸球球心应位于具有理论正确几何形状的理想轮廓面上，轮廓面的位置是浮动的，如图 4-44（a）所示。图 4-44（b）标注的面轮廓度公差的含义为：提取轮廓面必须位于包络一系列球径为公差 $S\phi 0.02$，且球心位于具有理论正确几何形状的轮廓面上的两包络面之间。

标注基准的面轮廓度公差是提取轮廓面对具有确定位置的理想轮廓面所允许的变动全量，用于控制空间曲面的方向或位置误差。其公差带是包络一系列直径为公差值 $S\phi t$ 的球的两包络曲面之间的区域，诸球球心应位于理论正确几何形状的理想轮廓面上。理论正确几何形状的轮廓面的位置由理论正确尺寸和基准确定，如图 4-45（a）所示。图 4-45（b）标注的面轮廓度公差的含义为：提取轮廓面必须位于包络一系列球径为公差值 $S\phi0.02$，且球心位于理论正确几何形状的理想轮廓面上的两包络面之间。理想轮廓面的位置由理论正确尺寸 50、$SR$85 和基准底面 $A$ 确定。

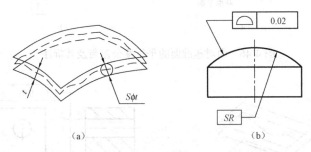

图 4-44　未标注基准的面轮廓度公差带及其标注

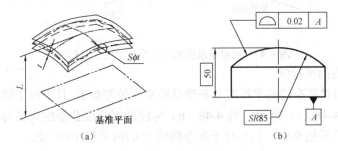

图 4-45　标注基准的面轮廓度公差带及其标注

## 4.3.3　方向公差及公差带

方向公差是关联提取要素对基准（具有确定方向的理想被测要素）在规定方向上允许的变动全量。理想提取要素的方向由基准及理论正确角度确定。当理论正确角度为 0° 时，称为平行度；理论正确角度为 90° 时称为垂直度；为其他任意角度时，称为倾斜度。它们的公差带都有面对基准面、线对基准面、面对基准线、线对基准线和线对基准体系几种情况。

### 1. 平行度（Parallelism）

平行度是限制提取要素对基准在平行方向上变动量的项目。

（1）面对基准面的平行度

提取（实际）面对基准面的平行度公差带是距离为公差值 $t$，且平行于基准平面的两平行平面间的区域，如图 4-46（a）所示。图 4-46（b）标注的平行度公差的含义为：提取表面（实际表面）必须位于距离为公差值 0.01，且平行于基准平面 $A$ 的两平行平面之间。

（2）线对基准面的平行度

提取（实际）线对基准面的平行度公差带是距离为公差值 $t$，且平行于基准平面的两平行平面间的区域，如图 4-47（a）所示。图 4-47（b）标注的平行度公差的含义为：提取中心线（实际轴线）必须位于距离为公差值 0.01，且平行于基准平面 $B$ 的两平行平面之间。

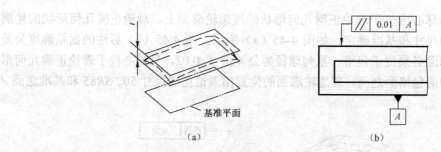

图 4-46　面对基准面的平行度公差带及其标注

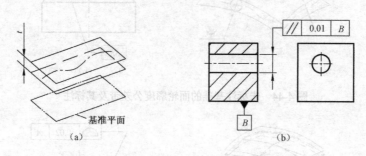

图 4-47　线对基准面的平行度公差带及其标注

（3）面对基准线的平行度

提取（实际）面对基准线的平行度公差带是距离为公差值 $t$，且平行于基准轴线的两平行平面间的区域，如图 4-48（a）所示。图 4-48（b）标注的平行度公差的含义为：提取（实际）表面必须位于距离为公差值 0.01，且平行于基准轴线 $C$ 的两平行平面之间。

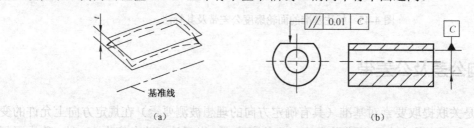

图 4-48　面对基准线的平行度公差带及其标注

（4）线对基准线的平行度

提取（实际）线对基准线的平行度公差带是直径为公差值 $\phi t$，且平行于基准轴线的圆柱面内的区域，如图 4-49（a）所示。图 4-49（b）标注的平行度公差的含义为：提取中心线必须位于直径为公差值 $\phi 0.03$，且平行于基准轴线 $A$ 的圆柱面内。

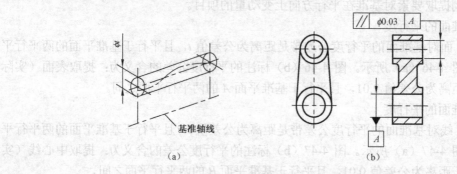

图 4-49　线对基准线的平行度公差带及其标注

（5）线对基准体系的平行度

提取（实际）线对基准体系的平行度与线对基准面的平行度原则一致，只要被测提取要素与基准体系中的各基准保持正确的几何关系即可，如图 4-50（a）所示。图 4-50（b）标注的平行度公差的含义为：提取（实际）线应限定在间距等于 0.02 的两平行直线之间。该两平行直线平行于基准平面 $A$，且处于平行于基准平面 $B$ 的平面内。

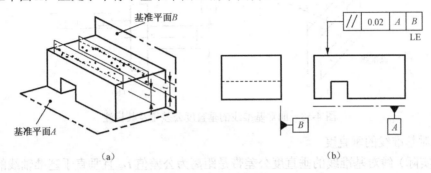

图 4-50　线对基准体系的平行度公差带及其标注

## 2．垂直度（Perpendicularity）

垂直度是限制提取要素对基准在垂直方向上变动量的项目。

（1）面对基准面的垂直度

提取（实际）面对基准面的垂直度公差带是距离为公差值 $t$，且垂直于基准平面的两平行平面之间的区域，如图 4-51（a）所示。图 4-51（b）标注的垂直度公差的含义为：提取右表面必须位于距离为公差值 0.08，且垂直于基准平面 $A$ 的两平行平面之间的区域内。

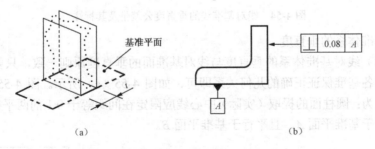

图 4-51　面对基准面的垂直度公差带及其标注

（2）线对基准面的垂直度

提取（实际）线对基准面的垂直度公差带是直径为公差值 $\phi t$，轴线垂直于基准平面的圆柱面内的区域，如图 4-52（a）所示。图 4-52（b）标注的垂直度公差的含义为：圆柱面的提取中心线必须位于直径等于 $\phi 0.01$，且垂直于基准平面 $A$ 的圆柱面的区域内。

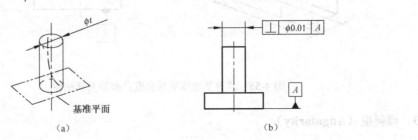

图 4-52　线对基准面的垂直度公差带及其标注

（3）面对基准线的垂直度

提取（实际）面对基准线的垂直度公差带是距离为公差值 $t$，且垂直于基准轴线的两平行平面之间的区域，如图 4-53（a）所示。图 4-53（b）标注的垂直度公差的含义为：提取右端面必须位于距离为公差值 0.08，且垂直于基准轴线 $A$ 的两平行平面之间的区域内。

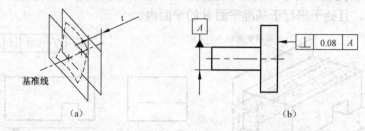

图 4-53　面对基准线的垂直度公差带及其标注

（4）线对基准线的垂直度

提取（实际）线对基准线的垂直度公差带是距离为公差值 $t$，且垂直于基准轴线的两平行平面之间的区域，如图 4-54（a）所示。图 4-54（b）标注的垂直度公差的含义为：提取中心线必须位于距离为公差值 0.06，且垂直于基准轴线 $A$ 的两平行平面之间的区域内。

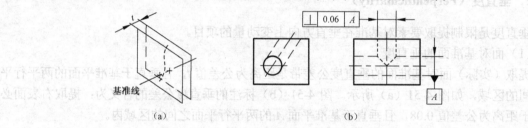

图 4-54　线对基准线的垂直度公差带及其标注

（5）线对基准体系的垂直度

提取（实际）线对基准体系的垂直度与线对基准面的垂直度原则一致，只要被测提取要素与基准体系中的各基准保证正确的几何关系即可，如图 4-55（a）所示。图 4-55（b）标注的垂直度公差的含义为：圆柱面的提取（实际）中心线应限定在间距等于 0.1 的两平行平面之间。该两平行平面垂直于基准平面 $A$，且平行于基准平面 $B$。

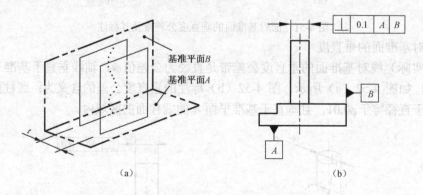

图 4-55　线对基准体系垂直度公差带及其标注

## 3. 倾斜度（Angularity）

倾斜度是限制提取要素对基准在倾斜方向上变动量的项目。

（1）面对基准面的倾斜度

提取（实际）面对基准面的倾斜度公差带是距离为公差值 $t$，且与基准平面成规定的理论正确角度的两平行平面间的区域，如图 4-56（a）所示。图 4-56（b）标注的倾斜度公差的含义为：提取（实际）表面必须位于距离为公差值 0.08，且与基准底平面 $A$ 成理论正确角度 40° 的两平行平面之间。

（2）线对基准面的倾斜度

提取（实际）线对基准面的倾斜度公差带是距离为公差值 $t$，且与基准平面成规定的理论正确角度的两平行平面间的区域，如图 4-57（a）所示。图 4-57（b）标注的倾斜度公差的含义为：提取中心线必须位于距离为公差值 0.08，且与基准面 $A$ 成理论正确角度 60° 的两平行平面之间。

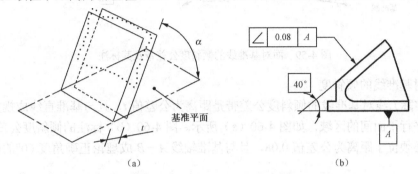

图 4-56 面对基准面的倾斜度公差带及其标注

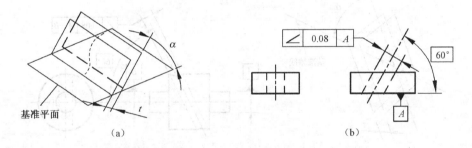

图 4-57 线对基准面的倾斜度公差带及其标注

若公差值前加注符号 $\phi$，则公差带是直径为公差值 $\phi t$，且与基准平面成规定的理论正确角度的圆柱面内的区域，如图 4-58（a）所示。图 4-58（b）标注的倾斜度公差的含义为：提取中心线必须位于直径为公差值 $\phi 0.1$，且轴线与基准平面 $A$ 成理论正确角度 60° 并平行于基准平面 $B$ 的圆柱面内。

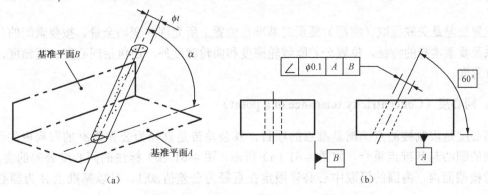

图 4-58 线对基准面的倾斜度公差带及其标注

（3）面对基准线的倾斜度

提取（实际）面对基准线的倾斜度公差带是距离为公差值 $t$，且与基准直线成规定的理论正确角度的两平行平面间的区域，如图 4-59（a）所示。图 4-59（b）标注的倾斜度公差的含义为：提取表面必须位于距离为公差值 0.1，且与基准轴线 $A$ 成理论正确角度 75°的两平行平面之间。

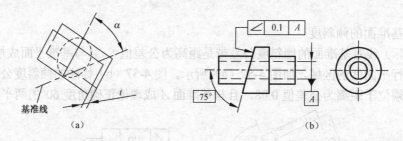

图 4-59　面对基准线的倾斜度公差带及其标注

（4）线对基准线的倾斜度

提取（实际）线对基准线的倾斜度公差带是距离为公差值 $t$，且与基准直线成规定的理论正确角度的两平行平面间的区域，如图 4-60（a）所示。图 4-60（b）标注的倾斜度公差的含义为：提取中心线必须位于距离为公差值 0.08，且与基准轴线 $A-B$ 成理论正确角度 60°的两平行平面之间。

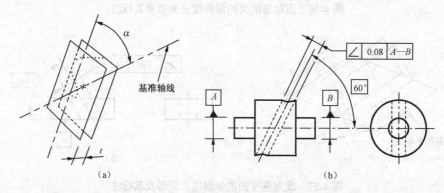

图 4-60　线对基准线的倾斜度公差带及其标注

## 4.3.4　位置公差及公差带

位置公差是关联提取（实际）要素对基准在位置上所允许的变动全量。按要素间的几何位置关系及要素本身的特征，位置公差除线轮廓度和面轮廓度外，还包括同心度、同轴度、对称度和位置度。

### 1．同心度（Concentricity tolerance of a point）

同心度是限制被测点偏离基准点的项目，其公差带是直径为公差值 $\phi t$ 的圆周内的区域，该圆周的圆心与基准点重合，如图 4-61（a）所示。图 4-61（b）标注的同心度公差的含义为：在任意横截面内，内圆的提取中心必须限定在直径为公差值 $\phi 0.1$，且以基准点 $A$ 为圆心的圆周内。

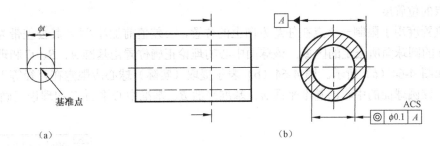

图 4-61 点的同心度公差带及其标注

## 2. 同轴度（Coaxiality tolerance of an axis）

同轴度是限制被测轴线偏离基准轴线的项目，其公差带是直径为公差值 $\phi t$，且以基准轴线为轴线的圆柱面内的区域，如图 4-62（a）所示。图 4-62（b）标注的同轴度公差的含义为：大圆柱体的提取中心线必须位于直径为公差值 $\phi 0.08$，且以基准轴线（两端圆柱的公共轴线）$A—B$ 为轴线的圆柱面内。

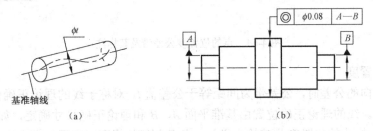

图 4-62 轴线的同轴度公差带及其标注

## 3. 对称度（Symmetry）

对称度是限制被测直线、平面偏离基准直线、平面的项目，其公差带是距离为公差值 $t$，且与基准中心平面（或中心轴线）对称配置的两平行平面间的区域，如图 4-63（a）所示。图 4-63（b）标注的对称度公差的含义为：提取中心面必须位于距离为公差值 0.08，且对称于公共基准中心平面 $A—B$ 的两平行平面之间。

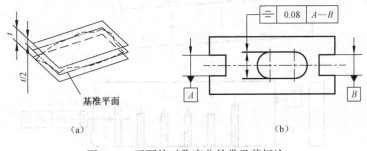

图 4-63 平面的对称度公差带及其标注

## 4. 位置度（Position）

位置度是限制提取（实际）要素的位置对其理想位置变动量的项目。

（1）点的位置度

点的位置度用于限制一个点在任意方向上的位置，公差值前加注 $S\phi$ ，其公差带为直径等于公差值 $S\phi t$ 的圆球面所限定的区域。该球面中心的理论正确位置由基准 $A$、$B$、$C$ 和理论正确尺寸确定，如图 4-64（a）所示。图 4-64（b）表示提取（实际）球心应限定在直径等于 $S\phi 0.3$ 的圆球面内。该圆球面的中心由基准平面 $A$、基准平面 $B$、基准中心平面 $C$ 和理论正确尺寸 30、25 确定。

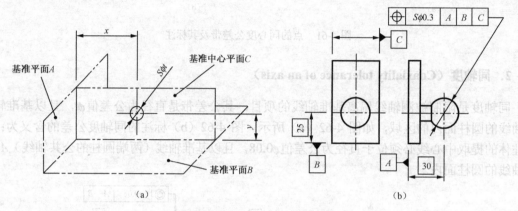

图 4-64    点的位置度公差带及其标注

（2）线的位置度

给定一个方向的公差时，公差带为间距等于公差值 $t$，对称于线的理论正确位置的两平行平面所限定的区域。线的理论正确位置由基准平面 $A$、$B$ 和理论正确尺寸确定，如图 4-65（a）所示。图 4-65（b）标注的位置度公差的含义为：各条刻线的提取（实际）中心线应限定在间距等于 0.1，且对称于基准平面 $A$、$B$ 和理论正确尺寸 25、10 确定的理论正确位置的两平行平面之间。

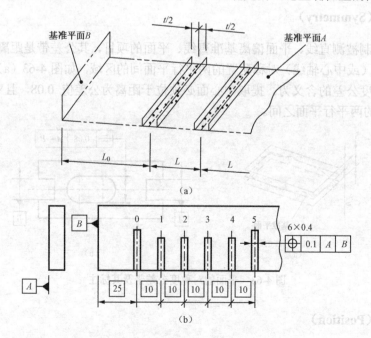

图 4-65    给定一个方向线的位置度公差带及其标注

给定两个方向的公差时，公差带为间距分别等于公差值 $t_1$ 和 $t_2$、对称于线的理论正确位置的两对相互垂直的平行平面所限定的区域。线的理论正确位置由基准平面 C、A 和 B 及理论正确尺寸确定。该公差在基准体系的两个方向上给定，如图 4-66（a）、（b）所示。图 4-66（c）标注的位置度公差的含义为：各孔的提取（实际）中心线在给定方向上应各自限定在间距分别等于 0.05 和 0.2，且相互垂直的两对平行平面内。每对平行平面对称于基准平面 C、A、B 和理论正确尺寸 20、15、30 确定的各孔轴线的理论正确位置。

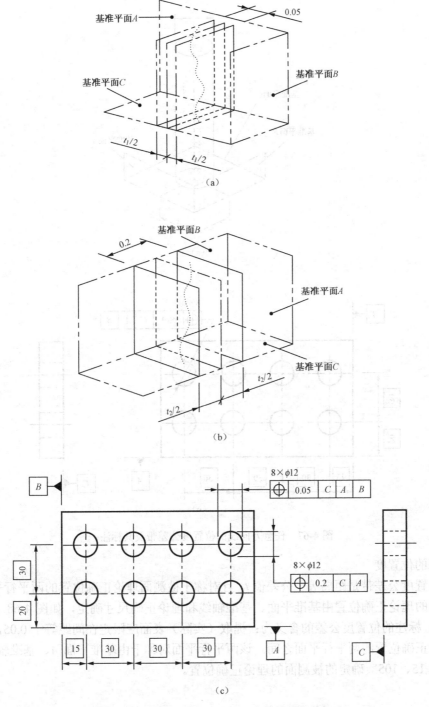

图 4-66　给定两个方向线的位置度公差带及其标注

若公差值前加注符号 $\phi$，则公差带为直径等于公差值 $\phi t$ 的圆柱面所限定的区域。该圆柱面轴线的位置由基准平面 $C$、$A$、$B$ 和理论正确尺寸确定，如图 4-67（a）所示。图 4-67（b）标注的位置度公差的含义为：各提取（实际）中心线应各自限定在直径等于公差值 $\phi 0.1$ 的圆柱面内。该圆柱面的轴线应处于由基准平面 $C$、$A$、$B$ 和理论正确尺寸 20、15、30 确定的各孔轴线的理论正确位置上。

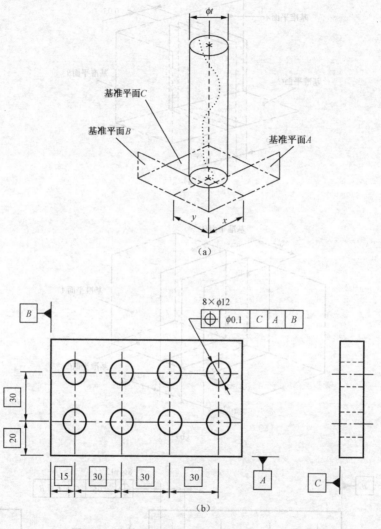

图 4-67    任意方向线的位置度公差带及其标注

（3）面的位置度

面的位置度公差带是距离等于公差值 $t$，且对称于被测面理论正确位置的两平行平面所限定的区域。面的理论正确位置由基准平面、基准轴线和理论正确尺寸确定，如图 4-68（a）所示。图 4-68（b）标注的位置度公差的含义为：提取（实际）表面应限定在间距等于 0.05，且对称于被测面理论正确位置的两平行平面之间。该两平行平面对称于由基准平面 $A$、基准轴线 $B$ 和理论正确尺寸 15、105° 确定的被测面的理论正确位置。

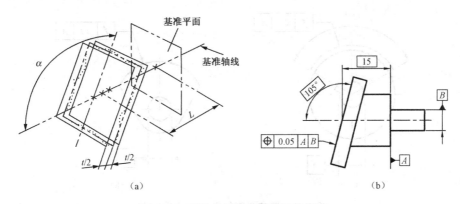

图 4-68 面的位置度公差带及其标注

## 4.3.5 跳动公差及公差带

跳动公差是以测量方法为依据规定的一种几何公差，即当要素绕基准轴线旋转时，以指示器测量提取要素（表面）来反映其几何误差。所以，跳动公差是综合限制提取要素误差的一种几何公差。

### 1. 圆跳动（Circular run-out）

圆跳动是指提取（实际）要素在某个测量截面内相对于基准轴线的变动量。根据所允许的跳动方向，圆跳动又可分为径向圆跳动、轴向圆跳动和斜向圆跳动三种。

（1）径向圆跳动公差

径向圆跳动公差带是在任一垂直于基准轴线的横截面内，半径差等于公差值 $t$、圆心在基准轴线上的两同心圆所限定的区域，如图 4-69（a）所示。图 4-69（b）标注的径向圆跳动公差的含义为：在任一垂直于公共轴线 $A$—$B$ 的横截面内，提取（实际）圆应限定在半径差等于 0.1、圆心在基准轴线 $A$—$B$ 上的两同心圆之间。

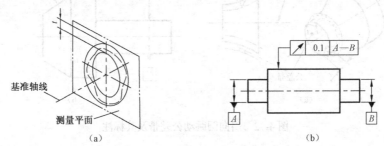

图 4-69 径向圆跳动公差带及其标注

圆跳动通常适用于整个要素，但也可规定只适用于局部要素的某一指定部分，如图 4-70 所示。

（2）轴向圆跳动公差

轴向圆跳动公差带是与基准轴线同轴的任一半径的圆柱面上，间距等于公差值 $t$ 的两圆所限定的圆柱面区域，如图 4-71（a）所示。图 4-71（b）标注的轴向圆跳动公差的含义为：在与基准轴线 $D$ 同轴的任一圆柱面上，提取（实际）圆应限定在轴向距离等于 0.1 的两个等圆之间。

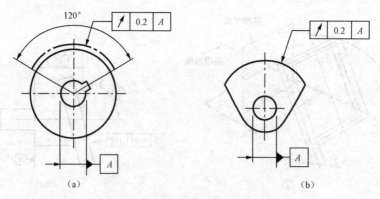

图 4-70　局部要素的径向圆跳动公差

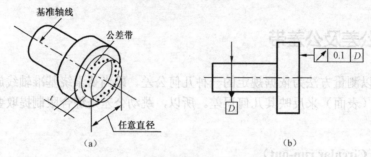

图 4-71　轴向圆跳动公差带及其标注

**（3）斜向圆跳动公差**

斜向圆跳动公差带是与基准轴线同轴的某一圆锥面上，间距等于公差值 $t$ 的两圆所限定的圆锥面的区域，如图 4-72（a）所示。图 4-72（b）标注的斜向圆跳动公差的含义为：在与基准轴线 $C$ 同轴的任一圆锥面上，提取（实际）线应限定在素线方向间距等于 0.1 的两不等圆之间。

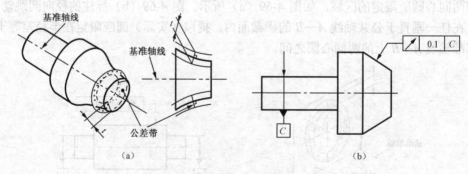

图 4-72　斜向圆跳动公差带及其标注

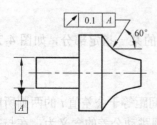

图 4-73　指定测量方向的
斜向圆跳动标注

斜向圆跳动用于一般回转面时，除非另有规定，应在曲面的法线方向上测量，如图 4-73 所示。

应该指出：①回转面的径向圆跳动值在一定程度上包含了同轴（心）度误差和圆度误差。由于通过车削、镗削、磨削等工艺方法获得的回转面的圆度误差，通常主要受机床主轴回转精度的影响，一般都小于回转面之间的同轴（心）度误差，而径向圆跳动误差的检测又较为方便，因此设计与检验时，常用径向圆跳动公差代替同轴度公差。②由于轴向圆跳动公差只能限制被测端面任一圆周上各点的轴向位置误差，不能控制整个被测端面的平面度误差和相对于回转轴线的垂直度误差，因此，使用轴向圆跳动公差代替端面对轴线的垂直度公差，会降低精度要求。实践当中，对于起加工定位作用的端面（如立式车床的工作台），应采用垂直度公差；对仅起固定作用的端面（如齿轮端面、限制滚动轴承轴向位置的轴肩），应采用轴向圆跳动公差。

**2．全跳动（Total run-out）**

（1）径向全跳动公差

径向全跳动公差带是半径差等于公差值 $t$，与基准轴线同轴的两同轴圆柱面所限定的区域，如图 4-74（a）所示。图 4-74（b）标注的径向全跳动公差的含义为：所示提取（实际）表面应限定在半径差等于 0.1，且与公共基准轴线 $A$—$B$ 同轴的两圆柱面之间。

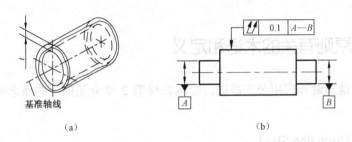

图 4-74　径向全跳动公差带及其标注

径向全跳动公差既可控制圆度和圆柱度误差，又可控制同轴度误差。

（2）轴向全跳动公差

轴向全跳动公差带是间距等于公差值 $t$，垂直于基准轴线的两平行平面所限定的区域，如图 4-75（a）所示。图 4-75（b）标注的轴向全跳动公差的含义为：提取（实际）表面应限定在间距等于 0.1，且垂直于基准轴线 $D$ 的两平行平面之间。

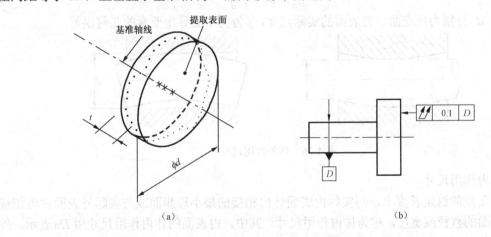

图 4-75　轴向全跳动公差带及其标注

轴向全跳动公差可以综合控制被测端面对基准轴线的垂直度误差和端面的平面度误差。端面对基准轴线的垂直度公差带和轴向全跳动公差带相同。由于轴向全跳动检测较方便，在实践中常用轴向全跳动代替端面对轴线的垂直度。

# 4.4 公差原则

在机械零件的设计过程中，根据零件的功能要求，对其重要的几何要素，往往同时给出尺寸公差和几何公差。因此，必须研究尺寸公差与几何公差的关系，以便正确合理地判断实际被测要素的合格性。

公差原则是确定零件的形状、方向、位置及跳动公差和尺寸公差之间相互关系的原则，它分为独立原则和相关要求。图样上给定的尺寸公差与几何公差各自独立的设计称为独立原则；尺寸公差与几何公差相互有关的设计称为相关要求。相关要求又分为包容要求、最大实体要求和最小实体要求等。

## 4.4.1 与公差原则有关的术语和定义

为了便于正确地理解和应用公差原则，除本教材第 2 章介绍的一些概念外，还应掌握以下有关术语和定义。

### 1. 作用尺寸（Function Size）

（1）体外作用尺寸

在被测要素的给定长度上，与实际内表面体外相接的最大理想面或与实际外表面体外相接的最小理想面的直径或宽度，称为体外作用尺寸。其中，内表面的体外作用尺寸用 $D_{fe}$ 表示，外表面的体外作用尺寸用 $d_{fe}$ 表示，如图 4-76（a）、（b）所示。可近似表示为

$$\left.\begin{array}{l} D_{fe} = D_a - f \\ d_{fe} = d_a + f \end{array}\right\} \tag{4-1}$$

式中，$D_a$、$d_a$ 分别为内表面、外表面的实际尺寸，$f$ 为其中心导出要素的几何误差。

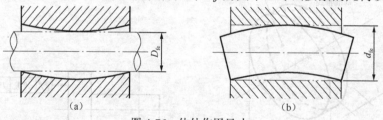

图 4-76 体外作用尺寸

（2）体内作用尺寸

在被测要素的给定长度上，与实际内表面体内相接的最小理想面或与实际外表面体内相接的最大理想面的直径或宽度，称为体内作用尺寸。其中，内表面的体内作用尺寸用 $D_{fi}$ 表示，外表面的体内作用尺寸用 $d_{fi}$ 表示，如图 4-77（a）、（b）所示。可近似表示为

$$\left.\begin{array}{l} D_{fi} = D_a + f \\ d_{fi} = d_a - f \end{array}\right\} \tag{4-2}$$

无论体外作用尺寸还是体内作用尺寸，对于关联要素，其理想包容面的轴线或中心平面必须与基准保持图样给定的几何位置关系。

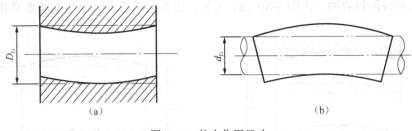

图 4-77　体内作用尺寸

### 2．实效状态（Virtual Condition）与实效尺寸（Virtual Size）

（1）最大实体实效状态（MMVC）与最大实体实效尺寸（MMVS）

在给定长度上，实际要素处于最大实体状态，且其中心导出要素的几何误差等于给出公差值时的综合极限状态，即为最大实体实效状态（Maximum Material Virtual Condition）。

最大实体实效状态下的体外作用尺寸，即为最大实体实效尺寸（Maximum Material Virtual Size），如图 4-78 所示。对于内表面为最大实体尺寸减去中心导出要素的几何公差值，用 $D_{MV}$ 表示；对于外表面为最大实体尺寸加上中心导出要素的几何公差值，用 $d_{MV}$ 表示。用公式可表示为

$$\left.\begin{array}{c} D_{MV} = D_M - t \\ d_{MV} = d_M + t \end{array}\right\} \tag{4-3}$$

式中，$D_M$、$d_M$ 分别为内表面、外表面的最大实体尺寸，$t$ 为其中心导出要素的几何公差。

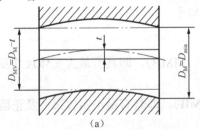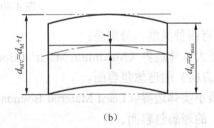

图 4-78　最大实体实效尺寸

（2）最小实体实效状态（LMVC）与最小实体实效尺寸（LMVS）

在给定长度上，实际要素处于最小实体状态且其中心导出要素的几何误差等于给出公差值时的综合极限状态，即为最小实体实效状态（Least Material Virtual Condition）。

最小实体实效状态下的体内作用尺寸，即为最小实体实效尺寸（Least Material Virtual Size），如图 4-79 所示。对于内表面为最小实体尺寸加上中心导出要素的几何公差值，用 $D_{LV}$ 表示；对于外表面为最小实体尺寸减去中心导出要素的几何公差值，用 $d_{LV}$ 表示。用公式可表示为

$$\left.\begin{array}{c} D_{LV} = D_L + t \\ d_{LV} = d_L - t \end{array}\right\} \tag{4-4}$$

式中，$D_L$、$d_L$ 分别为内表面、外表面的最小实体尺寸；$t$ 为其中心导出要素的几何公差。

### 3．边界（Boundary）

由于零件实际要素总是同时存在着尺寸偏差和几何误差，而其功能取决于二者的综合效果，因此可用"边界"综合控制实际要素的尺寸偏差和几何误差。所谓"边界"是指由设计给定的

具有理想形状的极限包容面。由图 4-80（a）可见，边界也相当于一个与被测要素相偶合的理想几何要素。

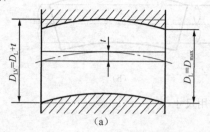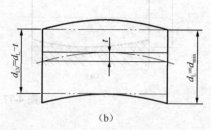

(a)　　　　　　　　　　　　　　(b)

图 4-79　最小实体实效尺寸

对于关联要素，边界除具有一定的尺寸大小和正确几何形状外，还必须与基准保持图样上给定的几何关系，如图 4-80（b）所示。

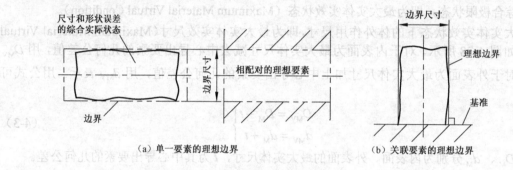

(a) 单一要素的理想边界　　　　　　　(b) 关联要素的理想边界

图 4-80　理想边界

边界有四种类型，分别是：

1）最大实体边界（Maximum Material Boundary，MMB），即具有最大实体尺寸及正确几何形状（与方向）的理想包容面。

2）最小实体边界（Least Material Boundary，LMB），即具有最小实体尺寸及正确几何形状（与方向）的理想包容面。

3）最大实体实效边界（Maximum Material Virtual Boundary，MMVB），即具有最大实体实效尺寸及正确几何形状（与方向）的理想包容面。

4）最小实体实效边界（Least Material Virtual Boundary，LMVB），即具有最小实体实效尺寸及正确几何形状（与方向）的理想包容面。

## 4.4.2　公差原则

### 1．独立原则（Independence Principle，IP）

如前所述，独立原则是指图样上给定的尺寸公差与形状、方向及位置公差均是独立的，每一项偏差或误差应分别满足各自公差的要求。如果尺寸公差与形状公差、尺寸公差与方向公差或尺寸公差与位置公差之间的相互关系有特殊要求，则应在图样上加以标注。

独立原则是尺寸公差和几何公差相互关系的基本原则。

遵循独立原则，图样上无须作任何附加的标注。线性尺寸公差用来控制零件的局部实际尺寸；实际要素的形状误差及要素间的方向、位置误差由图样上注出的或未注的几何公差控制。

图 4-81 是检验车床精度时在车床主轴与尾顶尖间安装的检验芯棒，其直径的尺寸精度要求不高，但对外圆表面的圆度和轴线直线度却要求很高。因此其几何公差与尺寸公差应没有关系，彼此独立，即遵守独立原则。只要直径的实际尺寸在 $\phi39.9\sim40$ mm 之间，轴线的直线度误差和任意截面的圆度误差不超过 0.003mm，该检验芯棒都为合格。

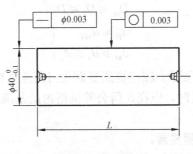

图 4-81 检验芯棒

### 2. 相关要求

相关要求是指尺寸公差与几何公差相互有关的公差要求，包括：包容要求、最大实体要求（包括可逆要求应用于最大实体要求）和最小实体要求（包括可逆要求应用于最小实体要求）。

（1）包容要求（Envelope Requirement，ER）

包容要求是被测实际要素处处不得超越最大实体边界的一种要求。被测要素采用包容要求，表示其实际要素应遵守最大实体边界，局部实际尺寸不得超出最小实体尺寸。对于内表面和外表面，可分别表示为

$$\left.\begin{array}{l}D_{fe} \geq D_M \\ D_a \leq D_L\end{array}\right\} \tag{4-5}$$

$$\left.\begin{array}{l}d_{fe} \leq d_M \\ d_a \geq d_L\end{array}\right\} \tag{4-6}$$

包容要求仅适用于单一要素。采用包容要求的单一要素，应在其尺寸极限偏差或公差带代号之后加注符号"Ⓔ"，如图 4-82（a）所示。

图 4-82（a）所示为普通车床尾顶尖的套筒简图，为保证其与尾座基体圆孔的小间隙精密配合，须遵守包容要求。即零件圆周表面的实际轮廓必须处于直径为 $\phi80$ mm（$d_M$）的最大实体边界内，同时，局部实际尺寸不得小于 $\phi79.987$ mm（$d_L$）。

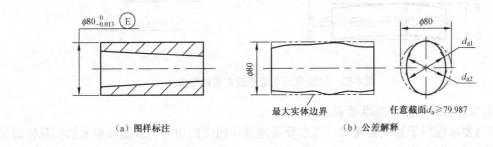

（a）图样标注　　　　　　　　（b）公差解释

图 4-82 包容要求的应用

（2）最大实体要求（Maximum Material Requirement，MMR）

采用最大实体要求，被测要素的实际轮廓应在给定的长度上处处不得超出最大实体实效边界，即其体外作用尺寸不应超出最大实体实效尺寸，且其局部实际尺寸不得超出最大实体尺寸和最小实体尺寸。对于内表面和外表面，可分别表示为

$$\left.\begin{array}{l} D_{fe} \geqslant D_{MV} \\ D_M \leqslant D_a \leqslant D_L \end{array}\right\} \tag{4-7}$$

$$\left.\begin{array}{l} d_{fe} \leqslant d_{MV} \\ d_M \geqslant d_a \geqslant d_L \end{array}\right\} \tag{4-8}$$

在图样上，若采用最大实体要求，应在被测要素几何公差框格中的公差值后标注符号"Ⓜ"；当最大实体要求应用于基准要素时，应在几何公差框格内的基准字母代号后标注符号"Ⓜ"，如图 4-83 所示。

① 最大实体要求应用于被测要素。

最大实体要求应用于被测要素时，图样上标注的几何公差值是在该要素处于最大实体状态时给出的。若被测要素的实际轮廓偏离其最大实体状态，即其实际尺寸偏离最大实体尺寸时，几何误差值可超出图样上标注的几何公差值，即此时的几何公差值可以增大。

图 4-83（a）所示零件为轴线直线度公差遵循最大实体要求。当被测要素处于最大实体状态时，其轴线直线度公差为 $\phi 0.1mm$，如图 4-83（b）所示；当轴的实际尺寸在 $\phi 19.7 \sim 20mm$ 之间时，由于实际轮廓不得超出最大实体实效边界，轴线直线度误差应满足

$$f \leqslant t + (d_M - d_a)$$

显然，直线度公差为动态公差；$(d_M - d_a)$ 即为尺寸偏差对直线度公差的补偿。当轴的实际尺寸恰巧等于 $\phi 19.7mm$（$d_L$）时，直线度公差得到了最大的补偿量（尺寸公差值为 0.3mm）。此时，直线度公差达到最大值 $\phi 0.4mm$，为给定直线度公差与尺寸公差之和，如图 4-83（c）所示。

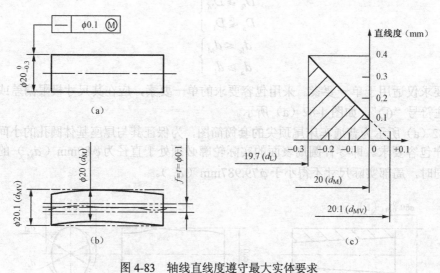

图 4-83　轴线直线度遵守最大实体要求

② 最大实体要求应用于基准要素。

最大实体要求应用于基准要素时，基准要素应遵守相应的边界。若基准要素的实际轮廓偏离其相应的边界，则允许基准要素在一定范围内浮动，且浮动值等于基准要素的体外作用尺寸与其相应边界尺寸之差。

这里，基准要素应遵守的边界分两种：当基准要素本身遵守最大实体要求时，应为最大实

体实效边界（同时，基准代号应直接标注在形成该最大实体实效边界的几何公差框格下面，如图 4-84 所示）；当基准要素本身不遵守最大实体要求时，应为最大实体边界。

如图 4-85 所示零件，圆柱面 $\phi 12_{-0.05}^{0}$ mm 的中心线对基准轴线的同轴度公差遵守最大实体要求，同时最大实体要求也应用于基准要素，则圆柱面 $\phi 12_{-0.05}^{0}$ mm 应满足下列要求：

a. 实际尺寸处处都在 $\phi 11.95 \sim 12$mm 之间；

b. 实际轮廓处处不得超出关联最大实体实效边界，即其关联体外作用尺寸不大于关联最大实体实效尺寸（$d_{fe} \leqslant d_{MV} = d_M + t = \phi 12.04$mm）。

当被测圆柱处于最小实体状态时，其轴线对基准轴线 $A$ 的同轴度公差达到最大值，等于图样上给出的同轴度公差 $\phi 0.04$mm 与轴的尺寸公差 0.05mm 之和 $\phi 0.09$ mm。

当基准 $A$ 的圆柱面轮廓处于最大实体边界，即其体外作用尺寸等于最大实体尺寸（$d_{fe} = d_M = \phi 25$ mm）时，基准轴线的位置是确定的；当基准 $A$ 的圆柱面轮廓偏离最大实体边界，即其体外作用尺寸小于最大实体尺寸（$d_{fe} < d_M = \phi 25$ mm）时，基准轴线可以浮动；当其体外作用尺寸等于最小实体尺寸（$d_{fe} = d_L = \phi 24.95$ mm）时，其浮动范围达到最大值 $\phi 0.05$ mm。

最大实体要求仅用于导出要素。

对比公式（4-5）、（4-6）与（4-7）、（4-8）可以看出，包容要求与最大实体要求是非常相似的。二者都要求实际尺寸应在极限尺寸范围内，都是用理想的边界去综合控制尺寸偏差与几何误差。但包容要求采用的最大实体边界在数值上等于极限尺寸，因此，采用包容要求是完全符合"极限制"的。对间隙或过盈范围有严格限制的重要配合，应采用包容要求。而最大实体要求采用的最大实体实效边界，数值上已超出了极限尺寸，不能保证极限制下给出的间隙或过盈范围。将实际尺寸与最大实体尺寸之间的偏离量补偿给几何公差，放宽了对几何精度的要求、提高了产品的合格率。因此，对间隙或过盈量不作要求，或仅要求孔轴零件能顺利装配的场合，应选用最大实体要求。

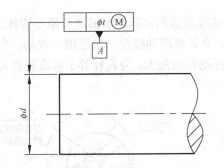

图 4-84 基准要素遵守最大实体要求

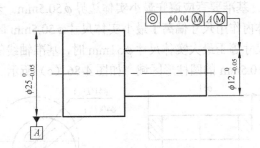

图 4-85 最大实体要求应用于基准要素

（3）最小实体要求

采用最小实体要求，被测要素的实际轮廓在给定的长度上处处不得超出最小实体实效边界，即其体内作用尺寸不应超出最小实体实效尺寸，且其局部实际尺寸不得超出最大实体尺寸和最小实体尺寸。对于内表面和外表面，可分别表示为

$$\left.\begin{array}{l} D_{fi} \leqslant D_{LV} \\ D_M \leqslant D_a \leqslant D_L \end{array}\right\} \tag{4-9}$$

$$\left.\begin{array}{l} d_{fi} \geqslant d_{LV} \\ d_M \geqslant d_a \geqslant d_L \end{array}\right\} \tag{4-10}$$

在图样上，若采用最小实体要求，应在被测要素几何公差框格中的公差值后标注符号"Ⓛ"；当最小实体要求应用于基准要素时，应在几何公差框格内的基准字母代号后标注符号"Ⓛ"，如图 4-86 所示。

① 最小实体要求应用于被测要素。

最小实体要求应用于被测要素时，图样上标注的几何公差值是在该要素处于最小实体状态时给出的。若被测要素的实际轮廓偏离其最小实体状态，即其实际尺寸偏离最小实体尺寸时，几何误差值可超出图样上标注的几何公差值，即此时的几何公差值可以增大。

② 最小实体要求应用于基准要素。

最小实体要求应用于基准要素时，基准要素应遵守相应的边界。若基准要素的实际轮廓偏离其相应的边界，则允许基准要素在一定范围内浮动，且浮动值等于基准要素的体内作用尺寸与相应边界尺寸之差。

这里，基准要素应遵守的边界分两种：当基准要素本身遵守最小实体要求时，应为最小实体实效边界（同时，基准代号应直接标注在形成该最小实体实效边界的几何公差框格下面，可参照图 4-84 的标注）；当基准要素本身不采用最小实体要求时，应为最小实体边界。

图 4-86 (a) 中，表示最小实体要求应用于孔的中心线对基准的同轴度公差，并同时应用于基准要素。对此可作如下分析：

a. 当被测要素处于最小实体状态，即孔的实际尺寸等于 $\phi 40mm$ 时，其中心线对基准 $A$ 的同轴度公差为 $\phi 1mm$，如图 4-86 (b) 所示。

b. 当被测要素偏离最小实体状态，即孔的实际尺寸在 $\phi 39\sim 40mm$ 之间时，由于实际轮廓不得超出关联最小实体实效边界，即关联体内作用尺寸不大于关联最小实体实效尺寸 $\phi 41mm$，所以同轴度公差可以增大；特别是当被测要素处于最大实体状态，即孔的实际尺寸等于 $\phi 39mm$ 时，同轴度公差达到 $\phi 2mm$（图中给出的同轴度公差值 $\phi 1mm$ 与孔的尺寸公差值 $1mm$ 之和），如图 4-86 (c) 所示。

c. 基准要素应遵守最小实体边界 $\phi 50.5mm$。若基准要素的实际轮廓偏离了最小实体边界，即其体内作用尺寸偏离了最小实体尺寸 $\phi 50.5mm$ 时，允许基准轴线在一定范围内浮动；当体内作用尺寸等于最大实体尺寸 $\phi 51mm$ 时，基准轴线的浮动范围最大，为直径等于基准要素尺寸公差值 $\phi 0.5mm$ 的圆柱形区域，如图 4-86 (c) 所示。

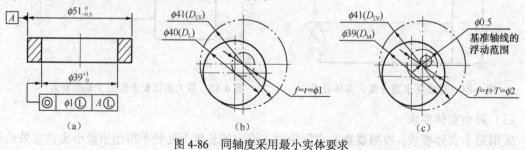

图 4-86　同轴度采用最小实体要求

最小实体要求仅用于导出要素。应用最小实体要求的目的，以图 4-86 为例，是为了保证零件的最小壁厚和设计强度。

（4）可逆要求（Reciprocity Requirement，RPR）

可逆要求只应用于被测要素，它是最大实体要求或最小实体要求的附加要求。图样上将符号Ⓡ标注在几何公差值框格中的Ⓜ或Ⓛ之后，表示在不影响零件功能的前提下，当被测轴线或中心平面的几何误差值小于给出的几何公差值时，允许相应的尺寸公差增大。或者说，加注了Ⓡ的最大实体要求或最小实体要求，在不超出最大实体实效边界或最小实体实效边界的前提下，允许尺寸公差和几何公差相互补偿。

由此可知，几何公差值框格内标注了Ⓜ Ⓡ，意味着被测要素的实际尺寸有可能允许在最小实体尺寸和最大实体实效尺寸之间变动；框格内标注了Ⓛ Ⓡ，实际尺寸有可能允许在最大实体尺寸和最小实体实效尺寸之间变动。

最大实体要求或最小实体要求附加可逆要求，并不改变它们原有的含义。但几何误差的减小可用于补偿尺寸公差，这样就为根据零件的功能而合理分配尺寸公差和几何公差提供了方便。

图 4-87 为可逆要求附加于最大实体要求的示例。被测要素的最大实体实效边界为直径等于 $\phi20.1$mm 且与基准 $D$ 垂直的理想圆柱面。当局部实际尺寸为 $\phi20$mm 时中心线垂直度误差允许达到 $\phi0.1$mm；当局部实际尺寸为 $\phi19.85$mm 时，中心线垂直度误差允许达到 $\phi0.25$mm。根据可逆要求的思想，若中心线对基准的垂直度误差为 0，则允许轴的局部实际尺寸达到 $\phi20.1$mm。图 4-87（e）为表示上述关系的动态公差带图。

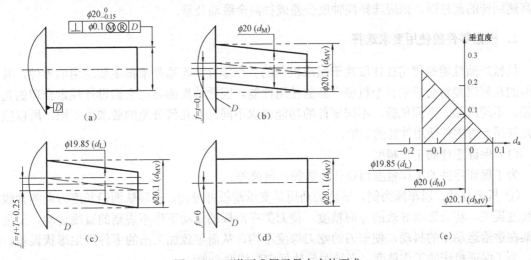

图 4-87 可逆要求用于最大实体要求

# 4.5 几何公差的选用

## 4.5.1 几何公差项目的选择

几何公差项目的选择，取决于零件的几何特征与功能要求，同时也要考虑检测的方便性。

### 1. 根据零件的几何特征选择

形状公差项目主要是按要素的几何形状特征设计的，因此要素的几何特征自然是选择单一要素公差项目的基本依据。例如，控制平面的形状误差既可以选择平面度公差，也可以选择直线度公差。对于大多数用于安装与定位作用的圆形或长、宽较接近的矩形面，选择平面度公差显然是正确的；但对于长、宽相差悬殊，如起导向作用的导轨面，则可选择长度方向的直线度公差。再如，控制圆柱形孔、轴表面的形状误差，既可以选择圆度公差，也可以选择圆柱度公差。圆柱度公差显然对误差的控制更加全面，但其测量和数据处理较烦琐。所以，长径比较小（如 $d/l \leqslant 3$）、孔轴相对静止的表面，大多选择圆度公差；而长径比较大、孔轴有轴向相对运动的表面，如缸体表面，选择圆柱度公差更为合理。

定向与定位公差项目是按要素间几何方位关系制定的，所以公差项目的选择，应以被测要素与基准间的几何方位关系为基本依据。对线（轴线）、面可规定定向和定位公差，对点只能规定位置度公差；对回转面可规定同轴度公差和跳动公差。

当然，同一被测要素往往既需要形状公差，也需要定向、定位或跳动公差，选择时应区别各公差项目公差带的形状、大小及方向。一般来说，定位公差可以包含定向公差，定向或定位公差可以包含形状公差。例如，直线或平面的平行度公差对直线度误差或平面度误差起到了一定的控制作用，但若直线度或平面度精度高于平行度公差，则还应标注出直线度公差或平面度公差。再如，轴类零件表面常常有同轴度的公差要求，但径向圆跳动的检查非常方便，也可部分反映出同轴度误差。通常，长径比较小的表面多选径向圆跳动公差；精度要求较高，或工作时高速回转的圆柱面，则应选择同轴度公差或径向全跳动公差。

**2．根据零件的使用要求选择**

机械产品性能的优劣往往取决于组成机器的各个零件，而那些承担主要功用的零件，其工作面的几何误差将会影响整个机械产品的使用性能。因此特别需要对它们设计规定合理的几何公差。不同产品、不同机器、不同零件的功能要求不同，对几何公差的要求也不同，所以应分析几何误差对零件使用性能的影响。

（1）保证零件的工作精度

为了保证零件的工作精度而设计、选择几何公差。

① 机床导轨。以车床为例，导轨的功用是支承滑板并导向，若导轨面沿长度方向的素线有直线度误差，将会影响导轨的导向精度，使刀架在滑板的带动下作不规则的直线运动。又由于刀架在进给运动中的抖动，使车刀的吃刀深度不均，从而导致加工出的零件产生形状误差。因此，为了保证机床的工作精度，必须对导轨规定直线度公差。

② 滚动轴承。滚动轴承内、外圈及滚动体的形状误差，与轴承配合的轴颈、轴承座孔的形状误差及定位轴肩与轴线不垂直等，将影响轴承旋转时的精度，所以必须对滚动轴承内、外圈规定圆度或圆柱度公差；对与轴承配合的轴颈、轴承座孔规定圆柱度公差；对定位轴肩规定轴向圆跳动公差。

③ 定位平面。机床工作台平面、夹具的定位平面、平板工作平面等都是定位基准面，它们的形状误差将影响支承面安置的平稳和定位可靠性，所以应规定平面度公差。

④ 传动齿轮。齿轮零件内孔的圆柱度误差将影响其旋转精度；齿轮箱体中安装齿轮副的两孔轴线不平行将影响齿轮副的接触精度，降低承载能力，所以对齿轮零件内孔应规定圆柱度公差或用包容要求综合控制其尺寸与形状误差；对齿轮副的两孔轴线规定平行度的公差。

⑤ 凸轮轮廓。凸轮顶杆机构中，凸轮轮廓曲线是根据从动杆要求的运动规律而设计的，凸轮轮廓曲线的形状误差将影响从动杆运动规律的准确性，故应规定凸轮轮廓曲线的线轮廓度公差。

（2）保证连接强度和密封性

例如汽缸盖与缸体之间由两平面贴合在一起，两者要求有较好的连接强度和很好的密封性，所以应对这两个平面给出平面度公差。又如圆柱面的形状误差将影响定位配合的连接强度和可靠性，影响转动配合的间隙均匀性和运动平稳性，所以应规定圆度或圆柱度公差。

（3）减少磨损，延长零件的使用寿命

在有相对运动的轴、孔间隙配合中，内外圆柱体的形状误差会影响两者的接触面积，造成零件早期磨损失效，降低零件使用寿命，故应对圆柱面规定圆度或圆柱度公差。对滑块等作相对运动的平面，则应给出平面度的公差要求。

**3．根据检测的方便性选择**

为了检测方便，有时可将所需的公差项目用控制效果相同或相近的公差项目来代替。例如要素为一圆柱面时，圆柱度是理想的项目，因为它综合控制了圆柱面的各种形状误差，但是由于圆柱度检测不便，故可选用圆度、直线度几个分项，或者选用径向跳动公差等进行控制。又如径向圆跳动可综合控制圆度和同轴度误差，而径向圆跳动误差的检测简单易行，所以在不影响设计要求的前提下，可尽量选用径向圆跳动公差项目。同样可近似地用轴向圆跳动代替端面对轴线的垂直度公差要求。轴向全跳动的公差带和端面对轴线的垂直度的公差带完全相同，可互相取代。

如图 4-88 所示圆锥轴，莫氏锥体是该轴的安装基准，$d_2$ 外圆柱和端面 $B$ 是装卡零件的定位基准。为使被加工零件和该轴同步转动时平稳，以提高零件的加工精度，需对 $d_2$ 外圆柱面和端面 $B$ 分别提出相对锥体的同轴度和垂直度要求，但因同轴度检测不便，可选择径向圆跳动代替同轴度公差；又因端面 $B$ 的面积较小，形状误差不会太大，故可用轴向圆跳动代替垂直度公差。但应注意，径向圆跳动是同轴度误差与圆柱面形状误差的综合结果，所以给出的跳动公差值应略大于同轴度公差值。

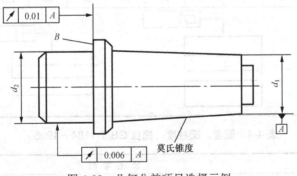

图 4-88　几何公差项目选择示例

**4．根据几何公差的控制功能选择**

各项几何公差的控制功能各不相同，有单一控制项目，如直线度、平面度、圆度等；也有综合控制项目，如圆柱度、圆跳动、位置度等。选择几何公差项目时，应认真考虑它们之间的关系，在保证零件使用要求的前提下，尽量减少图样上的几何公差标注要求，充分发挥综合控制项目的职能。对于同一被测要素，当标出的几何公差综合项目能满足功能要求时，一般不必再规定其他几何公差。

## 4.5.2　几何公差值的选择

国家标准《形状和位置公差　未注公差值》（GB/T 1184—1996）规定，图样中标注的几何公差有两种形式：未注公差值和注出公差值。未注公差值是各类工厂中常用设备能保证的精度。零件大部分要素的几何公差值均应遵循未注公差值的要求，不必注出。只有当要求要素的公差值小于未注公差值时，或者要求要素的公差值大于未注公差值而给出大的公差值后，能给工厂的生产带来经济效益时，才需要在图样中用公差框格给出几何公差要求。按国家标准的规定，除线、面轮廓度及位置度未规定公差等级外，其余项目均有规定。一般划分为 12 级，即 1～12 级，1 级精度最高，12 级精度最低；圆度和圆柱度则最高级为 0 级，即划分为 13 级。各项目的各级公差值见表 4-3～表 4-7。

表 4-3　直线度、平面度（摘自 GB/T 1184—1996）

| 主参数 L/mm | 公差等级 | | | | | | | | | | | |
|---|---|---|---|---|---|---|---|---|---|---|---|---|
| | 1 | 2 | 3 | 4 | 5 | 6 | 7 | 8 | 9 | 10 | 11 | 12 |
| | 公差值/μm | | | | | | | | | | | |
| ≤10 | 0.2 | 0.4 | 0.8 | 1.2 | 2 | 3 | 5 | 8 | 12 | 20 | 30 | 60 |
| >10～16 | 0.25 | 0.5 | 1 | 1.5 | 2.5 | 4 | 6 | 10 | 15 | 25 | 40 | 80 |
| >16～25 | 0.3 | 0.6 | 1.2 | 2 | 3 | 5 | 8 | 12 | 20 | 30 | 50 | 100 |
| >25～40 | 0.4 | 0.8 | 1.5 | 2.5 | 4 | 6 | 10 | 15 | 25 | 40 | 60 | 120 |
| >40～63 | 0.5 | 1 | 2 | 3 | 5 | 8 | 12 | 20 | 30 | 50 | 80 | 150 |
| >63～100 | 0.6 | 1.2 | 2.5 | 4 | 6 | 10 | 15 | 25 | 40 | 60 | 100 | 200 |
| >100～160 | 0.8 | 1.5 | 3 | 5 | 8 | 12 | 20 | 30 | 50 | 80 | 120 | 250 |
| >160～250 | 1 | 2 | 4 | 6 | 10 | 15 | 25 | 40 | 60 | 100 | 150 | 300 |
| >250～400 | 1.2 | 2.5 | 5 | 8 | 12 | 20 | 30 | 50 | 80 | 120 | 200 | 400 |
| >400～630 | 1.5 | 3 | 6 | 10 | 15 | 25 | 40 | 60 | 100 | 150 | 250 | 500 |
| >630～1000 | 2 | 4 | 8 | 12 | 20 | 30 | 50 | 80 | 120 | 200 | 300 | 600 |
| 主参数 L 图　例 | | | | | | | | | | | | |

表 4-4　圆度、圆柱度（摘自 GB/T 1184—1996）

| 主参数 d（D）/mm | 公差等级 | | | | | | | | | | | | |
|---|---|---|---|---|---|---|---|---|---|---|---|---|---|
| | 0 | 1 | 2 | 3 | 4 | 5 | 6 | 7 | 8 | 9 | 10 | 11 | 12 |
| | 公差值/μm | | | | | | | | | | | | |
| ≤3 | 0.1 | 0.2 | 0.3 | 0.5 | 0.8 | 1.2 | 2 | 3 | 4 | 6 | 10 | 14 | 25 |
| >3～6 | 0.1 | 0.2 | 0.4 | 0.6 | 1 | 1.5 | 2.5 | 4 | 5 | 8 | 12 | 18 | 30 |
| >6～10 | 0.12 | 0.25 | 0.4 | 0.6 | 1 | 1.5 | 2.5 | 4 | 6 | 9 | 15 | 22 | 36 |
| >10～18 | 0.15 | 0.25 | 0.5 | 0.8 | 1.2 | 2 | 3 | 5 | 8 | 11 | 18 | 27 | 43 |
| >18～30 | 0.2 | 0.3 | 0.6 | 1 | 1.5 | 2.5 | 4 | 6 | 9 | 13 | 21 | 33 | 52 |
| >30～50 | 0.25 | 0.4 | 0.6 | 1 | 1.5 | 2.5 | 4 | 7 | 11 | 16 | 25 | 39 | 62 |
| >50～80 | 0.3 | 0.5 | 0.8 | 1.2 | 2 | 3 | 5 | 8 | 13 | 19 | 30 | 46 | 74 |
| >80～120 | 0.4 | 0.6 | 1 | 1.5 | 2.5 | 4 | 6 | 10 | 15 | 22 | 35 | 54 | 87 |
| >120～180 | 0.6 | 1 | 1.2 | 2 | 3.5 | 5 | 8 | 12 | 18 | 25 | 40 | 63 | 100 |
| >180～250 | 0.8 | 1.2 | 2 | 3 | 4.5 | 7 | 10 | 14 | 20 | 29 | 46 | 72 | 115 |
| >250～315 | 1.0 | 1.6 | 2.5 | 4 | 6 | 8 | 12 | 16 | 23 | 32 | 52 | 81 | 130 |
| >315～400 | 1.2 | 2 | 3 | 5 | 7 | 9 | 13 | 18 | 25 | 36 | 57 | 89 | 140 |
| >400～500 | 1.5 | 2.5 | 4 | 6 | 8 | 10 | 15 | 20 | 27 | 40 | 63 | 97 | 155 |

续表

| 主参数<br>d（D）/mm | 公差等级 | | | | | | | | | | | | |
|---|---|---|---|---|---|---|---|---|---|---|---|---|---|
| | 0 | 1 | 2 | 3 | 4 | 5 | 6 | 7 | 8 | 9 | 10 | 11 | 12 |
| | 公差值/μm | | | | | | | | | | | | |
| 主参数 d(D)<br>图　例 | 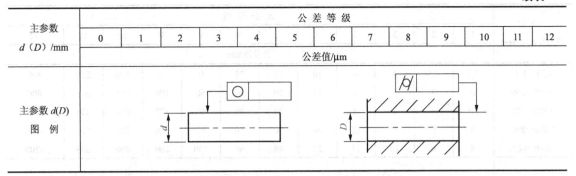 | | | | | | | | | | | | |

表 4-5　平行度、垂直度、倾斜度（摘自 GB/T 1184—1996）

| 主参数<br>L, d（D）/mm | 公差等级 | | | | | | | | | | | |
|---|---|---|---|---|---|---|---|---|---|---|---|---|
| | 1 | 2 | 3 | 4 | 5 | 6 | 7 | 8 | 9 | 10 | 11 | 12 |
| | 公差值/μm | | | | | | | | | | | |
| ≤10 | 0.4 | 0.8 | 1.5 | 3 | 5 | 8 | 12 | 20 | 30 | 50 | 80 | 120 |
| >10~16 | 0.5 | 1 | 2 | 4 | 6 | 10 | 15 | 25 | 40 | 60 | 100 | 150 |
| >16~25 | 0.6 | 1.2 | 2.5 | 5 | 8 | 12 | 20 | 30 | 50 | 80 | 120 | 200 |
| >25~40 | 0.8 | 1.5 | 3 | 6 | 10 | 15 | 25 | 40 | 60 | 100 | 150 | 250 |
| >40~63 | 1 | 2 | 4 | 8 | 12 | 20 | 30 | 50 | 80 | 120 | 200 | 300 |
| >63~100 | 1.2 | 2.5 | 5 | 10 | 15 | 25 | 40 | 60 | 100 | 150 | 250 | 400 |
| >100~160 | 1.5 | 3 | 6 | 12 | 20 | 30 | 50 | 80 | 120 | 200 | 300 | 500 |
| >160~250 | 2 | 4 | 8 | 15 | 25 | 40 | 60 | 100 | 150 | 250 | 400 | 600 |
| >250~400 | 2.5 | 5 | 10 | 20 | 30 | 50 | 80 | 120 | 200 | 300 | 500 | 800 |
| >400~630 | 3 | 6 | 12 | 25 | 40 | 60 | 100 | 150 | 250 | 400 | 600 | 1000 |
| >630~1000 | 4 | 8 | 15 | 30 | 50 | 80 | 120 | 200 | 300 | 500 | 800 | 1200 |
| 主参数 L,<br>d(D)<br>图　例 | | | | | | | | | | | | |

表 4-6　同轴度、对称度、圆跳动和全跳动（摘自 GB/T 1184—1996）

| 主参数<br>d（D）, B, L/mm | 公差等级 | | | | | | | | | | | |
|---|---|---|---|---|---|---|---|---|---|---|---|---|
| | 1 | 2 | 3 | 4 | 5 | 6 | 7 | 8 | 9 | 10 | 11 | 12 |
| | 公差值/μm | | | | | | | | | | | |
| ≤1 | 0.4 | 0.6 | 1.0 | 1.5 | 2.5 | 4 | 6 | 10 | 15 | 25 | 40 | 60 |
| >1~3 | 0.4 | 0.6 | 1.0 | 1.5 | 2.5 | 4 | 6 | 10 | 20 | 40 | 60 | 120 |
| >3~6 | 0.5 | 0.8 | 1.2 | 2 | 3 | 5 | 8 | 12 | 25 | 50 | 80 | 150 |
| >6~10 | 0.6 | 1 | 1.5 | 2.5 | 4 | 6 | 10 | 15 | 30 | 60 | 100 | 200 |
| >10~18 | 0.8 | 1.2 | 2 | 3 | 5 | 8 | 12 | 20 | 40 | 80 | 120 | 250 |
| >18~30 | 1 | 1.5 | 2.5 | 4 | 6 | 10 | 15 | 25 | 50 | 100 | 150 | 300 |
| >30~50 | 1.2 | 2 | 3 | 5 | 8 | 12 | 20 | 30 | 60 | 120 | 200 | 400 |

续表

| 主参数<br>$d(D)$, $B$, $L$ /mm | 公差等级 | | | | | | | | | | | |
|---|---|---|---|---|---|---|---|---|---|---|---|---|
| | 1 | 2 | 3 | 4 | 5 | 6 | 7 | 8 | 9 | 10 | 11 | 12 |
| | 公差值/μm | | | | | | | | | | | |
| >50～120 | 1.5 | 2.5 | 4 | 6 | 10 | 15 | 25 | 40 | 80 | 150 | 250 | 500 |
| >120～250 | 2 | 3 | 5 | 8 | 12 | 20 | 30 | 50 | 100 | 200 | 300 | 600 |
| >250～500 | 2.5 | 4 | 6 | 10 | 15 | 25 | 40 | 60 | 120 | 250 | 400 | 800 |
| >500～800 | 3 | 5 | 8 | 12 | 20 | 30 | 50 | 80 | 150 | 300 | 500 | 1000 |
| >800～1250 | 4 | 6 | 10 | 15 | 25 | 40 | 60 | 100 | 200 | 400 | 600 | 1200 |
| 主参数<br>$d(D)$, $B$, $L$<br>图例 | | | | | | | | | | | | |

表 4-7 为位置度公差值数系，供设计时计算后选取。由于位置度常用于控制螺栓或螺钉连接中孔距的位置误差，其公差值取决于螺栓（或螺钉）与过孔之间的间隙。设螺栓（或螺钉）的最大直径为 $d_{max}$，过孔最小直径为 $D_{min}$，则位置度公差值 $T$ 按下式计算：

螺栓连接：　　　　　　　　　　$T \leqslant K(D_{min} - d_{max})$　　　　　　　　　　(4-11)

螺钉连接：　　　　　　　　　　$T \leqslant 0.5K(D_{min} - d_{max})$　　　　　　　　　(4-12)

式中，$K$ 为间隙利用系数。考虑到装配调整对间隙的需要，一般取 $K = 0.6 \sim 0.8$，若不需调整，则取 $K = 1$。

按上式算出的公差值，经圆整后应符合表 4-7 要求。

表 4-7　位置度公差值数系　　　　　　　　　　（μm）

| 1 | 1.2 | 1.5 | 2 | 2.5 | 3 | 4 | 5 | 6 | 8 |
|---|---|---|---|---|---|---|---|---|---|
| $1 \times 10^n$ | $1.2 \times 10^n$ | $1.5 \times 10^n$ | $2 \times 10^n$ | $2.5 \times 10^n$ | $3 \times 10^n$ | $4 \times 10^n$ | $5 \times 10^n$ | $6 \times 10^n$ | $8 \times 10^n$ |

注：$n$ 为正整数。

## 4.5.3　未注几何公差

工程中零件上许多要素的几何公差，采用常用设备和工艺即能保证。因此，这样的几何公差不必标注。国家标准（GB/T 1184—1996）为此规定了几何公差的未注公差值，见表 4-8～表 4-11。

表 4-8　直线度和平面度未注公差值　　　　　　　　　　（mm）

| 公差等级 | 基本长度范围 | | | | | |
|---|---|---|---|---|---|---|
| | ≤10 | >10～30 | >30～100 | >100～300 | >300～1000 | >1000～3000 |
| H | 0.02 | 0.05 | 0.1 | 0.2 | 0.3 | 0.4 |
| K | 0.05 | 0.1 | 0.2 | 0.4 | 0.6 | 0.8 |
| L | 0.1 | 0.2 | 0.4 | 0.8 | 1.2 | 1.6 |

直线度和平面度的未注公差值见表 4-8。表中基本长度对于直线度是指其被测长度，对于平

面度则指表面较长一侧的长度，如是圆平面则指其直径。H、K、L 为未注公差的三个公差等级。

圆度的未注公差值等于相应的直径公差值，但不应大于表 4-11 中的径向圆跳动值。考虑到圆柱度误差由圆度、直线度（中心线、素线）和素线平行度误差组成，而其中每一项误差均由它们的注出公差或未注公差控制，因此标准未规定圆柱度的未注公差值。

平行度误差可由尺寸公差控制。如果要素处处均为最大实体尺寸，则平行度误差可由直线度、平面度控制。因此，平行度的未注公差值等于给出的尺寸公差值，或是直线度和平面度未注公差值中的较大者。应取两要素中的较长者作为基准。若两要素长度相等，则可任选其一作为基准。

垂直度的未注公差值见表 4-9。取形成直角的两边中较长的一边作为基准，较短的一边作为被测要素；若两边的长度相等则可取其中的任意一边作为基准。

表 4-9　垂直度未注公差值　　（mm）

| 公差等级 | 基本长度范围 | | | |
|---|---|---|---|---|
| | ≤100 | >100～300 | >300～1000 | >1000～3000 |
| H | 0.2 | 0.3 | 0.4 | 0.5 |
| K | 0.4 | 0.6 | 0.8 | 1 |
| L | 0.6 | 1 | 1.5 | 2 |

对称度未注公差值见表 4-10。应取两要素中较长者作为基准，较短者作为被测要素；若两要素长度相等则可选任一要素为基准。

表 4-10　对称度未注公差值　　（mm）

| 公差等级 | 基本长度范围 | | | |
|---|---|---|---|---|
| | ≤100 | >100～300 | >300～1000 | >1000～3000 |
| H | 0.5 | | | |
| K | 0.6 | | 0.8 | 1 |
| L | 0.6 | 1 | 1.5 | 2 |

注：对称度的未注公差值用于至少两个要素中的一个是中心平面，或两个要素的轴线相互垂直。

圆跳动（径向、轴向和斜向）未注公差值见表 4-11。应以设计或工艺给出的支承面作为基准，否则应取两要素中较长的一个作为基准；若两要素的长度相等则可选任一要素为基准。

同轴度的未注公差值未作规定。在极限状况下，可与表 4-11 中规定的径向圆跳动的未注公差值相等。选两要素中的较长者为基准，若两要素长度相等则可选任一要素为基准。

GB/T 1184—1996 对线轮廓度、面轮廓度、倾斜度、位置度和全跳动的未注公差值未作具体规定，均应由各要素的注出或未注几何公差、线性尺寸公差或角度公差控制。

采用标准规定的未注公差值，应在标题栏附近或技术要求、技术文件中注出标准号和公差等级代号，如"GB/T 1184—K"。

表 4-11　圆跳动未注公差值　　（mm）

| 公差等级 | 圆跳动公差值 |
|---|---|
| H | 0.1 |
| K | 0.2 |
| L | 0.5 |

## 4.5.4 几何公差应用举例

表 4-12～表 4-15 列出了各种几何公差等级的应用举例，可供类比时参考。

**表 4-12 直线度、平面度公差等级的应用**

| 公差等级 | 应 用 举 例 |
|---|---|
| 1, 2 | 用于精密量具、测量仪器以及精度要求高的精密机械零件，如量块、零级样板、平尺、零级宽平尺、工具显微镜等精密量仪的导轨面等 |
| 3 | 1 级宽平尺工作面，1 级样板平尺的工作面，测量仪器圆弧导轨的直线度，量仪的测杆等 |
| 4 | 零级平板，测量仪器的 V 形导轨，高精度平面磨床的 V 形导轨和滚动导轨等 |
| 5 | 1 级平板，2 级宽平尺，平面磨床的导轨、工作台，液压龙门刨床导轨面，柴油机进气、排气阀门导杆等 |
| 6 | 普通机床导轨面，柴油机基体结合面等 |
| 7 | 2 级平板，机床主轴箱结合面，液压泵盖、减速器壳体结合面等 |
| 8 | 机床传动箱体、挂轮箱体、溜板箱体，柴油机汽缸体，连杆分离面，缸盖结合面，汽车发动机缸盖，曲轴箱结合面，液压管件和法兰连接面等 |
| 9 | 自动车床床身底面，摩托车曲轴箱体，汽车变速箱壳体，手动机械的支承面等 |

**表 4-13 圆度、圆柱度公差等级的应用**

| 公差等级 | 应 用 举 例 |
|---|---|
| 0, 1 | 高精度量仪主轴，高精度机床主轴，滚动轴承的滚珠和滚柱等 |
| 2 | 精密量仪主轴、外套、阀套高压油泵柱塞及套，纺锭轴承，高速柴油机进、排气门，精密机床主轴轴颈，针阀圆柱表面，喷油泵柱塞及柱塞套等 |
| 3 | 高精度外圆磨床轴承，磨床砂轮主轴套筒，喷油嘴针，阀体，高精度轴承内外圈等 |
| 4 | 较精密机床主轴、主轴箱孔，高压阀门，活塞，活塞销，阀体孔，高压油泵柱塞，较高精度滚动轴承配合轴，铣削动力头箱体孔等 |
| 5 | 一般计量仪器主轴、测杆外圆柱面，陀螺仪轴颈，一般机床主轴轴颈及轴承孔，柴油机、汽油机的活塞、活塞销，与 P6 级滚动轴承配合的轴颈等 |
| 6 | 一般机床主轴轴颈及前轴承孔，泵、压缩机的活塞、汽缸，汽油发动机凸轮轴，纺机锭子，减速传动轴轴颈，高速船用发动机曲轴，拖拉机曲轴主轴颈，与 P6 级滚动轴承配合的外壳孔，与 P0 级滚动轴承配合的轴颈等 |
| 7 | 大功率低速柴油机曲轴轴颈、活塞、活塞销、连杆、汽缸，高速柴油机箱体轴承孔，千斤顶或压力油缸活塞，机车传动轴，水泵及通用减速器转轴轴颈，与 P0 级滚动轴承配合的外壳孔等 |
| 8 | 低速发动机、大功率曲柄轴轴颈，压气机连杆盖、箱体，拖拉机汽缸、活塞，炼胶机冷铸轴辊，印刷机传墨辊，内燃机曲轴轴颈，柴油机凸轮轴承孔，凸轮轴，拖拉机、小型船用柴油机汽缸套等 |
| 9 | 空气压缩机缸体，液压传动筒，通用机械杠杆与拉杆用套筒销子，拖拉机活塞环、套筒孔 |

**表 4-14 平行度、垂直度、倾斜度公差等级的应用**

| 公差等级 | 应 用 举 例 |
|---|---|
| 1 | 高精度机床、测量仪器、量具等主要工作面和基准面等 |
| 2, 3 | 精密机床、测量仪器、量具、模具的工作面和基准面，精密机床的导轨，重要箱体主轴孔对基准面的要求，精密机床主轴轴肩端面，滚动轴承座圈端面，普通机床的主要导轨，精密刀具的工作面和基准面等 |
| 4, 5 | 普通机床导轨，重要支承面，机床主轴孔对基准的平行度，精密机床重要零件，计量仪器、量具、模具的工作面和基准面，床头箱体重要孔，通用减速器壳体孔，齿轮泵的油孔端面，发动机轴和离合器的凸缘，汽缸支承端面，安装精密滚动轴承壳体孔的凸肩等 |

续表

| 公差等级 | 应用举例 |
|---|---|
| 6，7，8 | 一般机床的工作面和基准面，压力机和锻锤的工作面，中等精度钻模的工作面，机床一般轴孔对基准的平行度，变速器箱体孔，主轴花键对定心直径部位轴线的平行度，重型机械轴承盖端面，卷扬机、手动传动装置中的传动轴一般导轨、主轴箱体孔，刀架，砂轮架，汽缸配合面对基准轴线，活塞销孔对活塞中心线的垂直度，滚动轴承内、外圈端面对轴线的垂直度等 |
| 9，10 | 低精度零件，重型机械滚动轴承盖，柴油机、煤油发动机箱体曲轴孔、曲轴颈、花键轴和轴肩端面，皮带运输机法兰盘等端面对轴线的垂直度，手动卷扬机及传动装置中的轴承端面，减速器壳体平面等 |

表 4-15 同轴度、对称度、跳动公差等级的应用

| 公差等级 | 应用举例 |
|---|---|
| 1，2 | 精密测量仪器的主轴和顶尖，柴油机喷油嘴针阀等 |
| 3，4 | 机床主轴轴颈，砂轮轴轴颈，汽轮机主轴，测量仪器的小齿轮轴，安装高精度齿轮的轴颈等 |
| 5 | 机床轴颈，机床主轴箱孔，套筒，测量仪器的测量杆，轴承座孔，汽轮机主轴，柱塞油泵转子，高精度轴承外圈，一般精度轴承内圈等 |
| 6，7 | 内燃机曲轴，凸轮轴轴颈，柴油机机体主轴承孔，水泵轴，油泵柱塞，汽车后桥输出轴，安装一般精度齿轮的轴颈，蜗轮盘，测量仪器杠杆轴，电机转子，普通滚动轴承内圈，印刷机传墨辊的轴颈，键槽等 |
| 8，9 | 内燃机凸轮轴孔，连杆小端铜套，齿轮轴，水泵叶轮，离心泵体，汽缸套外径配合面对内径工作面，运输机械滚筒表面，压缩机十字头，安装低精度齿轮用轴颈，棉花精梳机前后滚子，自行车中轴等 |

# 4.6 几何误差的检测

几何误差是指被测提取要素对其拟合要素的变动量。测量几何误差时，表面粗糙度、划痕、擦伤以及塌边等其他外观缺陷应排除在外。测量截面的布置、测量点的数目及其布置方法，应根据被测要素的结构特征、功能要求和加工工艺等因素决定。测量的标准条件有两条：一是标准温度为 20℃；二是标准测量力为零。必要时应就偏离标准条件对测量结果影响的测量不确定度进行评估。

## 4.6.1 几何误差及其评定

**1. 形状误差及其评定**

形状误差是指被测提取要素对其拟合要素的变动量。拟合要素的位置应符合 GB/T 1182—2008 规定的最小条件。

在被测提取要素与其拟合要素作比较以确定其变动量时，由于拟合要素所处位置的不同，得到的最大变动量也会不同。因此，评定实际要素的形状误差时，拟合要素相对于实际要素的位置，必须符合一个统一的准则，这个准则就是最小条件。

"最小条件"可分为如下两种情况。

1）一种情况是：对于提取组成要素（线、面轮廓度除外），最小条件就是其拟合要素位于实体之外且与被测提取组成要素相接触，并使被测提取组成要素对拟合要素的最大变动量为最小。图 4-89（a）中，理想直线（拟合组成要素）$A_1B_1$、$A_2B_2$、$A_3B_3$ 处于不同的位置，被测提取组成要素相对于拟合组成要素的最大变动量分别为 $h_1$、$h_2$、$h_3$，且 $h_1<h_2<h_3$，所以拟合组成要素

$A_1B_1$ 的位置符合最小条件，$h_1$ 为其直线度误差。

**2）另一种情况是：**对于提取导出要素（中心线、中心面等），拟合要素位于被测提取导出要素之中，如图 4-89（b）所示。最小条件就是拟合要素应穿过被测提取中心线，并使被测提取中心线对其拟合要素的最大变动量为最小。图示的理想轴线 $L_1$ 符合最小条件，最大变动量 $\phi d_1$ 最小，即为中心线的直线度误差。

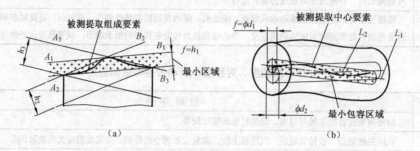

图 4-89  最小条件和最小区域

形状误差值用最小包容区域（简称最小区域）的宽度或直径表示。最小区域是指包容被测提取要素时，具有最小宽度或直径的包容区域。如图 4-89（a）中的 $h_1$ 和图 4-89（b）中的 $\phi d_1$。

各误差项目最小区域的形状分别和各自的公差带形状一致，但宽度（或直径）由被测提取要素本身决定。

最小条件是评定形状误差的基本原则，在满足零件功能要求的前提下，允许采用近似方法来评定形状误差。例如，常以提取直线两端点的连线作为评定其直线度误差的拟合直线。按近似法评定的误差值通常大于按最小区域法评定的误差值，因而更能保证验收合格产品的质量。当采用不同的评定方法所获得的测量结果有争议时，应以最小区域法作为评定结果的仲裁依据。若图纸上已给定检测方案，则按给定方案进行仲裁。

**2. 方向误差、位置误差及其评定**

（1）方向误差

方向误差是被测提取要素对一具有确定方向的拟合要素的变动量，拟合要素的方向由基准确定。

方向误差值用定向最小包容区域（简称定向最小区域）的宽度或直径表示。

定向最小区域是指按拟合要素的方向包容被测提取要素时，具有最小宽度 $f$ 或直径 $\phi f$ 的包容区域，如图 4-90 所示。

对于各几何特征，定向最小区域的形状分别和各自的公差带形状一致，但宽度（或直径）由被测提取要素本身决定。

由于确定形状误差值的最小区域，其方向随被测实际要素的状况而定，而确定方向误差值的定向最小区域的方向则由基准确定，其方向是固定的。因而，对同一被测要素，方向误差是包含形状误差的。当零件上某要素既有形状精度要求，又有方向精度要求时，设计者对该要素所给定的形状公差应小于或等于方向公差，否则会产生矛盾。

（2）位置误差

位置误差是被测提取要素对一具有确定位置的拟合要素的变动量，拟合要素的位置由基准和理论正确尺寸确定。对于同轴度和对称度，理论正确尺寸为零。

位置误差值用定位最小包容区域（简称定位最小区域）的宽度或直径表示。

定位最小区域是指以拟合要素定位包容被测提取要素时，具有最小宽度 $f$ 或直径 $\phi f$ 的包容区域，如图 4-91 所示。

对于各几何特征，定位最小区域的形状分别和各自的公差带形状一致，但宽度（或直径）由被测提取要素本身决定。

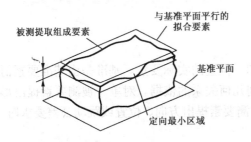

图 4-90 方向误差的评定　　　　　　　　图 4-91 位置误差的评定

测量方向误差和位置误差时，在满足零件功能要求的前提下，按需要，允许采用模拟方法体现被测提取要素，如图 4-92 所示。当用模拟方法体现被测提取要素进行测量时，在实测范围内和所要求的范围内，两者之间的误差值，可按正比关系折算。

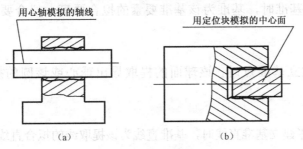

图 4-92 提取要素的模拟

事实上定向最小区域的方向是固定的（由基准确定），但其位置则可随被测提取要素的状态变动；而定位最小区域，除个别情况外，其位置是固定不变的（由基准和理论正确尺寸确定）。因而定位误差包含定向误差。若零件上某要素同时有方向和位置精度要求，则设计者给定的方向公差应小于或等于位置公差。

### 3．跳动误差及其评定

圆跳动误差为被测提取要素绕基准轴线作无轴向移动回转一周时，由位置固定的指示计在给定方向上测得的最大与最小示值之差，如图 4-93 所示。

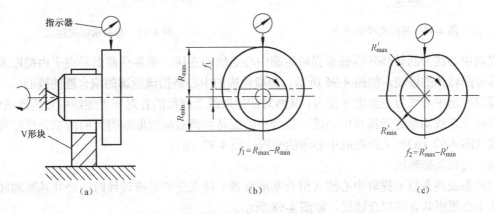

图 4-93 跳动误差的测量

全跳动误差为被测提取要素绕基准轴线作无轴向移动回转，同时指示计沿给定方向的理想直线连续移动（或被测提取要素每回转一周，指示计沿给定方向的理想直线做间断移动），由指示计在给定方向上测得的最大与最小示值之差。

## 4.6.2　基准的建立和体现

基准要素是用来确定理想被测要素的方向或（和）位置的实际要素。基准是由基准要素衍生出的具有正确形状的拟合要素，它是确定各要素间几何关系的依据。对单一被测要素提出形状公差要求时，是不需要标注基准的，只有对关联被测要素提出方向、位置或跳动公差要求时，才必须标注基准。

由于基准要素存在形状误差，因此在方向或（和）位置误差测量中，为了正确反映误差值，基准的建立和体现就显得尤为重要。

### 1．基准的建立

由基准要素建立基准时，基准为该基准要素的拟合要素。拟合要素的位置应符合最小条件。

（1）基准点

以球心或圆心建立基准点时，该球面的提取导出球心或该圆的提取导出圆心即为基准点。

（2）基准直线

由提取线或其投影建立基准直线时，基准直线为该提取线的拟合直线，如图 4-94 所示。

（3）基准轴线

由提取导出中心线建立基准轴线时，基准轴线为该提取导出中心线的拟合轴线，如图 4-95 所示。

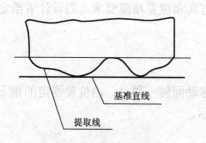

图 4-94　基准直线的建立

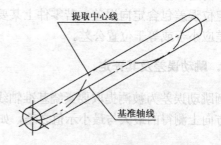

图 4-95　基准轴线的建立

提取中心线为回转体各横截面提取轮廓中心的轨迹连线，而各横截面垂直于由提取表面得到的拟合回转体的轴线，如图 4-96 所示。提取轮廓的中心是指该轮廓的拟合圆的圆心。

提取导出中心线为在给定平面内，从两对应提取线上测得的各对应点连线中点所连成的线，所有对应点连线均垂直于拟合中心线，拟合中心线是由两对应提取线得到的两拟合平行直线的中心线（图 4-97（a））或两提取中心面的交线（图 4-97（b））。

（4）公共基准轴线

由两条或两条以上提取中心线（组合基准要素）建立公共基准轴线时，公共基准轴线为这些提取中心线所共有的拟合轴线，如图 4-98 所示。

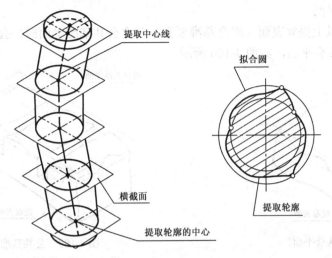

图 4-96　提取中心线

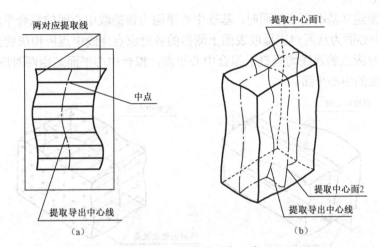

图 4-97　提取导出中心线

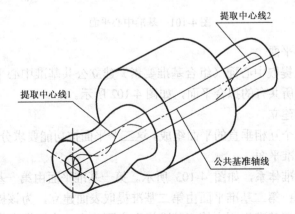

图 4-98　公共基准轴线

（5）基准平面

由提取表面建立基准平面时，基准平面为该提取表面的拟合平面，如图 4-99 所示。

（6）公共基准平面

由两个或两个以上提取表面（组合基准要素）建立公共基准平面时，公共基准平面为这些提取表面所共有的拟合平面，如图 4-100 所示。

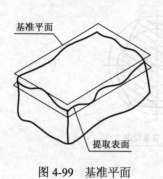

图 4-99  基准平面

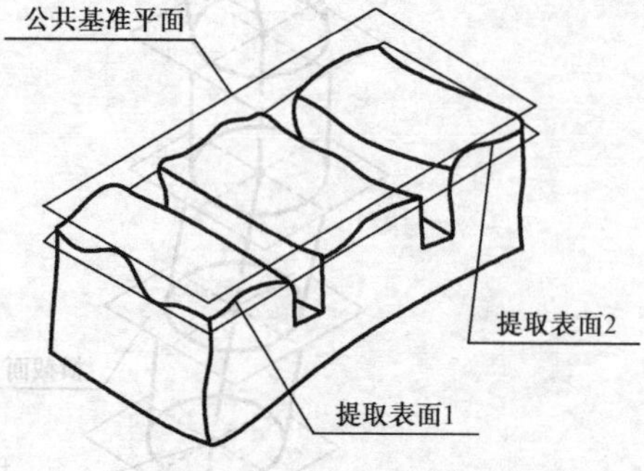

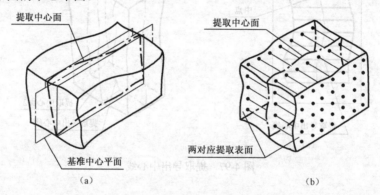

图 4-100  公共基准平面

（7）基准中心平面

由提取中心面建立基准中心平面时，基准中心平面为该提取中心面的拟合平面，如图 4-101（a）所示。提取中心面为从两对应提取表面上测得的各对应点连线中点所构成的面，如图 4-101（b）所示。所有对应点的连线均垂直于拟合中心平面；拟合中心平面是由两对应提取表面得到的两拟合平行平面的中心平面。

（a）

（b）

图 4-101  基准中心平面

（8）公共基准中心平面

由两个或两个以上提取中心面（组合基准要素）建立公共基准中心平面时，公共基准中心平面为这些提取中心面所共有的拟合平面，如图 4-102 所示。

（9）三基面体系的建立

三基面体系是由三个互相垂直的平面组成。这三个平面按功能要求分别称为第一基准平面、第二基准平面和第三基准平面。

由提取表面建立基准体系，如图 4-103 所示。第一基准平面由第一基准提取表面建立，为该提取表面的拟合平面；第二基准平面由第二基准提取表面建立，为该提取表面垂直于第一基准平面的拟合平面；第三基准平面由第三基准提取表面建立，为该提取表面垂直于第一和第二基准平面的拟合平面。

（10）由提取中心线建立基准体系

由提取中心线建立的基准轴线构成两基准平面的交线。当基准轴线为第一基准时，则该轴线构成第一和第二基准平面的交线,如图 4-104(a)所示。当基准轴线为第二基准时,则该轴线垂直第一基准平面构成第二和第三基准平面的交线,如图4-104(b)所示。

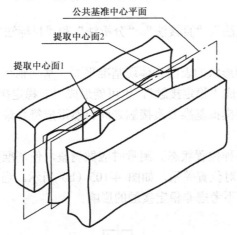

图 4-102 公共基准中心平面

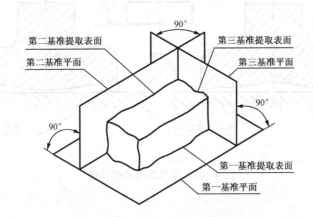

图 4-103 由提取表面建立基准体系

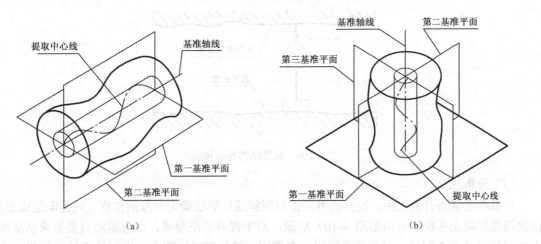

图 4-104 由提取中心线建立基准体系

由提取中心面建立基准体系时,该提取中心面的拟合平面构成某一基准平面。

建立基准的基本原则是基准应符合最小条件。测量时,基准和三基面体系也可采用近似方法来体现。

### 2. 基准的体现

基准体现方法有"模拟法"、"直接法"、"分析法"和"目标法"4 种。

（1）模拟法

通常采用具有足够精确形状的表面来体现基准平面、基准轴线、基准点等。基准要素与模拟基准要素接触时，可能形成"稳定接触"，也可能形成"非稳定接触"。

稳定接触：基准要素与模拟基准要素接触之间自然形成符合最小条件的相对位置关系，如图 4-105（a）所示。

非稳定接触：可能有多种位置状态。测量时应做调整，使基准要素与模拟基准要素之间尽可能达到符合最小条件的相对位置关系，如图 4-105（b）所示。当基准要素的形状误差对测量结果的影响可忽略不计，可不考虑非稳定接触的影响。

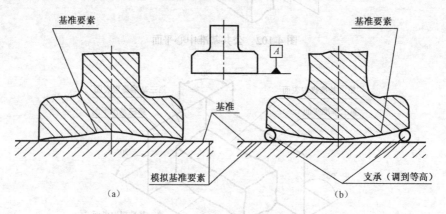

图 4-105　模拟法的基准体现

（2）直接法

当基准要素具有足够的形状精度时，可直接作为基准，如图 4-106 所示。

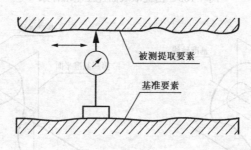

图 4-106　直接法的基准体现

（3）分析法

对基准要素进行测量后，根据测得数据用图解或计算法确定基准的位置。对提取组成要素，由测得数据确定基准的示例如图 4-107 所示；对于提取导出要素，应根据测得数据求出基准要素后再确定基准。例如，对于基准轴线，在提取回转体若干横截面内提取轮廓的坐标值，求出这些横截面提取轮廓的中心和提取中心线后，按最小条件确定的拟合轴线即为基准轴线；或在其轴向截面内提取两对应提取线的各对应坐标值的平均值，以求得提取中心线，再按最小条件确定的拟合轴线即为基准轴线。

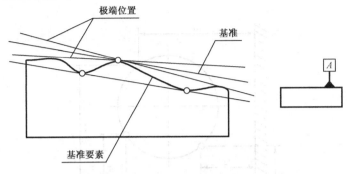

图 4-107　分析法的基准体现

（4）目标法

由基准目标建立基准时，基准"点目标"可用球端支承体现；基准"线目标"可用刃口状支承或由圆棒素线体现；基准"面目标"按图样上规定的形状，用具有相应形状的平面支承来体现。各支承的位置，应按图样规定进行布置。

## 4.6.3　几何误差的检测原则

几何公差共有 14 项，每个公差项目均随着被测零件的精度要求、结构形状、尺寸大小和生产批量的不同，其检测方法和所用器具也不相同，所以检测方法种类繁多。在《产品几何量技术规范（GPS）　形状和位置公差　检测规定》（GB/T 1958—2004）里，国家标准将生产实际中行之有效的检测方法作了概括，归纳为五种检测原则，并列出了 100 余种检测方案，以供参考。我们可以根据被测对象的特点和有关条件，参照这些检测原则、检测方案，设计出最合理的检测方法。

### 1. 与拟合要素比较原则

将被测提取要素与其拟合要素相比较，量值由直接法或间接法获得。拟合要素用模拟方法获得。在生产实际中，这种方法得到了广泛的应用。如图 4-108（a）所示，量值由直接法获得，平板体现理想平面（模拟拟合要素）。如图 4-108（b）所示，量值由间接法获得，模拟拟合要素由自准直仪间接获得。

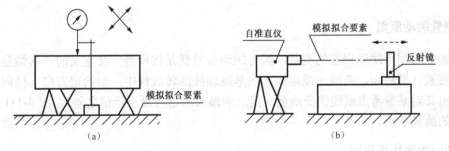

图 4-108　与拟合要素比较原则

### 2. 测量坐标值原则

按这种原则测量几何误差，是利用三坐标测量机或其他坐标测量装置（如万能工具显微镜），对被测提取要素测出一系列坐标值（图 4-109），再经过数据处理，以求得几何误差值。

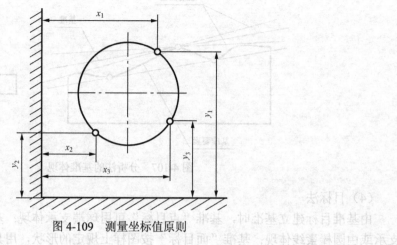

图 4-109　测量坐标值原则

### 3．测量特征参数原则

测量特征参数原则，就是测量被测提取要素上具有代表性的参数（即特征参数）来评定几何误差。如圆形零件半径的变动量可反映圆度误差，因此可用半径作为圆度误差的特征参数。图 4-110 所示为两点法测量圆度特征参数。

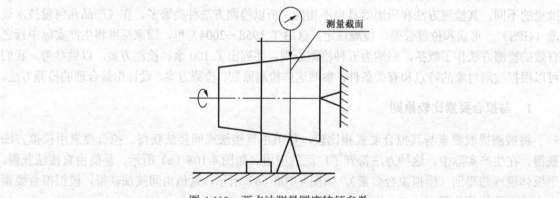

图 4-110　两点法测量圆度特征参数

### 4．测量跳动原则

此原则主要用于跳动误差的测量，因为跳动公差就是按检查方法定义的。其测量方法是：被测提取要素（圆柱面、圆锥面或端面）绕基准轴线回转过程中，沿给定方向（径向、斜向或轴向）测出其对某参考点或线的变动量（指示表最大示值与最小示值之差）。图 4-111 所示为径向圆跳动的测量示例。

### 5．控制实效边界原则

此原则适用于遵守最大实体要求的场合。即采用综合量规，检验被测提取要素是否超过实效边界。图 4-112 所示为用综合量规检验同轴度误差。

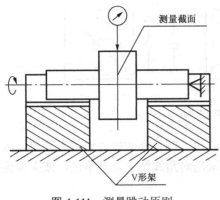

图 4-111　测量跳动原则

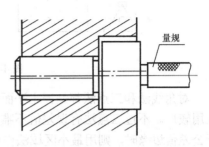

图 4-112　用综合量规检验同轴度误差

## 4.6.4　举例

下面按"与拟合要素比较原则",介绍平面度和圆度误差的测量及数据处理方法。

### 1. 平面度误差的测量

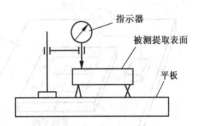

图 4-113　打表测量平面度误差

图 4-113 中,按"与拟合要素比较原则"检测平面度误差就是以精密平板模拟理想平面,通过调整支承,把被测面调整到大致与平板平行,并在被测面某一角点把指示表的示值调零,然后,移动指示表依次测出被测面各测点的量值,再按基面转换原理(参阅例 4-1)进行基面旋转,得到图 4-114 所示数据即可求得平面度误差。

(1) 平面度误差的评定方法

① 最小区域法——作符合"最小条件"的包容被测提取面的两平行平面,这两包容面之间的距离就是平面度误差。最小区域的判别准则:两平行平面包容被测提取面时,与提取面至少应有三点或四点接触,且接触点为图 4-114 所列三种形式之一,即属最小区域。

图 4-114(a)所示为三角形准则:两包容面之一通过提取面最高点(或最低点),另一包容面通过提取面上的三个等值最低点(或最高点),而最高点(或最低点)的投影又落在三个最低点(或最高点)组成的三角形内(极限情况可位于三角形某一边线上)。

图 4-114(b)所示为交叉准则:上包容面通过提取面上两等值最高点,下包容面通过提取面上两等值最低点,且两最高点连线与两最低点连线投影相交。

图 4-114(c)所示为直线准则:包容面之一通过提取面上的最高点(或最低点),另一包容面通过提取面上的两等值最低点(或两等值最高点),且最高点(或最低点)的投影又位于两最低点(或两最高点)的连线上。

② 对角线法——基准平面通过被测提取面的一条对角线,且平行于另一条对角线,被测提取面上距该基准平面的最高点与最低点之代数差为平面度误差。

③ 三点法——基准平面通过被测提取面上相距最远且不在一条直线上的三点(通常为三个角点),被测提取面上距此基准平面的最高点与最低点之代数差即为平面度误差。

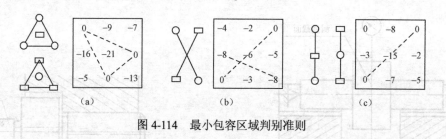

图 4-114　最小包容区域判别准则

对角线法和三点法都是评定平面度误差的近似方法。由于测量和数据处理较为简单，因此应用较广。不过三点法有误差值不唯一的缺点，故一般采用对角线法。若有争议，或误差值处于公差值边缘时，则用最小区域法作仲裁。

（2）平面度误差的数据处理

下面通过实例对平面度误差测量的数据处理方法进行介绍。

【例 4-1】用指示表法测量一块 350mm×350mm 的平板，如图 4-115 所示，各测点的读数值如图 4-116 所示，用最小包容区域法求平面度误差值。

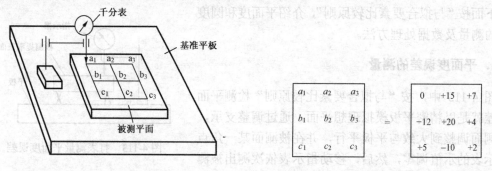

图 4-115　指示表法测量实例　　　　图 4-116　【例 4-1】平面度误差测量数据

用最小包容区域法求平面度误差值：将图 4-116 的数据进行坐标变换，因第一行、第三列的数为 7，可采用第一列的数均加 7，第三列的数均减 7 进行第一次坐标变换，变化后的结果如图 4-117（b）所示；变换后的第二行、第一列数字为–5，可继续实施第一行的数均减 5，第三行的数均加 5 的第二次坐标变换，结果如图 4-117（c）所示。经两次坐标变换后，符合三角形准则，故平面度误差值为：

$$f = |+20 - (-5)| = 25 \ (\mu m)$$

<table>
<tr><td>+7         –7</td><td></td><td></td></tr>
</table>

|  |  |  |
|---|---|---|
| 0 | +15 | +7 |
| –12 | +20 | +4 |
| +5 | –10 | +2 |

→

| +7 | +15 | 0 | –5 |
|---|---|---|---|
| –5 | +20 | –3 | |
| +12 | –10 | –5 | +5 |

→

| +2 | +10 | –5 |
|---|---|---|
| –5 | +20 | –3 |
| +17 | –5 | 0 |

(a)　　　　　　　　　　(b)　　　　　　　　　　(c)

图 4-117　【例 4-1】数据处理

【例 4-2】图 4-118 是通过测量得到的实际被测平面的坐标值（单位为 μm），用最小包容区域法、三点法和对角线法确定其平面度误差值。

① 按最小包容区域法

分析初始数据，估计三个高点（+10、+8、+4）和一个低点（–13）可能构成符合最小包容区域法的三角形准则。分别以第一列和第一行为轴旋转，将三个高点旋转成等值最高点。设列

的旋转量为 $p$，行的旋转量为 $q$，变换过程如图 4-119 所示。

| $a_1$ | $a_2$ | $a_3$ |
|---|---|---|
| $b_1$ | $b_2$ | $b_3$ |
| $c_1$ | $c_2$ | $c_3$ |

=

| +10 | −2 | +4 |
|---|---|---|
| −8 | −13 | −3 |
| 0 | +8 | −2 |

| $a_1$ | $a_2+p$ | $a_3+2p$ |
|---|---|---|
| $b_1+q$ | $b_2+p+q$ | $b_3+2p+q$ |
| $c_1+2q$ | $c_2+p+2q$ | $c_3+2p+2q$ |

图 4-118 【例 4-2】平面度测量数据　　　图 4-119 【例 4-2】平面度测量数据旋转图

因此有下列方程：$\begin{cases} 10 = 4 + 2p \\ 8 + p + 2q = 4 + 2p \end{cases}$

解方程得 $p = +3$，$q = -0.5$，把数值代入到图 4-119 进行计算，如图 4-120 所示。

| +10 | −2+3 | +4+(2×3) |
|---|---|---|
| −8+(−0.5) | −13+3+(−0.5) | −3+(2×3)+(−0.5) |
| 0+(−0.5×2) | +8+3+(−0.5×2) | −2+(2×3)+(−0.5×2) |

⇓

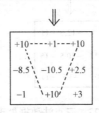

图 4-120 最小区域法数据处理

由图 4-120 可见，其符合三角形准则，故其平面度误差：

$$f = |+10 - (-10.5)| = 20.5 \ (\mu m)$$

② 按对角线法

取图 4-118 数据中对角线（0，+4）和（+10，−2），以第一列和第三行为列轴和行轴旋转，则可得图 4-121。

由图 4-121 可得到方程：

| $a_1+2q$ | $a_2+p+2q$ | $a_3+2p+2q$ |
|---|---|---|
| $b_1+q$ | $b_2+p+q$ | $b_3+2p+q$ |
| $c_1$ | $c_2+p$ | $c_3+2p$ |

图 4-121 平面度测量数据旋转图

$$\begin{cases} 0 = +4 + 2p + 2q \\ 10 + 2q = -2 + 2p \end{cases}$$

解方程可得：$p = +2$，$q = -4$，代入图 4-121 计算得图 4-122。图 4-122 符合对角线要求，其平面度误差为：$f = |+10| + |-15| = 25 \ (\mu m)$

③ 按三点法

取图 4-118 中 −8，+4，−2 作为远三点，以第一列和第三行为列轴和行轴旋转，旋转图如图 4-121 所示，因此有方程：

$$\begin{cases} -8 + q = 4 + 2p + 2q \\ -8 + q = -2 + 2p \end{cases}$$

解方程得：$p = -4.5$，$q = -3$，代入图 4-121 计算可得图 4-123。由图 4-123 可知，其平面度误差为：

$$f = |+4| + |-20.5| = 24.5 (\mu m)$$

计算结果表明，按最小包容区域法评定的平面度误差值最小，其值为 20.5（$\mu m$）。

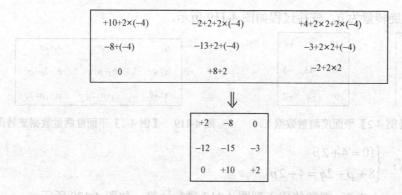

$$
\begin{array}{ccc}
+10+2\times(-4) & -2+2+2\times(-4) & +4+2\times2+2\times(-4) \\
-8+(-4) & -13+2+(-4) & -3+2\times2+(-4) \\
0 & +8+2 & -2+2\times2
\end{array}
$$

⇓

$$
\begin{array}{ccc}
+2 & -8 & 0 \\
-12 & -15 & -3 \\
0 & +10 & +2
\end{array}
$$

图 4-122　对角线法数据处理

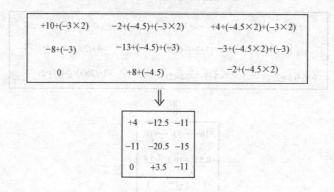

$$
\begin{array}{ccc}
+10+(-3\times2) & -2+(-4.5)+(-3\times2) & +4+(-4.5\times2)+(-3\times2) \\
-8+(-3) & -13+(-4.5)+(-3) & -3+(-4.5\times2)+(-3) \\
0 & +8+(-4.5) & -2+(-4.5\times2)
\end{array}
$$

⇓

$$
\begin{array}{ccc}
+4 & -12.5 & -11 \\
-11 & -20.5 & -15 \\
0 & +3.5 & -11
\end{array}
$$

图 4-123　三点法数据处理

## 2. 圆度误差的测量

圆度误差可在圆度仪上测量，精度不高时也可利用分度头、千分表等器具测量。圆度仪通常都有自动记录、存储、数据处理等功能，并可将测量结果显示和打印出来。若要求手工处理数据或是用分度头、千分表等器具进行测量，则需用透明同心圆模板按圆度误差定义被评定工件的圆度误差。

图 4-124 为圆度误差测量方法的示意图。将被测零件放置在圆度仪上，同时调整被测零件的轴线，使它与量仪的回转轴线同轴。① 记录被测零件在回转一周过程中测量截面上各点的半径差，按最小条件，也可按最小二乘圆中心、最小外接圆中心（只适用于外表面）或最大内接圆中心（只适用于内表面）计算该截面的圆度误差。② 按上述方法测量若干截面，取其中最大的误差值作为该零件的圆度误差。

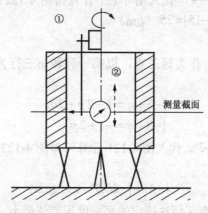

图 4-124　圆度误差的测量方法

根据被测提取轮廓的记录图评定圆度误差的方法有下列四种。

① 最小区域法——包容被测提取轮廓、且半径差为最小的两同心圆之间的区域即构成最小区域，此两同心圆的半径差即为圆度误差值。最小区域的判别准则：由两同心圆包容被测提取轮廓时，至少有四个实测点内外相间地位于两个包容圆的圆周上，如图 4-125（a）所示。

② 最小外接圆法——作包容提取轮廓、且直径为最小的外接圆，再以该圆的圆心为圆心作提取轮廓的内切圆，两圆的半径差为圆度误差值，如图 4-125（b）所示。

③ 最大内切圆法——作提取轮廓最大内切圆，再以该圆的圆心为圆心作包容提取轮廓的外接圆，两圆的半径差为圆度误差值，如图 4-125（c）所示值。

④ 最小二乘圆法——从最小二乘圆圆心作包容提取轮廓的内、外包容圆，两圆的半径差为圆度误差值，如图 4-125（d）所示。

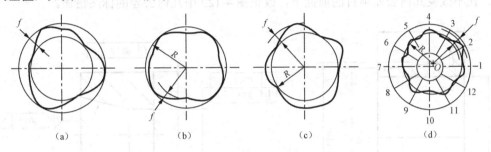

图 4-125  圆度误差的评定方法

最小二乘圆定义为：从提取轮廓上各点到该圆距离的平方和为最小，此圆即为最小二乘圆。

$$\sum_{i=1}^{n}(r_i - R)^2 = \min \quad (i = 1, \ 2, \ 3, \ \cdots, \ n) \tag{4-13}$$

式中　$r_i$——提取轮廓上第 $i$ 点到最小二乘圆圆心 $O$ 的距离；

　　　$R$——最小二乘圆半径。

# 习题

1．如图 4-126 所示零件有三种不同的标注方法，它们的公差带有何区别？

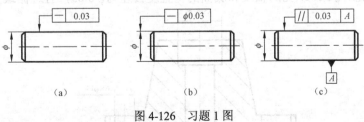

图 4-126  习题 1 图

2．如图 4-127 所示，零件三种不同的标注方法对被测要素的位置要求有何不同？

3．图 4-128 为一单列圆锥滚子轴承的内圈，试将下列几何公差要求标注在零件图上：

（1）圆锥横截面圆度公差为 6 级；

（2）圆锥素线直线度公差为 7 级（取主参数 $L$=50）；

（3）圆锥面对孔 $\phi$80 轴线的斜向圆跳动公差为 0.01；

（4）$\phi80$ 孔表面的圆柱度公差为 0.005；

（5）右端面对左端面的平行度公差为 0.005。

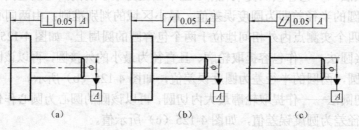

图 4-127 习题 2 图

4. 在不改变几何公差项目的前提下，改正图 4-129 中几何公差的标注错误。

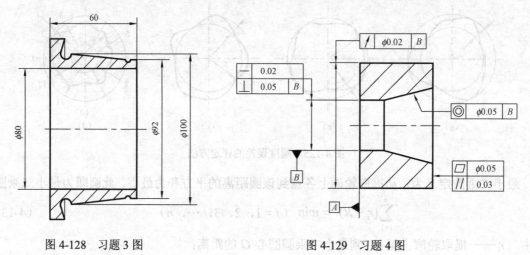

图 4-128 习题 3 图          图 4-129 习题 4 图

5. 试将下列各项要求标注在图 4-130 上：

（1）$\phi30K7$ 孔和 $\phi50M7$ 孔采用包容要求；

（2）底面的平面度公差为 0.02；$\phi30K7$ 孔和 $\phi50M7$ 孔的内端面对它们的公共轴线的圆跳动公差为 0.04；

（3）$\phi30K7$ 孔和 $\phi50M7$ 孔对它们的公共轴线的同轴度公差为 $\phi0.03$；

（4）$6\times\phi11$ 孔对 $\phi50M7$ 孔的轴线和底面的位置度公差为 $\phi0.05$，且遵循最大实体要求。

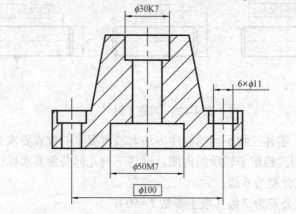

图 4-130 习题 5 图

6. 用水平仪测量某机床导轨的直线度误差，依次测得各点的读数为（单位：μm）：+6，+6，0，−1.5，−1.5，+3，+3，+9。试按最小条件法求出该机床导轨的直线度误差值。

7. 图 4-131 所示零件上有一孔，要求位置度公差为 $\phi0.1$，试对（a）～（d）四种标注方式，按表 4-16 的要求逐一分析填写。

表 4-16  习题 7 表

| 图 序 号 | 标注正确与否 | 标注错误分析 |
| --- | --- | --- |
| （a） | | |
| （b） | | |
| （c） | | |
| （d） | | |

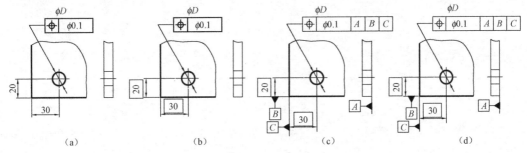

图 4-131  习题 7 图

8. 图 4-132 所示为套筒的三种标注方法，试按表 4-17 的要求分析填写。

表 4-17  习题 8 表

| 图 号 | 采用的公差原则 | 边界名称及其尺寸 | 允许的最大垂直度误差 |
| --- | --- | --- | --- |
| （a） | | | |
| （b） | | | |
| （c） | | | |

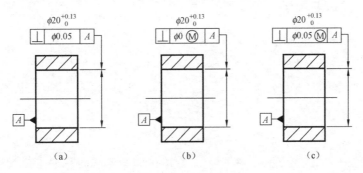

图 4-132  习题 8 图

# 思考题

1. 什么情况下在给出的几何公差值前必须冠以符号"$\phi$"？

2. 对同一要素既有位置公差要求，又有形状公差要求，则它们的公差值大小应如何处理？

3. 如果图样上注出的圆度公差值等于直径公差值，能否说只要直径合格，圆度也一定合格，为什么？

4. 轴向圆跳动公差能否代替端面对基准轴线的垂直度公差，为什么？径向全跳动公差能否代替圆柱度公差，为什么？

5. 独立原则、包容要求和最大实体要求的含义是什么？

6. 应用最大实体要求的意义何在？

7. 什么是形状误差？什么是方向、位置误差？它们应分别按什么方法来评定？

8. 何谓最小包容区域？何谓最小条件？

# 第 $5$ 章 表面结构

## 5.1 概述

表面结构包括表面粗糙度、表面波纹度、表面缺陷、表面几何形状等表面特性。表面结构的各种特性参数，实际上均为零件表面的几何形状误差，是反映表面工作性能和工作寿命的指标。不同的表面质量要求应采用表面结构的不同特性参数来保证。

### 5.1.1 表面结构基本术语及定义

国家标准关于表面结构的术语和概念较多，考虑到工程应用中的实际情况，本章简要介绍常用的有关术语。

#### 1. 表面结构（Surface Texture）

表面结构出自几何表面的重复或偶然的偏差，这些偏差形成该表面的三维形貌。

表面结构包括在有限区域上的粗糙度、波纹度、纹理方向、表面缺陷和形状误差。

#### 2. 表面轮廓（Surface Profile）

表面轮廓是指某一平面与实际表面相交所得的轮廓，如图 5-1 所示。

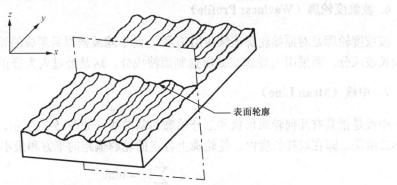

图 5-1 表面轮廓

这里的平面，其法线通常与实际表面平行，并在一个适当的方向上（如与加工纹理方向平行）。另外，国家标准还规定，定义表面轮廓参数的坐标体系，通常采用直角坐标体系，即其轴线形成一右手笛卡儿坐标系：$X$ 轴与中线方向一致，$Y$ 轴处于实际表面上，而 $Z$ 轴则在从材料到周围介质的外延方向上。

### 3．轮廓滤波器（Profile Filter）

轮廓滤波器是指把轮廓分为长波和短波成分的滤波器。在测量粗糙度、波纹度和原始轮廓的仪器中，使用三种滤波器，如图 5-2 所示。它们的传输特性相同，但截止波长不同。

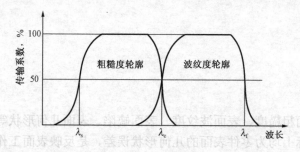

图 5-2　粗糙度和波纹度轮廓的传输特性

确定表面粗糙度与比它更短的波的成分之间相交界限的滤波器，称为 $\lambda_s$ 滤波器；确定粗糙度与波纹度成分之间相交界限的滤波器，称为 $\lambda_c$ 滤波器；而确定波纹度与比它更长的波的成分之间相交界限的滤波器，称为 $\lambda_f$ 滤波器。

滤波器是除去某些波长成分而保留所需表面波长成分的处理方法。当获得的测量信号介于 $\lambda_c$ 和 $\lambda_s$ 之间时，则正是本章重点研究的粗糙度范畴。

### 4．原始轮廓（Primary Profile）

原始轮廓是通过 $\lambda_s$ 轮廓滤波器后的总轮廓，也是评定原始轮廓参数的基础。

### 5．粗糙度轮廓（Roughness Profile）

粗糙度轮廓是对原始轮廓采用 $\lambda_c$ 滤波器抑制长波成分以后形成的轮廓。

### 6．波纹度轮廓（Waviness Profile）

波纹度轮廓是对原始轮廓连续应用 $\lambda_f$ 和 $\lambda_c$ 两个滤波器以后形成的轮廓。采用 $\lambda_f$ 轮廓滤波器抑制长波成分，而采用 $\lambda_c$ 轮廓滤波器抑制短波成分，这是经过人为修正的轮廓。

### 7．中线（Mean Line）

中线是指具有几何轮廓形状并划分轮廓的基准线，如图 5-3 所示。基准线的确定通常采用最小二乘法，即在取样长度内，使轮廓上各点的轮廓偏距的平方和最小，亦即：

$$\sum_{i=1}^{n} z_i^2 = \min \tag{5-1}$$

用轮廓滤波器 $\lambda_c$ 抑制了长波轮廓成分后，对应的中线称为粗糙度轮廓中线；用轮廓滤波器 $\lambda_f$ 抑制了长波轮廓成分后，对应的中线称为波纹度轮廓中线；在原始轮廓上，按照标称形状用最小二乘法拟合确定的中线，称为原始轮廓中线。

### 8．取样长度（Sampling Length）$l_p$、$l_r$、$l_w$

取样长度是指在 $X$ 轴方向上，用于判别被评定轮廓的不规则特征的一段长度。

国家标准规定，评定粗糙度和波纹度轮廓的取样长度分别为 $l_r$ 和 $l_w$，在数值上分别与 $\lambda_c$ 和

$λ_f$轮廓滤波器的截止波长相等；原始轮廓的取样长度 $l_p$ 等于评定长度。

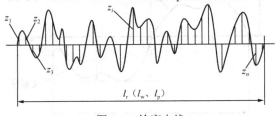

$$l_r (l_w、l_p)$$

图 5-3 轮廓中线

### 9．评定长度（Evaluation Length）$l_n$

评定长度是指用于评定轮廓的 $X$ 轴方向上的一段长度。评定长度包括一个或几个取样长度。

## 5.1.2 表面结构几何参数术语及定义

### 1．$P$-参数（P-Parameter）

在原始轮廓上计算所得的参数。

### 2．$R$-参数（R-Parameter）

在粗糙度轮廓上计算所得的参数。

### 3．$W$-参数（W-Parameter）

在波纹度轮廓上计算所得的参数。

注：在 5.1.3 中定义的轮廓评定参数可以从任何轮廓中算得，参数符号中的第一个大写字母表示被评定轮廓的类型。例如：$Ra$ 是从粗糙度轮廓中计算得到的，而 $Pt$ 是从原始轮廓中计算得到的。

### 4．轮廓峰（Profile Peak）

轮廓峰是指被评定轮廓上连接轮廓与 $X$ 轴两相邻交点的向外（从材料到周围介质）的轮廓部分。

轮廓峰的最高点距 $X$ 轴的距离为轮廓峰高 $Z_p$，见图 5-4。

### 5．轮廓谷（Profile Valley）

轮廓谷是指被评定轮廓上连接轮廓与 $X$ 轴两相邻交点向内（从周围介质到材料）的轮廓部分。

轮廓谷的最低点距 $X$ 轴的距离为轮廓谷深 $Z_v$，见图 5-4。

### 6．轮廓单元（Profile Element）

轮廓峰与相邻轮廓谷的组合，称为轮廓单元。

一个轮廓单元的轮廓峰高 $Z_p$ 与轮廓谷深 $Z_v$ 之和为轮廓单元高度 $Z_t$；一个轮廓单元与 $X$ 轴相交线段的长度为轮廓单元宽度 $X_s$，见图 5-4。

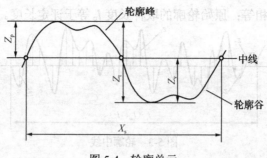

图 5-4 轮廓单元

## 5.1.3 表面轮廓评定参数

表面轮廓评定参数是用来对表面轮廓微观几何形状特性的某些方面进行定量描述的。该参数应能准确、充分地反映表面轮廓微观几何形状的特性，并且便于测量。国家标准规定，表面轮廓评定参数由幅度参数、间距参数和形状特性参数组成。

### 1. 幅度参数

（1）评定轮廓的算术平均偏差（Arithmetical Mean Deviation of the Assessed Profile）$Pa$、$Ra$、$Wa$

在取样长度内，轮廓的纵坐标值 $Z(x)$ 绝对值的算术平均值，如图 5-5 所示，用公式可表示为：

$$Pa、Ra、Wa = \frac{1}{l} \int_0^l |Z(x)| \, \mathrm{d}x \tag{5-2}$$

式中，$l = l_p$、$l_r$ 或 $l_w$，分别用于原始轮廓、粗糙度轮廓和波纹度轮廓的评定。

（5-2）式也可近似表示为：

$$Pa、Ra、Wa = \frac{1}{n} \sum_{i=1}^{n} |Z_i| \tag{5-3}$$

式中，$n$——取样长度内测点的数目。

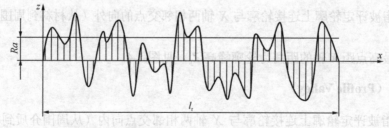

图 5-5 轮廓算术平均偏差（以粗糙度轮廓为例）

（2）轮廓最大高度（Maximum Height of Profile）$Pz$、$Rz$、$Wz$

在取样长度内，最大轮廓峰高和最大轮廓谷深之和，如图 5-6 所示。以粗糙度为例，用公式可表示为：

$$Rz = Z_p + Z_v \tag{5-4}$$

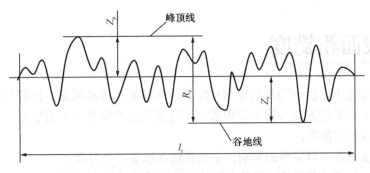

图 5-6　轮廓的最大高度 (以粗糙度轮廓为例)

幅度参数是评定轮廓的基本参数，但只有幅度参数还不能完全反映出零件表面轮廓的特性，比如粗糙度的疏密度及粗糙度轮廓的形状等。因此，国家标准还规定了间距参数和混合参数。当幅度参数不能充分表达对零件表面功能的要求时，可根据需要增选。

**2．间距参数**

轮廓单元的平均宽度 (Mean Width of the Profile Elements) $Psm$、$Rsm$、$Wsm$

在一个取样长度内，轮廓单元宽度 $X_s$ 的平均值称为轮廓单元的平均宽度，如图 5-7 所示。用公式表示为：

$$Psm、Rsm、Wsm = \frac{1}{m}\sum_{i=1}^{m} X_{si} \qquad (5\text{-}5)$$

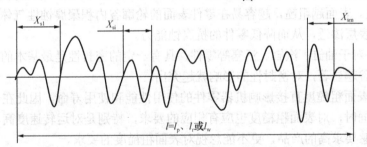

图 5-7　轮廓单元的平均宽度

**3．混合参数**

轮廓的支承长度率 (Material Ratio of the Profile) $Pmr(c)$、$Rmr(c)$、$Wrm(c)$

在给定水平截面高度 $c$ 上，轮廓的实体材料长度 $Ml(c)$ 与评定长度 $ln$ 的比率。

$$Pmr(c)、Rmr(c)、Wmr(c) = \frac{Ml(c)}{ln} \qquad (5\text{-}6)$$

式中，轮廓的实体材料长度 $Ml(c) = b_1 + b_2 + \cdots + b_n$，如图 5-8 所示。

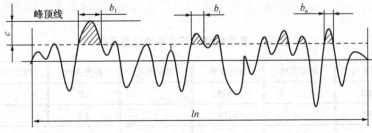

图 5-8　轮廓支承长度率

## 5.2 表面粗糙度

零件在加工过程中，由于刀具的锋利程度、积屑瘤的形成和脱落、切屑与工件基体分离时的塑性变形以及工艺系统的高频振动等因素，不可避免地在零件表面形成加工误差。其中的微观几何误差即为表面粗糙度。

就表面粗糙度而言，对零件的影响，主要表现在以下几个方面。

1）配合性质。对于间隙配合，零件之间的相对运动可使轮廓峰很快磨损，扩大了实际间隙，从而改变了设计的配合性质；对于过盈配合，由于装配而挤压轮廓峰顶，使实际过盈量减小，降低了连接强度。

2）摩擦与磨损。由于零件表面存在峰谷，所以实际接触区域均为峰顶，远小于理论接触面积，因而比压较大。当零件之间有相对运动时，必然导致摩擦阻力加大，磨损加快，表面的耐磨性下降。

3）接触刚度。由于零件表面实际接触面积的减小，比压增大，因而易产生接触变形，从而降低了接触刚度及其稳定性。

4）疲劳强度。零件表面微观的轮廓峰越高、轮廓谷越深，则越容易引起零件的应力集中，降低其疲劳强度。对于承受交变载荷的零件，尤其是形状突变的部位，影响尤为显著。不同材料对应力集中的敏感度不同，比较而言，钢件影响较大，铸铁件次之，有色金属最小。

5）抗腐蚀性。表面越粗糙，越容易在零件表面的轮廓谷内积聚腐蚀性气体和液体，并通过微观裂纹向零件表层渗透，从而降低零件的抗腐蚀能力。

6）密封性。对于油缸、汽缸、活塞等零件，具有一定的密封性是最基本的要求。零件表面越粗糙，轮廓峰谷越显著，对密封性的影响就越突出。

由此可见，表面粗糙度直接影响机器零件的使用性能和使用寿命，因此在保证零件尺寸精度、几何精度的同时，对表面粗糙度也应有相应的要求，特别是对运转速度高、装配精密、密封性、外观与手感要求高的产品，更不能忽视对表面粗糙度的要求。

### 5.2.1 表面粗糙度评定参数的数值规定

表面粗糙度评定参数的数值规定，见 GB/T 1031—2009《产品几何技术规范（GPS）表面结构 轮廓法 表面粗糙度参数及其数值》。其中，除 $Rm(c)$ 外，评定参数数值均由优先数系中的派生系列 R10/3 确定；而取样长度和评定长度则由 R10/5 系列确定。

幅度参数 $Ra$ 和 $Rz$ 的数值规定分别见表 5-1 和 5-2；间距参数的数值规定见表 5-3；混合参数的数值规定见表 5-4；取样长度和评定长度应与幅度参数有一定的对应关系，表 5-5 为其推荐数值。

表 5-1 评定轮廓的算术平均偏差 $Ra$ （μm）

| 规定系列 | 补充系列 | 规定系列 | 补充系列 | 规定系列 | 补充系列 | 规定系列 | 补充系列 |
|---|---|---|---|---|---|---|---|
| | 0.008 | | 0.125 | | 2.0 | | 32 |
| | 0.010 | | 0.160 | | 2.5 | | 40 |
| 0.012 | | 0.2 | | 3.2 | | 50 | |

续表

| 规定系列 | 补充系列 | 规定系列 | 补充系列 | 规定系列 | 补充系列 | 规定系列 | 补充系列 |
|---|---|---|---|---|---|---|---|
|  | 0.016 |  | 0.25 |  | 4.0 |  | 63 |
|  | 0.020 |  | 0.32 |  | 5.0 |  | 80 |
| 0.025 |  | 0.4 |  | 6.3 |  | 100 |  |
|  | 0.032 |  | 0.50 |  | 8.0 |  |  |
|  | 0.040 |  | 0.63 |  | 10.0 |  |  |
| 0.050 |  | 0.8 |  | 12.5 |  |  |  |
|  | 0.063 |  | 1.00 |  | 16.0 |  |  |
|  | 0.080 |  | 1.25 |  | 20 |  |  |
| 0.1 |  | 1.6 |  | 25 |  |  |  |

**表 5-2　轮廓最大高度 *Rz*** （μm）

| 规定系列 | 补充系列 | 规定系列 | 补充系列 | 规定系列 | 补充系列 | 规定系列 | 补充系列 |
|---|---|---|---|---|---|---|---|
| 0.025 |  | 0.4 |  | 6.3 |  | 100 |  |
|  | 0.032 |  | 0.50 |  | 8.0 |  | 125 |
|  | 0.040 |  | 0.63 |  | 10.0 |  | 160 |
| 0.05 |  | 0.8 |  | 12.5 |  | 200 |  |
|  | 0.063 |  | 1.00 |  | 16.0 |  | 250 |
|  | 0.080 |  | 1.25 |  | 20 |  | 320 |
| 0.1 |  | 1.6 |  | 25 |  | 400 |  |
|  | 0.125 |  | 2.0 |  | 32 |  | 500 |
|  | 0.160 |  | 2.5 |  | 40 |  | 630 |
| 0.2 |  | 3.2 |  | 50 |  | 800 |  |
|  | 0.25 |  | 4.0 |  | 63 |  | 1000 |
|  | 0.32 |  | 5.0 |  | 80 |  | 1250 |
|  |  |  |  |  |  |  | 1600 |

**表 5-3　轮廓单元的平均宽度 *Rsm*** （mm）

| 规定系列 | 补充系列 | 规定系列 | 补充系列 | 规定系列 | 补充系列 | 规定系列 | 补充系列 |
|---|---|---|---|---|---|---|---|
|  | 0.002 | 0.025 |  | 0.2 |  | 1.6 |  |
|  | 0.003 |  | 0.032 |  | 0.25 |  | 2.0 |
|  | 0.004 |  | 0.040 |  | 0.32 |  | 2.5 |
|  | 0.005 | 0.05 |  | 0.4 |  | 3.2 |  |
| 0.006 |  |  | 0.063 |  | 0.50 |  | 4.0 |
|  | 0.008 |  | 0.080 |  | 0.63 |  | 5.0 |
|  | 0.010 | 0.1 |  | 0.8 |  | 6.3 |  |
| 0.0125 |  |  | 0.125 |  | 1.00 |  | 8.0 |
|  | 0.160 |  | 0.160 |  | 1.25 |  | 10.0 |
|  | 0.020 |  |  |  |  | 12.5 |  |

表 5-4　轮廓支承长度率 *Rmr*（*c*）　　　　　　　　　　　　（%）

| Rmr（c） | 10 | 15 | 20 | 25 | 30 | 40 | 50 | 60 | 70 | 80 | 90 |
|---|---|---|---|---|---|---|---|---|---|---|---|

注：选用轮廓支承长度率参数 *Rmr*（*c*）时，应同时给出轮廓截面高度 *c* 值。它可用微米或 *Rz* 的百分数表示。*Rz* 的百分数系列为：5%、10%、15%、20%、25%、30%、40%、50%、60%、70%、80%、90%。

表 5-5　幅度参数 *Ra*、*Rz* 与取样长度 *lr* 和评定长度 *ln* 的对应关系

| Ra/μm | Rz/μm | lr/mm | ln/mm（ln = 5×lr） |
|---|---|---|---|
| ≥0.008～0.02 | ≥0.025～0.10 | 0.08 | 0.4 |
| >0.02～0.1 | >0.10～0.50 | 0.25 | 1.25 |
| >0.1～2.0 | >0.50～10.0 | 0.8 | 4.0 |
| >2.0～10.0 | >10.0～50.0 | 2.5 | 12.5 |
| >10.0～80.0 | >50.0～320 | 8.0 | 40.0 |

## 5.2.2　表面粗糙度评定参数的选用

幅度参数是标准规定的基本评定参数，零件所有表面都应选择幅度参数。

轮廓算术平均偏差 *Ra* 是国家标准推荐优先选用的幅度参数，是世界各国表面粗糙度标准广泛采用的最基本的评定参数。*Ra* 能较全面地反映表面微观几何形状特征及轮廓凸峰高度，且测量方便。因此，国家标准《产品几何技术规范（GPS）表面结构 轮廓法 表面粗糙度参数及其数值》（GB/T 1031－2009）规定，在常用数值范围内（*Ra* 为 0.025～6.3μm，*Rz* 为 0.1～25μm），推荐优先选用 *Ra*。

轮廓最大高度 *Rz* 规定了轮廓的变动范围，不涉及在最大峰高与最大谷深之间轮廓的变化状况。但 *Rz* 测量很方便，因此被各国标准中广泛采用。对于需控制应力集中或疲劳强度的表面，当选用了 *Ra* 后，可加选 *Rz*。

轮廓单元的平均宽度 *Rsm* 是反映表面微观不平度间距特性的表面粗糙度参数。

轮廓的支承长度率 *Rmr*（*c*）是反映表面微观不平度形状特性的参数，是幅度参数和间距特性参数的综合反映。*Rmr*（*c*）能反映表面的耐磨性、接触刚度和密封性等。因此对耐磨性、接触刚度和密封性等有较高要求的重要表面，可附加 *Rmr*（*c*）的要求。

## 5.2.3　表面粗糙度评定参数值的选用原则

选择表面粗糙度参数值一般按照类比法，并遵从以下原则：

1）在满足功能要求的前提下，尽量选用较大的幅度参数值，并应选择规定系列参数值；

2）同一零件上，工作表面的粗糙度应比非工作表面要求严格；

3）摩擦表面应比非摩擦表面的粗糙度要求严格；滚动摩擦表面应比滑动摩擦表面的粗糙度要求严格；运动速度高、单位面积压力大的摩擦表面应比运动速度低、单位面积压力小的摩擦表面的表面粗糙度要求严格；

4）受循环载荷及易引起应力集中的部位，如圆角、沟槽应选较小的幅度参数值和间距参数值；

5）配合性质要求稳定的结合面、配合间隙较小的间隙配合表面以及要求连接可靠、受重载的过盈配合表面等，应选择较小的幅度参数；

6）配合性质相同时，零件尺寸越小则表面要求越严；同一公差等级时，小尺寸比大尺寸、轴比孔的粗糙度要求严。

表面粗糙度参数值应与尺寸公差、几何公差相协调，表 5-6 可供设计时参考。

表 5-6　$Ra$、$Rz$ 与形状公差 $t$ 及尺寸公差 $T$ 的关系

| 分　级 | $t$ 和 $T$ | $Ra$ 和 $T$、$t$ | $Rz$ 和 $T$、$t$ |
|---|---|---|---|
| 普通精度 | $t \approx 0.6T$ | $Ra \leqslant 0.05T$ | $Rz \leqslant 0.2T$ |
| 较高精度 | $t \approx 0.4T$ | $Ra \leqslant 0.025T$ | $Rz \leqslant 0.1T$ |
| 提高精度 | $t \approx 0.25T$ | $Ra \leqslant 0.012T$ | $Rz \leqslant 0.05T$ |
| 高精度 | $t < 0.25T$ | $Ra \leqslant 0.15t$ | $Rz \leqslant 0.6t$ |

# 5.3　表面波纹度

## 5.3.1　表面波纹度评定参数及其数值规定

GB/T16747—2009《产品几何技术规范（GPS）表面结构 轮廓法 表面波纹度 词汇》只规定了波纹度的术语、参数的定义，但并没有给出表面波纹度的数值。目前，在生产中可参考原 ISO/TC57 的工作文件《表面粗糙度参数 参数值和给定要求通则》中关于在图样和技术文件中规定表面波纹度要求的一般规则、评定表面波纹度参数及参数值的有关内容。ISO/TC57 的工作文件中规定，在一般情况下，如果要求给出表面波纹度参数时，首先采用波纹度轮廓的最大高度 $Wz$，根据需要也可以采用如下参数：

$Wc$——在取样长度内，波纹度轮廓不平度高度的平均值；

$Wp$——在取样长度内，波纹度轮廓的最大峰高；

$Wa$——在取样长度内，波纹度轮廓偏距绝对值的算数平均值；

$Wv$——在取样长度内，波纹度轮廓的最大谷深；

$Wsm$——在取样长度内，波纹度轮廓不平度间距的平均值。

ISO/TC57 工作文件中规定的表面波纹度轮廓最大高度 $Wz$ 的数值见表 5-7。

表 5-7　表面波纹度 $Wz$ 参数值　　　　　　　　　　　（μm）

| 波纹度轮廓 | 0.05，0.1，0.2，0.4，0.8，1.6，3.2，6.3 |
|---|---|
| 最大高度 $Wz$ | 12.5，25，50，100，200 |

## 5.3.2　加工方法与表面波纹度的关系

零件表面的加工工艺方法，对所得表面的波纹度有很大的影响。表 5-8 给出了内、外圆表面及平面的常见加工工艺所得表面的波纹度幅度值，可供设计及加工时参考。

表 5-8　表面波纹度波幅值 　　　　　　　　　　　　　　　　　　　　　（μm）

| 加工方法 | | | 粗糙度 Ra | 尺寸公差等级 | 波幅值　加工面直径/mm | | | | | |
|---|---|---|---|---|---|---|---|---|---|---|
| | | | | | ≤6 | >6~18 | >18~50 | >50~120 | >120~260 | >260~500 |
| 外圆表面 | 车 | 粗 | 10~40 | 14 | 20 | 30 | 40 | 50 | 60 | 80 |
| | | | | 12~13 | 12 | 20 | 25 | 30 | 40 | 50 |
| | | 中 | 2.5~20 | 11 | 8 | 12 | 16 | 20 | 25 | 30 |
| | | | | 10 | 5 | 8 | 10 | 12 | 16 | 20 |
| | | 精 | 1.25~10 | 8~9 | 3 | 5 | 6 | 8 | 10 | 12 |
| | | 细 | 0.14~1.25 | 6~7 | 2 | 3 | 4 | 5 | 6 | 8 |
| | 磨 | 粗 | 0.8~2.5 | 8~9 | 3 | 5 | 6 | 8 | 10 | 12 |
| | | 精 | 0.4~1.25 | 6~7 | 2 | 3 | 4 | 5 | 6 | 8 |
| | | 细 | 0.08~0.63 | 5 | 1.2 | 2 | 2.5 | 3 | 4 | 5 |
| | 超精磨和研磨 | 粗 | 0.16~0.63 | 5~6 | 0.8 | 1.2 | 1.2 | 2 | 2.5 | 3 |
| | | 精 | 0.04~0.32 | 4~5 | 0.5 | 0.8 | 1 | 1.2 | 1.6 | 2 |
| | | 细 | 0.01~0.16 | 3~4 | 0.3 | 0.5 | 0.5 | 0.8 | 1 | 1.2 |
| 内圆表面 | 拉 | 粗 | 2.5 | 11 | | | 10 | 12 | 16 | |
| | | | | 10 | | 5 | 6 | 8 | 10 | - |
| | | 精 | 0.4~1.25 | 7~9 | | 3 | 4 | 5 | 6 | - |
| | 镗 | 粗 | 5~20 | 12~13 | 8 | 12 | 16 | 20 | 25 | 30 |
| | | | | 11 | 5 | 8 | 10 | 12 | 16 | 20 |
| | | 精 | 1.25~5 | 9~10 | 3 | 5 | 6 | 8 | 10 | 12 |
| | | | | 7~8 | 2 | 3 | 4 | 5 | 6 | 8 |
| | | 细 | 0.16~1.25 | 6 | 1.2 | 2 | 2.5 | 3 | 4 | 5 |
| | 磨 | 粗 | 2.5 | 9 | 3 | 5 | 6 | 8 | 10 | 12 |
| | | 精 | 0.4~1.25 | 7~8 | 2 | 3 | 4 | 5 | 6 | 8 |
| | | 细 | 0.08~0.63 | 6 | 1.6 | 2 | 2.5 | 3 | 4 | 5 |
| | 超精磨和研磨 | 粗 | 0.8~2.5 | 9 | | | 6 | 8 | 10 | 12 |
| | | 精 | 0.16~0.63 | 7~8 | | | 4 | 5 | 6 | 8 |
| | | 细 | 0.08~0.32 | | | | 2.5 | 4 | 5 | |

| 加工方法 | | | 粗糙度 Ra | 尺寸公差等级 | 波幅值 | | | |
|---|---|---|---|---|---|---|---|---|
| | | | | | 长×宽/mm | | | |
| | | | | | ≤60×60 | >60×60～160×160 | >160×160～400×400 | >400×400～1000×1000 |
| 平面加工 | 磨 | 粗 | 2.5 | 10 | 10 | 16 | 25 | 40 |
| | | | | 9 | 6 | 10 | 16 | 25 |
| | | | | 8 | 4 | 6 | 10 | 16 |
| | | 精 | 0.4～1.25 | 9 | 6 | 10 | 16 | 25 |
| | | | | 8 | 4 | 6 | 10 | 16 |
| | | | | 7 | 2.5 | 4 | 6 | 10 |
| | | 细 | 0.08～0.63 | 8 | 2.5 | 4 | 6 | 10 |
| | | | | 7 | 1.6 | 2.5 | 4 | 6 |
| | | | | 6 | 1 | 1.6 | 2.5 | 4 |
| | 研磨和刮 | | 0.16～0.63 | 6 | 1.6 | 2.5 | 4 | 6 |
| | | | 0.08～0.32 | 6 | 1 | 1.6 | 2.5 | 4 |
| | | | 0.08～0.16 | 5 | 0.6 | 1 | 1.6 | 2.5 |

# 5.4 表面结构的标注

国家标准《产品几何量技术规范（GPS）技术产品文件中表面结构的表示法》（GB/T 13—2006）中，对表面结构的标注作了详细规定。在技术产品文件中对表面结构的要求可用几种不同的图形符号表示，每种符号都有特定含义，其形式有数字、图形符号和文本，在特殊情况下，图形符号可以在技术图样中单独使用以表达特殊意义。

## 5.4.1 表面结构的图形符号

**1. 基本图形符号**

基本图形符号由两条不等长的与标注表面成 60° 夹角的直线构成，如图 5-9（a）所示，该基本图形符号仅用于简化代号标注。

**2. 扩展图形符号**

（1）要求去除材料的图形符号

在基本图形符号上加一短横，如图 5-9（b）所示，表示指定表面是用去除材料的方法获得，如通过机械加工（如车、铣、磨等）获得的表面。

（2）不允许去除材料的图形符号

在基本图形符号上加一圆圈，图 5-9（c）所示，表示指定表面是用不去除材料（如锻造、铸造、热轧等）的方法获得的表面。

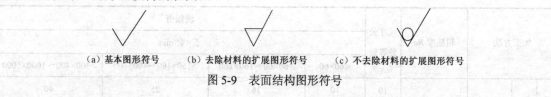

(a) 基本图形符号    (b) 去除材料的扩展图形符号    (c) 不去除材料的扩展图形符号

图 5-9    表面结构图形符号

### 3. 完整图形符号

当要求标注表面结构特征的补充信息时，应在如图 5-9 的图形符号的长边上加一横线，如图 5-10 所示。在报告和合同的文本中用文字表达图 5-10 符号时，用 APA 表示图（a），MRR 表示图（b），NMR 表示图（c）。

(a) 允许任何工艺    (b) 去除材料    (c) 不去除材料

图 5-10    完整图形符号

### 4. 工件轮廓各表面的图形符号

当在图样某个视图上构成封闭轮廓的各表面有相同的表面结构要求时，应在图 5-10 的完整图形符号上加一圆圈，标注在图样中工件的封闭轮廓线上。如果标注会引起歧义，则各表面应分别标注。

图 5-11 所示的表面结构符号是指对图形中封闭轮廓的六个面的共同要求，不包括前、后面。

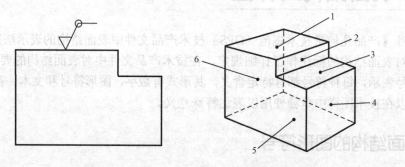

图 5-11    对周边各面有相同的表面结构要求

## 5.4.2    表面结构完整图形符号的组成

为了明确表面结构要求，除了标注表面结构参数和数值外，必要时应标注补充要求。补充要求包括传输带、取样长度、加工工艺、表面纹理及方向、加工余量等。在完整符号中，对表面结构的单一要求和补充要求应注写在图 5-12 所示的指定位置。

图 5-12 中位置 a～e 分别标注以下内容：

1）位置 a 标注表面结构的单一要求；

2）位置 a 和 b 标注两个或多个表面结构要求；

3）位置 c 标注加工方法，如车、铣、磨、镀等加工方法；

4）位置 d 标注表面纹理和方向，如"="、"×"、"M"等，见表 5-9；

5）位置 e 标注加工余量（以"mm"为单位）。

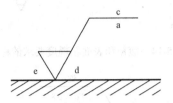

图 5-12　补充要求的注写位置

**表 5-9　加工纹理方向符号**

| 符号 | 解释与示例 | 符号 | 解释与示例 |
|---|---|---|---|
| = | 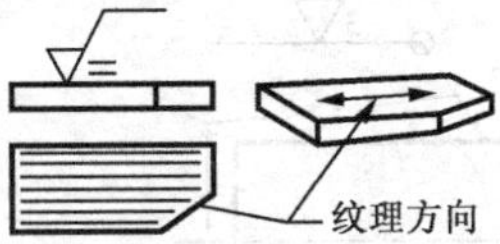 纹理平行于视图所在的投影面 | M | 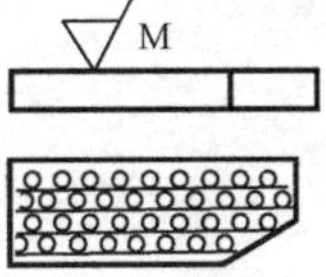 纹理呈多方向 |
| ⊥ | 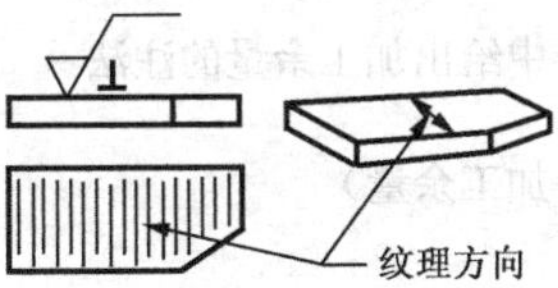 纹理垂直于视图所在的投影面 | R | 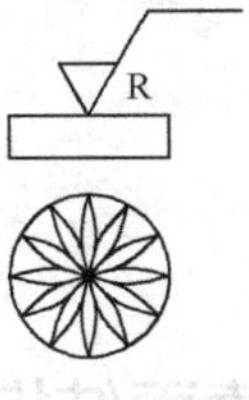 纹理呈近似放射状且与表面圆心相关 |
| X | 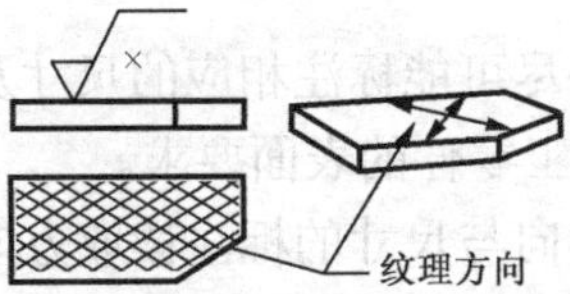 纹理呈两斜向交叉且与视图所在的投影面相交 | P | 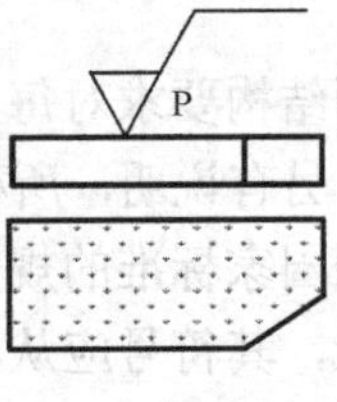 纹理呈微粒、凸起，无方向 |
| C | 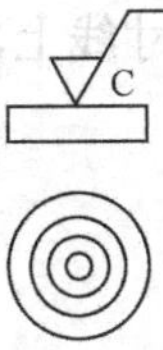 纹理呈近似同心圆且圆心与表面中心相关 | | 注：如果表面纹理不能清楚地用这些符号表示，必要时，可以在图样上加注说明 |

图 5-13～5-16 为表面结构完整图形符号的标注示例。

MRR 车 *Rz* 3.2

（a）在文本中

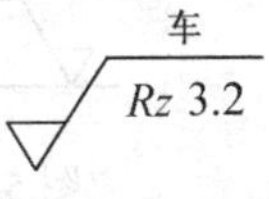

车 / *Rz* 3.2

（b）在图样上

图 5-13　加工工艺和表面粗糙度要求的标注

NMR Fe/Ep・Ni15pCr0.3r; *Rz* 0.8

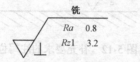

（a）在文本中　　　　　　　　　　　　　　　（b）在图样上

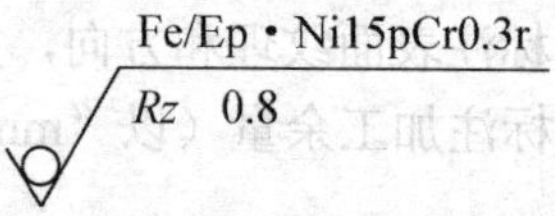

图 5-14　镀覆和表面粗糙度要求的标注

铣
*Ra* 0.8
*Rz*1 3.2

图 5-15　垂直于视图所在投影面的表面纹理方向的注法

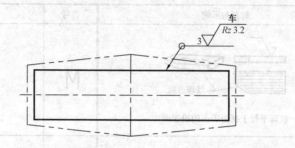

图 5-16　在表示完工零件的图样中给出加工余量的注法

（所有表面均为 3mm 加工余量）

## 5.4.3　表面结构要求在图样和其他技术产品文件中的标注

表面结构要求对每一表面一般只标注一次，并尽可能标注相应的尺寸及其公差的同一视图上。除非另有说明，所标注的表面结构要求是对完工零件的表面要求。

按照国家标准的规定，表面结构的标注读取方向与尺寸的标注读取方向一致，可以标注在轮廓线上，其符号应从材料外指向并接触表面。必要时，表面粗糙度符号也可以用带箭头或黑点的指引线引出标注，如图 5-17、5-18 所示。

在不致引起误解时，表面结构要求可以标注在给定的尺寸线上，如图 5-19 所示；也可以标注在几何公差框格的上方，如图 5-20 所示。

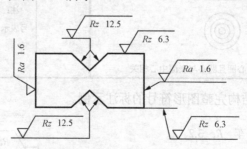

图 5-17　表面结构要求在轮廓线上的标注

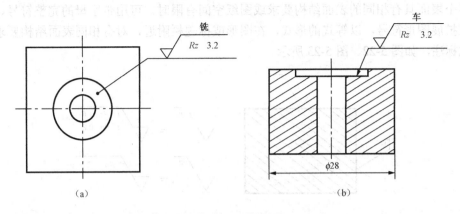

图 5-18 表面粗糙度要求用指引线引出的标注

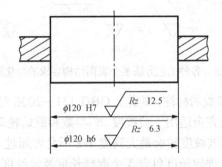

图 5-19 表面结构要求在尺寸线上的标注

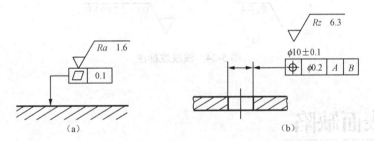

图 5-20 表面结构要求在几何公差框格上方的标注

如果工件的多数（包括全部）表面有相同的表面结构要求，则其表面结构要求可统一标注在图样的标题栏附近。此时（除全部表面有相同要求的情况外），表面结构要求的符号后面在圆括号内给出无任何其他标注的基本符号，如图 5-21 所示。

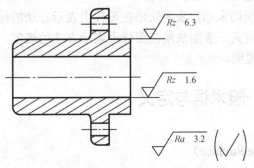

图 5-21 大多数表面有相同表面结构要求的简化注法

当多个表面具有相同的表面结构要求或图纸空间有限时，可用带字母的完整符号、基本图形符号或扩展图形符号，以等式的形式，在图形或标题栏附近，对有相同表面结构要求的表面进行简化标注，如图 5-22、图 5-23 所示。

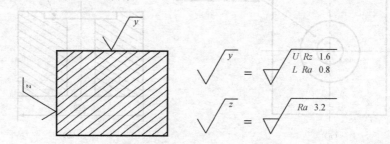

图 5-22　图纸空间有限时的简化注法图

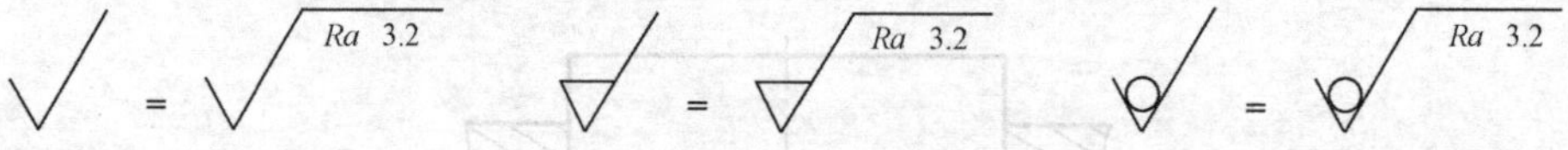

图 5-23　各种工艺方法多个表面结构要求的简化注法

以上示例均为粗糙度 *R*-参数的标注，事实上 GB/T 131—2006 对三种轮廓参数的标注作出了统一的规定，即上述标注方法完全适用于波纹度 *W*-参数和原始轮廓 *P*-参数的标注。如图 5-24（a）表示任意加工方法，表面波纹度轮廓最大高度 $W_z$ 不允许超过 $0.4\mu m$；图 5-24（b）表示去除材料、传输带 $0.8\sim25mm$、评定长度包含 3 个取样长度及波纹度轮廓最大高度 $W_z$ 为 $10\mu m$。

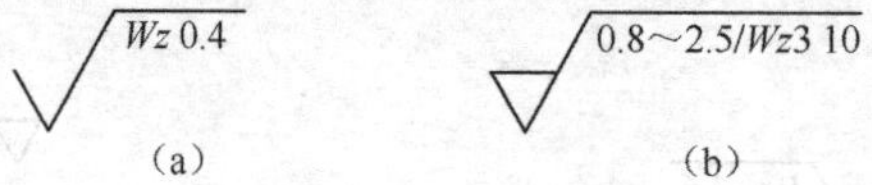

图 5-24　波纹度标注

# 5.5　表面缺陷

表面缺陷是零件表面在加工、运输、储存或使用过程中产生的无一定规则的单元体，是零件表面特征的组成部分。表面缺陷与表面粗糙度、表面波纹度和有限表面上的形状误差综合构成零件的表面特征。GB/T 15757—2002《产品几何量技术规范（GPS）表面缺陷术语、定义及参数》等效采用了国际标准 ISO 8785：1998。

目前，国际标准化组织尚未制定表面缺陷在图样上表示方法的标准。考虑到与国际标准的一致，国家标准目前也没有关于表面缺陷在图样上表示方法的规定，通常采用文字叙述的方式在图样或技术文件中进行说明。

## 5.5.1　表面缺陷的一般术语与定义

### 1．基准面（Reference Surface）

用以评定表面缺陷参数的一个几何表面。

国家标准规定：① 基准面具有几何表面形状，且其方位和实际表面在空间与总的走向相一致；② 基准面通过除缺陷之外的实际表面的最高点，且与由最小二乘法确定的表面等距；③基准面应限定在一定的表面区域内，该区域的大小须足够用来评定缺陷，同时在评定时能控制表面形状误差的影响。

**2．表面缺陷评定区域（Surface Imperfection Evaluation Area，A）**

工件实际表面的局部或全部，在该区域上检验和确定表面缺陷。

**3．表面缺陷（surface imperfection，SIM）**

在加工、储存或使用期间，非故意或偶然生成的实际表面的单元体、成组的单元体及不规则体。这些单元体或不规则体的类型，明显区别于构成一个粗糙度表面的那些单元体或不规则体。实际表面上存在缺陷并不表示该表面不可用。缺陷的可接受性取决于表面的用途或功能，并由适当的项目来确定，包括缺陷的长度、宽度、深度、高度及单位面积上的缺陷数等。

## 5.5.2 表面缺陷的特征及参数

**1．表面缺陷长度（Surface Imperfection Length，$SIM_e$）**

平行于基准面测得的表面缺陷的最大尺寸。

**2．表面缺陷宽度（Surface Imperfection Width，$SIM_w$）**

平行于基准面且垂直于表面缺陷长度测得的表面缺陷的最大尺寸。

**3．单一表面缺陷深度（Single Surface Imperfection Depth，$SIM_{sd}$）**

从基准面垂直测得的表面缺陷的最大深度。

混合表面缺陷深度（Combined Surface Imperfection Depth，$SIM_{cd}$），是指从基准面垂直测得的该基准面和表面缺陷中的最低点之间的距离。

**4．单一表面缺陷高度（Single Surface Imperfection Height，$SIM_{sh}$）**

从基准面垂直测得的表面缺陷的最大高度。

混合表面缺陷高度（Combined Surface Imperfection Height，SIMch），是指从基准面垂直测得的该基准面和表面缺陷中的最高点之间的距离。

**5．表面缺陷面积（Surface Imperfection Area，$SIM_a$）**

单个表面缺陷投影在基准面上的面积。

表面缺陷总面积（Total Surface Imperfection Area，$SIM_t$），是指在商定的判别极限内，各单个表面缺陷面积之和。其计算公式为：

$$SIM_t = SIM_{a1} + SIM_{a2} + \cdots + SIM_{an}$$

使用判别极限时，采用的尺寸判别条件规定了表面缺陷特征的最小尺寸。因此，在确定 $SIM_a$ 值时，小于该判别条件的表面缺陷将被忽略。

**6. 表面缺陷数（Surface Imperfection Number，SIM$_n$）**

在商定判别极限范围内，实际表面上的表面缺陷总数。

单位面积表面缺陷数（Number of Surface Imperfections Per Unit Area，SIM$_n$/A），是指在给定的评定区域面积 A 内，表面缺陷的个数。

## 5.5.3 表面缺陷的类型

表面缺陷主要分为四大类，分别是凹缺陷、凸缺陷、混合表面缺陷和区域缺陷与外观缺陷。表 5-10 中列出了各种缺陷的特征，并给出了图示。特殊的制造工艺，也会产生其他类型的表面缺陷，这里不一一列举。

表 5-10　表面缺陷的类型

| 1. 凹缺陷（Recession），即向内的缺陷 | | | |
|---|---|---|---|
| 分类及特征 | 图　　示 | 分类及特征 | 图　　示 |
| **沟槽（Groove）**<br>具有一定长度的、底部圆弧形的或平的凹缺陷 | 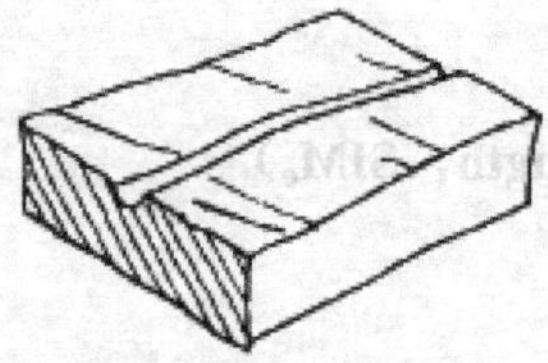 | **擦痕（Scratch）**<br>形状不规则和没有确定方向的凹缺陷 | 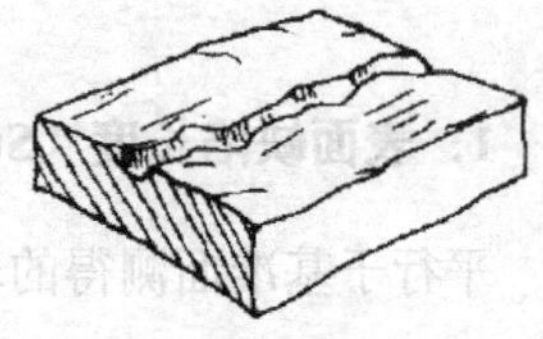 |
| **破裂（Crack）**<br>由于表面和基体完整性的破损造成具有尖锐底部的条状缺陷 |  | **毛孔（Pore）**<br>尺寸很小、斜壁很陡的孔穴，通常带锐边；孔穴的上边缘不高过基准面的切平面 | 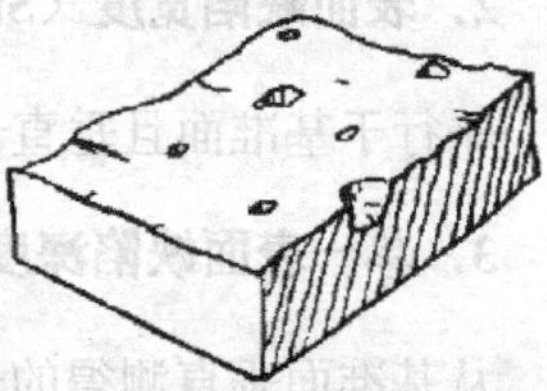 |
| **砂眼（Blowhole）**<br>由于杂粒失落、侵蚀或气体影响形成的以单个凹缺陷形式出现的表面缺陷 | 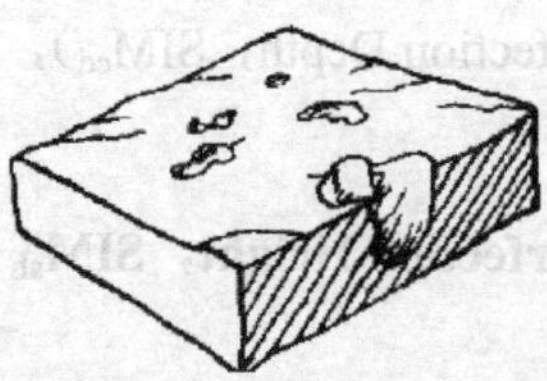 | **缩孔（Shrinkage hole）**<br>铸件、焊缝等在凝固时，由于不均匀收缩所引起的凹缺陷 | 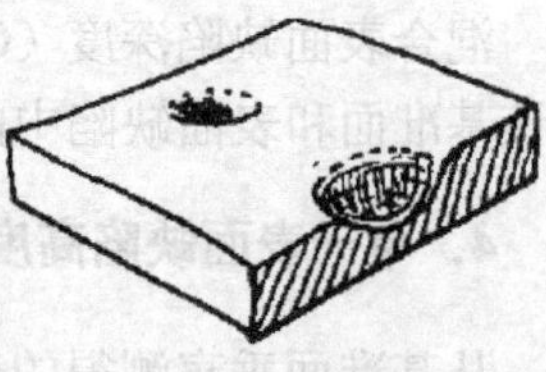 |
| **裂缝、缝隙、裂隙**<br>**（Fissure, Chink, Crevice）**<br>条状凹缺陷，呈尖角形，有很浅的不规则开口 | 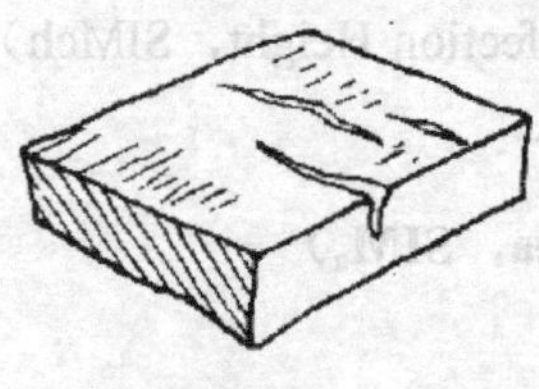 | **缺损（Wane）**<br>在工件两个表面的相交处呈圆弧状的缺陷 | 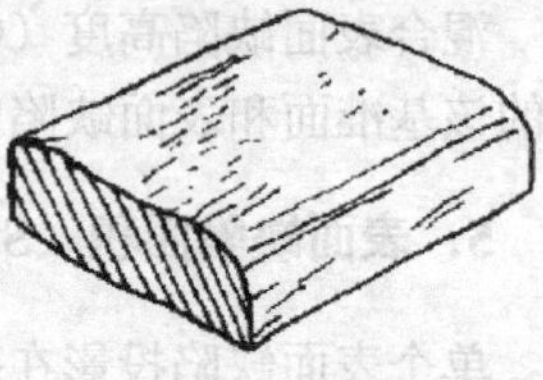 |
| **（凹面）瓢曲**<br>**（Concave buckle）**<br>板材表面由于局部弯曲形成的凹缺陷 | 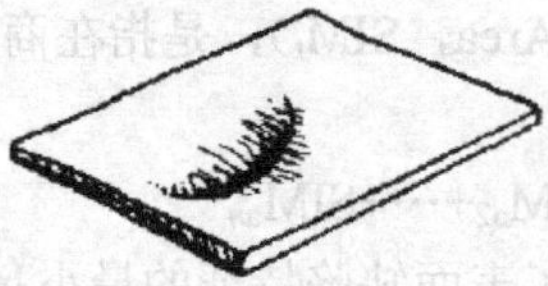 | **窝陷（Dent）**<br>无隆起的凹坑，通常由于压印或打击产生塑性变形而引起的凹缺陷 | 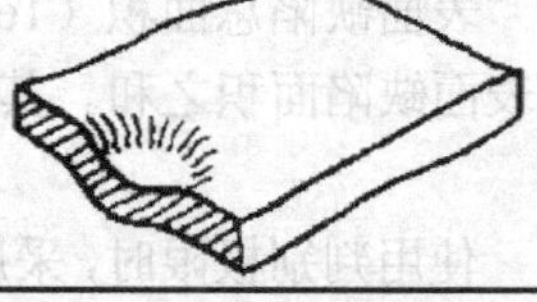 |

**2. 凸缺陷（Raising），即向外的缺陷**

| 分类及特征 | 图　示 | 分类及特征 | 图　示 |
|---|---|---|---|
| **树瘤（Wart）**<br>小尺寸和有限高度的脊状或丘状凸起 | | **疙疤（Blister）**<br>由于表面下层含有气体或液体所形成的局部凸起 | |
| **（凸面）孤曲<br>（Convex buckle）**<br>板材表面由于局部弯曲所形成的拱起 | | **氧化皮（Scale）**<br>和基体材料成分不同的表皮层剥落形成局部脱离的小厚度鳞片状凸起 | |
| **夹杂物（Inclusion）**<br>嵌入工件材料里的杂物 | | **飞边（Burr）**<br>表面周边上尖锐状的凸起，通常在对应的一边出现缺损 | |
| **缝脊（Flash）**<br>工件材料的脊状凸起，是由于模铸或模锻等成形加工时材料从模子缝隙挤出，或在电阻焊接两表面（电阻对焊、熔化对焊等）时，在受压面的垂直方向形成 | | **附着物（Deposits）**<br>堆积在工件上的杂物或另一工件的材料 | |

**3. 混合表面缺陷（Combined surface imperfection），即部分向外和部分向内的表面缺陷**

| 分类及特征 | 图　示 | 分类及特征 | 图　示 |
|---|---|---|---|
| **环形坑（Crater）**<br>环形周边隆起、类似火山口的坑，它的周边高出基准面 | | **折叠（Lap）**<br>微小厚度的蛇状隆起，一般呈皱纹状，由于滚压或锻压时的材料被褶皱压向表层所形成 | |
| **划痕（Scoring）**<br>由于外来物移动，划掉或挤压工件表层材料而形成的连续凹凸状缺陷 | | **切屑残余（Chip rest）**<br>由于切屑去除不良引起的带状隆起 | |

**4. 区域缺陷（Area imperfections）、外观缺陷（Appearance imperfections）**

散布在最外层表面上，一般没有尖锐的轮廓，且通常没有实际可测量的深度或高度

| 分类及特征 | 图 示 | 分类及特征 | 图 示 |
|---|---|---|---|
| **滑痕（Skidding）**<br>由于间断性过载在表面上不连续区域出现，如球轴承、滚珠轴承和轴承座圈上形成的雾状表面损伤 | | **磨蚀（Erosion）**<br>由于物理性破坏或磨损而造成的表面损伤 | |
| **腐蚀（Corrosion）**<br>由于化学性破坏造成的表面损伤 | | **麻点（Pitting）**<br>在表面上大面积分布，往往是深的凹点状和小孔状缺陷 | |
| **裂纹（Crazing）**<br>表面上呈网状破裂的缺陷 | | **斑点、斑纹<br>（Spot，patch）**<br>外观与相邻表面不同的区域 | |
| **褪色（Discoloration）**<br>表面上脱色或颜色变淡的区域 | | **条纹（Streak）**<br>深度较浅的呈带状的凹陷区域，或表面结构呈异样的区域 | |
| **劈裂、鳞片<br>（Cleavage，flaking）**<br>局部工件表层部分分离所形成的缺陷 | | | |

# 习题

1．表面粗糙度的含义是什么？对零件的使用性能有哪些影响？

2．在一般情况下，$\phi 40H7$ 和 $\phi 6H7$ 相比，$\phi 40\dfrac{H6}{f5}$ 和 $\phi 40\dfrac{H6}{s5}$ 相比，哪个零件应选用较小的表面粗糙度幅度值？

3．某一传动轴的轴径，其尺寸为 $\phi 40^{+0.013}_{+0.002}$，圆柱度公差为 2.5μm，试据此确定该轴径的表面粗糙度评定参数 $Ra$ 的允许值。

# 思考题

1．测量与评定表面粗糙度时，为什么要确定取样长度和评定长度？取样长度值的大小应根据什么确定？评定长度和与取样长度间有无关系？

2．评定表面粗糙度的参数中，常用的是哪几个？在设计零件时，对这几个参数选用的依据是什么？

3．选择表面粗糙度参数数值所遵循的一般原则有哪些？

4．表面粗糙度参数最大允许值与几何公差、尺寸公差应如何协调？

5．表面粗糙度的常用检测方法有几种，它们分别检测哪些参数值？

6．阅读标准 JB/T 9924—2014《磨削表面波纹度》，分析外圆磨削加工表面波纹度产生的原因及特点。

7．查阅资料，了解常用加工工艺（切削加工、铸造、锻造等）可能产生的表面缺陷。

# 第 6 章　光滑工件尺寸的检验

## 6.1　尺寸误检的基本概念

用普通计量器具（如游标卡尺、千分尺及车间使用的比较仪等）检验工件时，通常采用两点法测量，所得量值为局部实际尺寸。显然计量器具本身的误差、测量条件的偏差，以及工件的几何误差等都会对测量结果产生影响。真实尺寸位于公差带内，但接近极限偏差的合格工件，可能因测得的实际尺寸超出公差带而被判为废品，这种现象称为误废；真实尺寸已超出公差带范围，但靠近极限偏差的废品，可能因测得的实际尺寸仍处于公差带内而被判为合格品，这种现象称为误收。误废和误收是误检的两种形式。

如图 6-1 所示，用测量不确定度为 0.004mm 的杠杆千分尺测量 $\phi 40_{-0.062}^{0}$ 的轴。若按极限尺寸验收，则凡是测量结果在 $\phi 39.938$ 至 $\phi 40$ 范围内的轴都认为是合格的。但由于测量误差的存在，使得真值在 $\phi 40 \sim \phi 40.004$ 与 $\phi 39.934 \sim \phi 39.938$ 之间的不合格零件有可能被误收，而真值在 $\phi 39.996 \sim \phi 40$ 与 $\phi 39.938 \sim \phi 39.942$ 之间的合格零件有可能被误废。显然，测量误差越大，则误收、误废的概率也越大。正确地选择计量器具对于保证测量精度，降低测量成本有着很重要的意义。

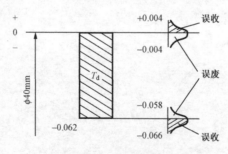

图 6-1　误收与误废

## 6.2　用普通计量器具测量工件

### 6.2.1　验收极限

验收极限是检验工件尺寸时判断合格与否的尺寸界限。国家标准《光滑工件尺寸的检验》（GB/T 3177—2009）对用普通计量器具（游标卡尺、千分尺、分度值不小于 0.5μm 的指示表和比较仪等）检测工件尺寸规定了两种验收极限。

**1. 验收极限方式的确定**

（1）内缩方式

内缩方式的验收极限是从规定的最大实体尺寸（MMS）和最小实体尺寸（LMS）分别向工件公差带内移动一个安全裕度（A）来确定，如图 6-2 所示。安全裕度 A 值按工件尺寸公差 T 的 1/10 确定，即

$$A = T/10$$

孔尺寸的验收极限：

上验收极限=最小实体尺寸（LMS）–安全裕度（A）

下验收极限=最大实体尺寸（MMS）+安全裕度（A）

轴尺寸的验收极限：

上验收极限=最大实体尺寸（MMS）–安全裕度（A）

下验收极限=最小实体尺寸（LMS）+安全裕度（A）

图 6-2　内缩方式的验收极限

（2）不内缩方式

不内缩方式验收极限等于规定的最大实体尺寸（MMS）和最小实体尺寸（LMS），即安全裕度 A 值等于零。

**2. 验收极限方式的选择**

验收极限方式的选择要结合尺寸功能要求及其重要程度、尺寸公差等级、测量不确定度和工艺能力等因素综合考虑。

（1）对遵循包容要求的尺寸、公差等级较高的尺寸，应选择内缩方式。

（2）当工艺能力指数 $C_p \geq 1$ 时（$C_p = T/6\sigma$，T 为工件尺寸公差，$\sigma$ 为工件尺寸分布的标准偏差），可选择不内缩方式。但对遵循包容要求的尺寸，在最大实体尺寸一侧的验收极限仍应选择内缩方式，如图 6-3 所示。

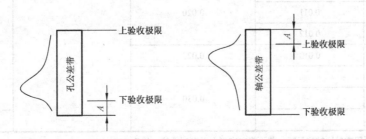

图 6-3　单侧采用内缩方式的验收极限

（3）对偏态分布的尺寸（如手控加工时，为了避免出现不可修复的废品，轴尺寸多偏大，孔尺寸多偏小），其验收极限可只对尺寸偏向的一侧选择内缩方式，如图 6-3 所示。

（4）对非配合尺寸和采用一般公差的尺寸，其验收极限选择不内缩方式。

## 6.2.2　计量器具的选择

用普通计量器具检测工件尺寸时，测量不确定度除主要包括计量器具的不确定度外，还受测量温度、工件形状误差以及因测量力而产生的工件被测处的压缩变形等实际因素的影响。统计分析表明，计量器具的不确定度约占测量不确定度的 90%。

因此，在确定测量不确定度允许值 $u$ 之后，就可以将 $0.9u$ 作为计量器具的不确定度允许值 $u_1$，所选计量器具的不确定度不得大于 $u_1$ 值。

测量不确定度允许值 $u$ 按其与工件尺寸公差的比值分档。IT6～IT11 级分为 Ⅰ、Ⅱ、Ⅲ 三档，IT12～IT18 级分为 Ⅰ、Ⅱ 两档，如表 6-1 所示。一般情况下，优先选用 Ⅰ 档，其次为 Ⅱ 档、Ⅲ 档。

常用计量器具的测量不确定度列于表 6-2、表 6-3 和表 6-4，可供选择时参考。

表 6-1　测量不确定度允许值 $u$

| 被测尺寸公差等级 | | IT6～IT11 | | | IT12～IT18 | |
|---|---|---|---|---|---|---|
| 分档 | | Ⅰ | Ⅱ | Ⅲ | Ⅰ | Ⅱ |
| 允许值 | | $T/10$ | $T/6$ | $T/4$ | $T/10$ | $T/6$ |

注：$T$ 为被测尺寸公差值。

表 6-2　千分尺和游标卡尺的不确定度　　　　　　　　　　　　　　（mm）

| 尺寸范围 | 计量器具类型 | | | |
|---|---|---|---|---|
| | 分度值为 0.01 的外径千分尺 | 分度值为 0.01 的内径千分尺 | 分度值为 0.02 的游标卡尺 | 分度值为 0.05 的游标卡尺 |
| ～50 | 0.004 | | | |
| >50～100 | 0.005 | 0.008 | | 0.050 |
| >100～150 | 0.006 | | | |
| >150～200 | 0.007 | | 0.020 | |
| >200～250 | 0.008 | 0.013 | | |
| >250～300 | 0.009 | | | |
| >300～350 | 0.010 | | | |
| >350～400 | 0.011 | 0.020 | | |
| >400～450 | 0.012 | | | 0.100 |
| >450～500 | 0.013 | 0.025 | | |
| >500～600 | | | | |
| >600～700 | | 0.030 | | |
| >700～1000 | | | | 0.150 |

注：当千分尺采用微差比较测量时，其不确定度可小于表列数值，约为 60%。

**【例 6-1】** 试确定检验轴 $\phi 30h7(^{0}_{-0.021})$ Ⓔ 的验收极限，并选择相应的计量器具。

**解：** 由于采用包容要求，故应采用内缩方式确定验收极限

安全裕度为： $A = T/10 = 0.021/10 = 0.0021$

验收极限为：上验收极限 = 30−0.0021 = 29.9979mm

下验收极限 = 30−0.021 + 0.0021 = 29.9811mm

按表 6-1，测量不确定度允许值 $u = T/10 = 0.0021$

所以，计量器具的不确定度允许值 $u_1 = 0.9u \approx 0.0019$

查表 6-3 知，应选用分度值为 0.002mm 的比较仪。该比较仪的不确定度为 0.0018mm，刚好小于允许值 $u_1$。

**表 6-3 比较仪的不确定度** （mm）

| 尺寸范围 | 计量器具类型 | | | |
|---|---|---|---|---|
| | 分度值为 0.0005 的比较仪 | 分度值为 0.001 的比较仪 | 分度值为 0.002 的比较仪 | 分度值为 0.005 的比较仪 |
| ～25 | 0.0006 | 0.0010 | 0.0017 | |
| >25～40 | 0.0007 | | | |
| >40～65 | 0.0008 | 0.0011 | 0.0018 | |
| >65～90 | 0.0008 | | | 0.0030 |
| >90～115 | 0.0009 | 0.0012 | 0.0019 | |
| >115～165 | 0.0010 | 0.0013 | | |
| >165～215 | 0.0012 | 0.0014 | 0.0020 | |
| >215～265 | 0.0014 | 0.0015 | 0.0021 | 0.0035 |
| >265～315 | 0.0016 | 0.0017 | 0.0022 | |

注：测量时，使用的标准器由 4 块 1 级（或 4 等）量块组成。

**表 6-4 指示表的不确定度** （mm）

| 尺寸范围 | 计量器具类型 | | | |
|---|---|---|---|---|
| | 分度值为 0.001 的千分表（0 级在全程范围内，1 级在 0.2mm 内）；分度值为 0.002 的千分表（在 1 转范围内） | 分度值为 0.001、0.002、0.005 的千分表（1 级在全程范围内）；分度值为 0.01 的百分表（0 级在任意 1mm 内） | 分度值为 0.01 的百分表（0 级在全程范围内，1 级在任意 1mm 内） | 分度值为 0.01 的百分表（1 级在全程范围内） |
| ～25 | | | | |
| >25～40 | | | | |
| >40～65 | 0.005 | | | |
| >65～90 | | | | |
| >90～115 | | 0.010 | 0.018 | 0.030 |
| >115～165 | | | | |
| >165～215 | 0.006 | | | |
| >215～265 | | | | |
| >265～315 | | | | |

注：测量时，使用的标准器由 4 块 1 级（或 4 等）量块组成。

# 6.3 光滑极限量规

## 6.3.1 概述

### 1. 光滑极限量规的概念

光滑极限量规（Plain Limit Gauge）是具有以孔或轴的最大极限尺寸和最小极限尺寸为公称尺寸的标准测量面，能反映控制被检孔或轴边界条件的无刻线长度测量器具。光滑极限量规成对设计和使用，它们能检验零件尺寸合格与否，但不能测量出零件的实际尺寸。其中之一体现零件的最大实体边界，用以控制零件的体外作用尺寸；另一体现零件的最小实体尺寸，用以控制零件的实际尺寸。

塞规（Plug Gauge）是用于孔径检验的光滑极限量规，其测量面为外圆柱面。其中，圆柱直径以被检孔径最小极限尺寸为公称尺寸的称为孔用通规，以被检孔径最大极限尺寸为公称尺寸的称为孔用止规，如图 6-4 所示。检验时，通规能通过被检孔，而止规不能通过，则被检孔为合格。

环规（Ring Gauge）是用于轴径检验的光滑极限量规，其测量面为内圆环面。其中，圆环直径以被检轴径最大极限尺寸为公称尺寸的称为轴用通规，以被检轴径最小极限尺寸为公称尺寸的称为轴用止规，如图 6-5 所示。检验时，通规能通过被检轴径，而止规不能通过，则被检轴径为合格。

光滑极限量规结构简单，使用方便，检验结果可靠，因而在批量生产中得到广泛应用。

图 6-4 孔用塞规　　　　　　　　　　图 6-5 轴用环规

### 2. 光滑极限量规的分类

光滑极限量规按其用途的不同可分为工作量规、验收量规和校对量规三类。

（1）工作量规——工人在加工时用来检验工件的量规。工作量规的通端用代号"T"表示，止端用代号"Z"表示。

（2）验收量规——检验部门或用户代表验收工件时使用的量规为验收量规。

（3）校对量规——检验轴用量规在制造时是否符合制造公差，在使用中是否已达到磨损极限所使用的量规。孔用量规，由于易用普通量仪检验，故不采用校对量规。

轴用校对量规又可分为以下三种：

"校通—通"量规（代号 TT）——检验轴用量规通规的校对量规。检验时应通过轴用量规的通规，否则该通规不合格。

"校止—通"量规（代号 ZT）——检验轴用量规止规的校对量规。检验时应通过轴用量规的止规，否则该止规不合格。

"校通—损"量规（代号 TS）——检验轴用量规通规是否达到磨损极限的校对量规。检验时不应通过轴用量规的通规，否则该通规已达到或超过磨损极限，应报废。

需要说明的是，国家标准《光滑极限量规 技术条件》（GB/T 1957—2006）并没有对"验收量规"作特别的规定，但在附录中作了如下的规范性说明：制造厂对工件进行检验时，操作者应使用新的或者磨损较少的通规；检验部门应使用与操作者相同形式的且已磨损较多的通规。用户代表在用量规验收工件时，通规应接近工件的最大实体尺寸，止规应接近工件的最小实体尺寸。

## 6.3.2 量规公差带

量规公差带与被检验工件（孔或轴）公差带的相对位置如图 6-6 所示。国家标准规定通规和止规都采用内缩方案，即公差带全部偏置于被检工件的尺寸公差带内，这样有利于防止误收，保证产品质量。

由图 6-6 可以看出，工作量规的通规除规定了制造公差 $T_1$ 外，还规定了公差带中心到被检工件最大实体尺寸之间的距离 $Z_1$（位置要素）。这是因为在检验工件时，通规要经常通过被检孔或轴而产生磨损，为了保证通规的合理使用寿命，特将通规的制造公差带相对于被检工件的公差带内移一个距离。工作量规的制造公差 $T_1$ 和位置要素 $Z_1$ 见表 6-5。

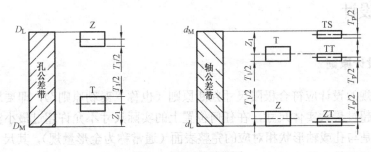

图 6-6 量规公差带图

表 6-5 IT6～IT16 级工作量规制造公差与位置要素（摘自 GB/T 1957—2006） （μm）

| 基本尺寸 $D$/mm | IT6 | | | IT7 | | | IT8 | | | IT9 | | | IT10 | | | IT11 | | | IT12 | | | IT13 | | | IT14 | | | IT15 | | | IT16 | | |
|---|---|---|---|---|---|---|---|---|---|---|---|---|---|---|---|---|---|---|---|---|---|---|---|---|---|---|---|---|---|---|---|---|---|
| | IT6 | $T_1$ | $Z_1$ | IT7 | $T_1$ | $Z_1$ | IT8 | $T_1$ | $Z_1$ | IT9 | $T_1$ | $Z_1$ | IT10 | $T_1$ | $Z_1$ | IT11 | $T_1$ | $Z_1$ | IT12 | $T_1$ | $Z_1$ | IT13 | $T_1$ | $Z_1$ | IT14 | $T_1$ | $Z_1$ | IT15 | $T_1$ | $Z_1$ | IT16 | $T_1$ | $Z_1$ |
| –3 | 6 | 1 | 1 | 10 | 1.2 | 1.6 | 14 | 1.6 | 2 | 25 | 2 | 3 | 40 | 2.4 | 4 | 60 | 3 | 6 | 100 | 4 | 9 | 140 | 6 | 14 | 250 | 9 | 20 | 400 | 14 | 30 | 600 | 20 | 40 |
| >3～6 | 8 | 1.2 | 1.4 | 12 | 1.4 | 2 | 18 | 2 | 2.6 | 30 | 2.4 | 4 | 48 | 3 | 5 | 75 | 4 | 8 | 120 | 5 | 11 | 180 | 7 | 16 | 300 | 11 | 25 | 480 | 16 | 35 | 750 | 25 | 50 |
| >6～10 | 9 | 1.4 | 1.6 | 15 | 1.8 | 2.4 | 22 | 2.4 | 3.2 | 36 | 2.8 | 5 | 58 | 3.6 | 6 | 90 | 5 | 9 | 150 | 6 | 13 | 220 | 8 | 20 | 360 | 13 | 30 | 580 | 20 | 40 | 900 | 30 | 60 |
| >10～18 | 11 | 1.6 | 2 | 18 | 2 | 2.8 | 27 | 2.8 | 4 | 43 | 3.4 | 6 | 70 | 4 | 8 | 110 | 6 | 11 | 180 | 7 | 15 | 270 | 10 | 24 | 430 | 15 | 35 | 700 | 24 | 50 | 1100 | 35 | 75 |
| >18～30 | 13 | 2 | 2.4 | 21 | 2.4 | 3.4 | 33 | 3.4 | 5 | 52 | 4 | 7 | 84 | 5 | 9 | 130 | 7 | 13 | 210 | 8 | 18 | 330 | 12 | 28 | 520 | 18 | 40 | 840 | 28 | 60 | 1300 | 40 | 90 |
| >30～50 | 16 | 2.4 | 2.8 | 25 | 3 | 4 | 39 | 4 | 6 | 62 | 5 | 8 | 100 | 6 | 11 | 160 | 8 | 16 | 250 | 10 | 22 | 390 | 14 | 34 | 620 | 22 | 50 | 1000 | 34 | 75 | 1600 | 50 | 110 |

续表

| 基本尺寸 $D$/mm | IT6 | | | IT7 | | | IT8 | | | IT9 | | | IT10 | | | IT11 | | | IT12 | | | IT13 | | | IT14 | | | IT15 | | | IT16 | | |
|---|---|---|---|---|---|---|---|---|---|---|---|---|---|---|---|---|---|---|---|---|---|---|---|---|---|---|---|---|---|---|---|---|---|
| | IT6 | $T_1$ | $Z_1$ | IT7 | $T_1$ | $Z_1$ | IT8 | $T_1$ | $Z_1$ | IT9 | $T_1$ | $Z_1$ | IT10 | $T_1$ | $Z_1$ | IT11 | $T_1$ | $Z_1$ | IT12 | $T_1$ | $Z_1$ | IT13 | $T_1$ | $Z_1$ | IT14 | $T_1$ | $Z_1$ | IT15 | $T_1$ | $Z_1$ | IT16 | $T_1$ | $Z_1$ |
| >50 ~80 | 19 | 2.8 | 3.4 | 30 | 3.6 | 4.6 | 46 | 4.6 | 7 | 74 | 6 | 9 | 120 | 7 | 13 | 190 | 9 | 19 | 300 | 12 | 26 | 460 | 16 | 40 | 740 | 26 | 60 | 1200 | 40 | 90 | 1900 | 60 | 130 |
| >80 ~120 | 22 | 3.2 | 3.8 | 35 | 4.2 | 5.4 | 54 | 5.4 | 8 | 87 | 7 | 10 | 140 | 8 | 15 | 220 | 10 | 22 | 350 | 14 | 30 | 540 | 20 | 46 | 870 | 30 | 70 | 1400 | 46 | 100 | 2200 | 70 | 150 |
| >120 ~180 | 25 | 3.8 | 4.4 | 40 | 4.8 | 7 | 63 | 6 | 9 | 100 | 8 | 12 | 160 | 9 | 18 | 250 | 12 | 25 | 400 | 16 | 35 | 630 | 22 | 52 | 1000 | 35 | 80 | 1600 | 52 | 120 | 2500 | 80 | 180 |
| >180 ~250 | 29 | 4.4 | 5 | 46 | 5.4 | 7 | 72 | 7 | 10 | 115 | 9 | 14 | 185 | 10 | 20 | 290 | 14 | 29 | 460 | 18 | 40 | 720 | 26 | 60 | 1150 | 40 | 90 | 1850 | 60 | 130 | 2900 | 90 | 200 |
| >250 ~315 | 32 | 4.8 | 5.6 | 52 | 6 | 8 | 81 | 8 | 11 | 130 | 10 | 16 | 210 | 12 | 22 | 320 | 16 | 32 | 520 | 20 | 45 | 810 | 28 | 66 | 1300 | 45 | 100 | 2100 | 66 | 150 | 3200 | 100 | 220 |
| >315 ~400 | 36 | 5.4 | 6.2 | 57 | 7 | 9 | 89 | 9 | 12 | 140 | 11 | 18 | 230 | 14 | 25 | 360 | 18 | 36 | 570 | 22 | 50 | 890 | 32 | 74 | 1400 | 50 | 110 | 2300 | 74 | 170 | 3600 | 110 | 250 |
| >400 ~500 | 40 | 6 | 7 | 63 | 8 | 10 | 97 | 10 | 14 | 155 | 12 | 20 | 250 | 16 | 28 | 400 | 20 | 40 | 630 | 24 | 55 | 970 | 36 | 80 | 1550 | 55 | 120 | 2500 | 80 | 190 | 4000 | 120 | 280 |

工程应用中，新通规的实际尺寸必须在制造公差带内，而经使用磨损后的尺寸可以超出制造公差带，直至达到磨损极限（即被检工件的最大实体尺寸）时才停止使用。

国家标准还规定，量规的形状和位置误差应在其尺寸公差带内；公差值为量规尺寸公差的50%。当量规尺寸公差小于或等于 0.002 时，其形状和位置公差为 0.001。

校对塞规的尺寸公差 $T_p$ 为被校对轴用工作量规尺寸公差的 1/2。其尺寸公差中包含形状误差。

## 6.3.3  量规设计

### 1. 量规的设计原则

光滑极限量规的设计应符合极限尺寸判断原则（也称"泰勒原则"），即要求孔或轴的体外作用尺寸不允许超过最大实体尺寸，在任何位置上的实际尺寸不允许超过最小实体尺寸。因此通规的测量面应是与孔或轴形状相对应的完整表面（通常称为全形量规），其尺寸等于工件的最大实体尺寸，且长度等于配合长度；止规的测量面应是点状的，两测量面之间的尺寸等于工件的最小实体尺寸。

### 2. 量规形式的选用

使用符合泰勒原则的光滑极限量规检验零件，基本可以保证零件公差与配合的要求。但在实际应用中，为了使量规的制造和使用方便，量规常偏离上述原则。如检验轴的通规按泰勒原则应为圆形环规，但环规使用不方便，故一般都做成卡规，如图 6-7 所示；检验大尺寸孔的通规，为了减轻质量，常做成不全形塞规或球端杆规，如图 6-8 所示；由于点接触容易磨损，故止规也不一定是两点接触式，一般常用小平面或圆柱面，即采用线、面接触形式；检验小尺寸孔的止规为了加工方便，常做成全形（圆柱形）止规。

国家标准规定，使用偏离泰勒原则的量规的条件是应保证被检工件的形状误差不致影响配合的性质。推荐的量规形式应用尺寸范围见表 6-6。

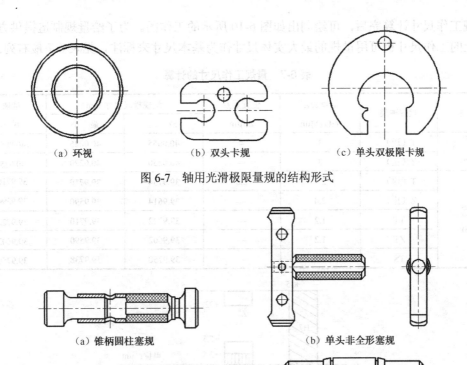

（a）环视　　　　　　（b）双头卡规　　　　　（c）单头双极限卡规

图 6-7　轴用光滑极限量规的结构形式

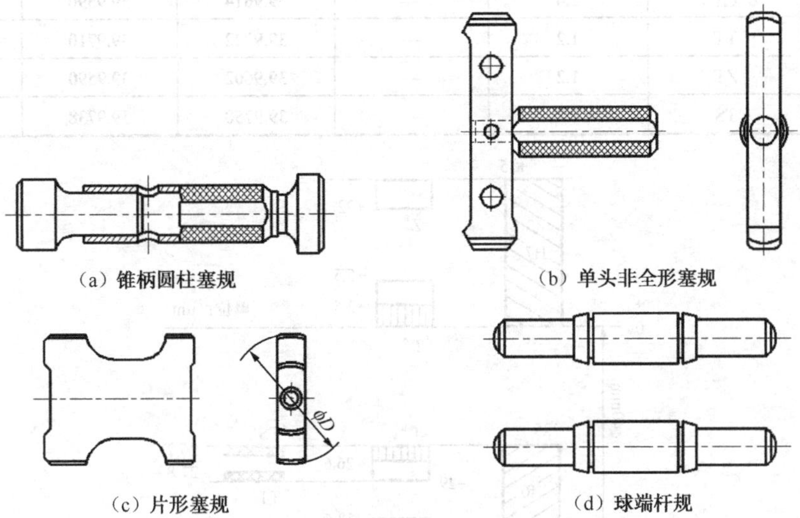

（a）锥柄圆柱塞规　　　　　　　　　　（b）单头非全形塞规

（c）片形塞规　　　　　　　　　（d）球端杆规

图 6-8　孔用光滑极限量规的结构形式

### 3. 量规工作尺寸的计算

计算量规工作尺寸时，应首先查出被检验工件的标准公差与基本偏差，然后从表 6-5 中查出量规的制造公差 $T_1$ 和位置要素 $Z_1$，按图 6-6 即可画出所设计量规的公差带图。

表 6-6　推荐的量规形式应用尺寸范围

| 用途 | 推荐顺序 | 量规的工作尺寸/mm | | | |
|---|---|---|---|---|---|
| | | ~18 | >18~100 | >100~315 | >315~500 |
| 工件孔用通端量规形式 | 1 | 全形塞规 | | 不全形塞规 | 球端杆规 |
| | 2 | — | 不全形塞规或片形塞规 | 片形塞规 | — |
| 工件孔用止端量规形式 | 1 | 全形塞规 | 全形或片形塞规 | | 球端杆规 |
| | 2 | — | 不全形塞规 | | — |
| 工件轴用通端量规形式 | 1 | 环规 | | | 卡规 |
| | 2 | 卡规 | | | |
| 工件轴用止端量规形式 | 1 | 卡规 | | | |
| | 2 | 环规 | | | |

现以 $\phi40H7/f6$ 配合的孔用与轴用量规为例，计算各种量规的有关工作尺寸，其计算结果列于表 6-7，公差带图如图 6-9 所示。

量规工作尺寸计算完后，可绘制出如图 6-10 所示的工作图。为了给量规制造提供方便，量规图纸上的工作尺寸也可用量规的最大实体尺寸作为基本尺寸来标注，见表 6-7 最右列。

表 6-7　量规工作尺寸的计算

| 被检工件 | 量规种类 | 量规公差 $T_1(T_p)$/μm | 位置要素 $Z_1$/μm | 量规极限尺寸/mm | | 量规工作尺寸/mm |
| --- | --- | --- | --- | --- | --- | --- |
| | | | | 最 大 | 最 小 | |
| $\phi40^{+0.025}_{0}$ ($\phi40H7$) | T（通） | 3 | 4 | 40.0055 | 40.0025 | $40.0055^{0}_{-0.003}$ |
| | Z（止） | 3 | — | 40.0250 | 40.0220 | $40.0250^{0}_{-0.003}$ |
| $\phi40^{-0.025}_{-0.041}$ ($\phi40f6$) | T（通） | 2.4 | 2.8 | 39.9734 | 39.9710 | $39.9710^{+0.0024}_{0}$ |
| | Z（止） | 2.4 | — | 39.9614 | 39.9590 | $39.9590^{+0.0024}_{0}$ |
| | TT | 1.2 | — | 39.9722 | 39.9710 | $39.9722^{0}_{-0.0012}$ |
| | ZT | 1.2 | — | 39.9602 | 39.9590 | $39.9602^{0}_{-0.0012}$ |
| | TS | 1.2 | — | 39.9750 | 39.9738 | $39.9750^{0}_{-0.0012}$ |

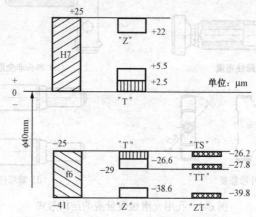

图 6-9　$\phi40\,H7/f6$ 孔、轴用量规公差带图

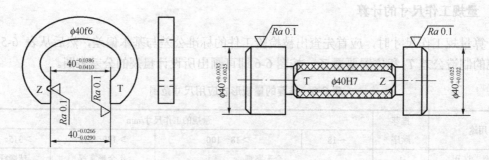

图 6-10　量规工作图

### 4. 量规的技术要求

光滑极限量规的技术要求主要包括以下几个方面。

（1）量规的测量面不应有锈迹、毛刺、黑斑、划痕等明显影响外观和影响使用质量的缺陷，其他表面也不应有锈蚀和裂纹。

（2）塞规的测头与手柄的连接应牢固可靠，在使用过程中不应松动。

（3）量规应用合金工具钢、碳素工具钢、渗碳钢及其他耐磨材料制造，测量面的硬度不应小于 700HV（或 60HRC）。

（4）量规测量面的表面粗糙度 $R_a$ 值不应大于表 6-8 的规定，校对量规测量面的表面粗糙度值为被校对轴用量规测量面的表面粗糙度值的 1/2。

（5）量规应经过稳定性处理。

**表 6-8 量规测量面的表面粗糙度 *Ra*** （μm）

| 工 作 量 规 | 工作量规的基本尺寸 *D*/mm | | |
|---|---|---|---|
| | *D*≤120 | 120<*D*≤315 | 315<*D*≤500 |
| IT6 级孔用工作塞规 | 0.05 | 0.10 | 0.20 |
| IT7～IT9 级孔用工作塞规 | 0.10 | 0.20 | 0.40 |
| IT10～IT12 级孔用工作塞规 | 0.20 | 0.40 | 0.80 |
| IT13～IT16 级孔用工作塞规 | 0.40 | 0.80 | |
| IT6～IT9 级轴用工作环规 | 0.10 | 0.20 | 0.4 |
| IT10～IT12 级轴用工作环规 | 0.20 | 0.40 | 0.80 |
| IT13～IT16 级轴用工作环规 | 0.40 | 0.80 | |
| 校对塞规 | 校对塞规的基本尺寸 *D*/mm | | |
| | *D*≤120 | 120<*D*≤315 | 315<*D*≤500 |
| IT6～IT9 级轴用工作环规的校对塞规 | 0.05 | 0.10 | 0.20 |
| IT10～IT12 级轴用工作环规的校对塞规 | 0.10 | 0.20 | 0.40 |
| IT13～IT16 级轴用工作环规的校对塞规 | 0.20 | 0.40 | |

# 习题

1. 要求用普通计量器具测量 $\phi40f8$ 轴、$\phi20H9$ 孔，试分别选用计量器具并计算验收极限。
2. 计算检验 $\phi30M7$ 孔用量规的工作尺寸，并画出量规的公差带图。
3. 计算检验 $\phi18p7$ 轴用工作量规及其校对量规的工作尺寸，并画出量规的公差带图。

# 思考题

1. 测量工件尺寸时，为什么应按验收极限来验收工件？验收极限如何确定？
2. 光滑极限量规通规和止规工作部分的形状有何不同？为什么？
3. 为什么光滑极限量规通规和止规应成对使用？它们各用来控制什么尺寸？
4. 为什么孔用工作量规没有校对量规？
5. 量规的主要技术要求有哪些？

# 第 7 章 滚动轴承的互换性

## 7.1 概述

滚动轴承是机械中广泛使用的一种标准化部件，用以支承轴类零件转动。其典型结构如

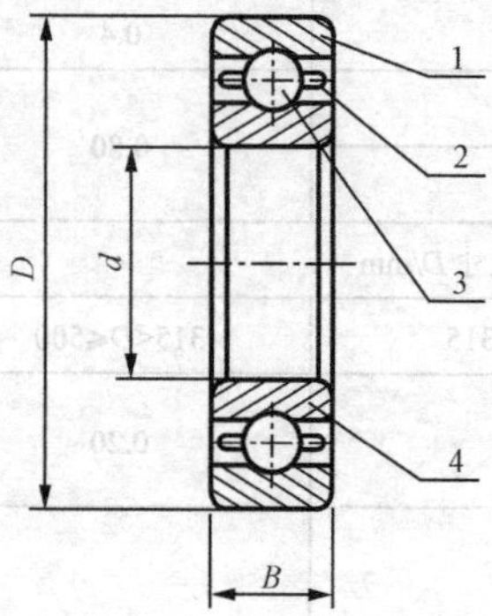

1—外圈；2—保持架；3—滚动体；4—内圈

图 7-1 滚动轴承

图 7-1 所示，由外圈、内圈、滚动体和保持架组成。与滑动轴承相比，滚动轴承摩擦力矩小、消耗功率小、启动容易、润滑简单、更换方便。

轴承的外径 $D$ 和内径 $d$ 是配合的基本尺寸。在一般情况下，外圈装在壳体的孔内，固定不动；内圈与轴颈配合，随轴转动。滚动轴承的外圈内滚道、内圈外滚道与滚动体之间，由于大都采用分组装配 所以它们之间的互换性通常为不完全互换性。

滚动轴承是由专业化工厂生产的，为了实现滚动轴承的互换性要求，制定了滚动轴承的公差标准。它不仅规定了滚动轴承的尺寸精度、旋转精度、测量方法，还规定了与轴承相配的壳体和轴颈的尺寸精度、配合、几何公差和表面粗糙度等。

## 7.2 滚动轴承的公差等级

国家标准《滚动轴承 通用技术规则》（GB/T 307.3—2005）按滚动轴承的尺寸公差和旋转精度来划分等级：

向心轴承公差等级分为：0、6、5、4、2 五级；

圆锥滚子轴承公差等级分为：0、6x、5、4、2 五级；

推力轴承公差等级分为：0、6、5、4 四级。

从 0～2 级精度依次升高，2 级精度最高，0 级精度最低。

0 级轴承属于普通级精度，用于旋转精度不高的机构中。例如，普通机床变速箱和进给箱，汽车、拖拉机变速机构，普通电动机、水泵、压缩机和涡轮机等。0 级轴承在机械制造业中应用最广。

6、5、4 和 2 级轴承用于转速较高和旋转精度也要求较高的机械中。如普通机床主轴的前支承采用 5 级轴承，后支承采用 6 级轴承；高精度车床和磨床、高速离心机等的主轴轴承多采用 5 级和 4 级轴承；2 级轴承主要应用于高精度、高转速的机械中，如坐标镗床主轴、高精度磨床主轴和高精度仪器。

滚动轴承的公差包括尺寸公差和旋转精度两部分。前者是指轴承的内径 $d$、外径 $D$ 和宽度 $B$

等的尺寸公差；后者是指轴承内、外圈作相对转动时的跳动公差，包括内、外圈径向跳动，以及端面对滚道的跳动和端面对内孔的跳动。因轴承内、外圈为薄壁结构，在制造及存放中易变形（常呈椭圆形），但在装配后一般都能得到矫正。

为便于制造，允许内、外圈有一定的变形（允许的变形在国家标准中用单一直径偏差和单一平面直径变动量来控制，详见 GB/T 307.1—2005）。为保证轴承与结合件的配合性质，所限制的仅是内、外圈在其单一平面内的平均直径（用 $d_{mp}$ 和 $D_{mp}$ 表示），即轴承的配合尺寸，其计算公式为：

内径　$d_{mp} = \dfrac{d_{s\,max} + d_{s\,min}}{2}$

外径　$D_{mp} = \dfrac{D_{s\,max} + D_{s\,min}}{2}$

式中　$d_{s\,max}$，$d_{s\,min}$——单一平面内的最大、最小内径；

$D_{s\,max}$，$D_{s\,min}$——单一平面内的最大、最小外径。

合格的轴承，其内、外圈的直径必须使 $d_{mp}$、$D_{mp}$ 在允许的尺寸范围内。

参照 GB/T 307.1—2005，表 7-1～表 7-4 给出了向心轴承内圈和外圈平均直径的极限偏差及成套轴承的径向和轴向的跳动公差。

表 7-1　向心轴承（圆锥滚子轴承除外）内圈公差　　　　　　　（μm）

| 项目 | 公差等级 | 偏差或跳动的允许值 | 内径基本尺寸 $d$/mm | | | | | |
|---|---|---|---|---|---|---|---|---|
| | | | >10～18 | >18～30 | >30～50 | >50～80 | >80～120 | >120～180 |
| 单一平面平均内径偏差 $\Delta d_{mp}$ | 0 | 下偏差（上偏差 = 0） | −8 | −10 | −12 | −15 | −20 | −25 |
| | 6 | | −7 | −8 | −10 | −12 | −15 | −18 |
| | 5 | | −5 | −6 | −8 | −9 | −10 | −13 |
| | 4 | | −4 | −5 | −6 | −7 | −8 | −10 |
| | 2 | | −2.5 | −2.5 | −2.5 | −4 | −5 | −7 |
| 成套轴承内圈径向跳动 $K_{ia}$ | 0 | Max | 10 | 13 | 15 | 20 | 25 | 30 |
| | 6 | | 7 | 8 | 10 | 10 | 13 | |
| | 5 | | 4 | 4 | 5 | 5 | 6 | 8 |
| | 4 | | 2.5 | 3 | 4 | 4 | 6 | 2.5 |
| | 2 | | 1.5 | 2.5 | 2.5 | 2.5 | 2.5 | 2.5 |
| 成套轴承内圈轴向跳动 $S_{ia}^{*}$ | 0 | Max | | | | | | |
| | 6 | | | | | | | |
| | 5 | | 7 | 8 | 8 | 8 | 9 | 10 |
| | 4 | | 3 | 4 | 4 | 5 | 5 | 7 |
| | 2 | | 1.5 | 2.5 | 2.5 | 2.5 | 2.5 | 5 |

*——仅适用于沟型球轴承。

表 7-2　向心轴承（圆锥滚子轴承除外）外圈公差　　　　　　　（μm）

| 项目 | 公差等级 | 偏差或跳动的允许值 | 外径基本尺寸 D/mm | | | | | |
|---|---|---|---|---|---|---|---|---|
| | | | >18～30 | >30～50 | >50～80 | >80～120 | >120～150 | >150～180 |
| 单一平面平均外径偏差 $\Delta D_{mp}$ | 0 | 下偏差（上偏差 = 0） | −9 | −11 | −13 | −15 | −18 | −25 |
| | 6 | | −8 | −9 | −11 | −13 | −15 | −18 |
| | 5 | | −6 | −7 | −9 | −10 | −11 | −13 |
| | 4 | | −5 | −6 | −7 | −8 | −9 | −10 |
| | 2 | | −4 | −4 | −4 | −5 | −5 | −7 |
| 成套轴承外圈径向跳动 $K_{ea}$ | 0 | Max | 15 | 20 | 25 | 35 | 40 | 45 |
| | 6 | | 9 | 10 | 13 | 18 | 20 | 23 |
| | 5 | | 6 | 7 | 8 | 10 | 11 | 13 |
| | 4 | | 4 | 5 | 5 | 6 | 7 | 8 |
| | 2 | | 2.5 | 2.5 | 4 | 5 | 5 | 5 |
| 成套轴承外圈轴向跳动 $S_{ea}^{*}$ | 0 | Max | | | | | | |
| | 6 | | | | | | | |
| | 5 | | 8 | 8 | 10 | 11 | 13 | 14 |
| | 4 | | 4 | 5 | 5 | 6 | 7 | 8 |
| | 2 | | 2.5 | 2.5 | 4 | 5 | 5 | 5 |

　*——不适用于凸缘外圈轴承，仅适用于沟型球轴承。

表 7-3　圆锥滚子轴承内圈公差　　　　　　　（μm）

| 项目 | 公差等级 | 偏差或跳动的允许值 | 内径基本尺寸 d/mm | | | | | |
|---|---|---|---|---|---|---|---|---|
| | | | >10～18 | >18～30 | >30～50 | >50～80 | >80～120 | >120～180 |
| 单一平面平均内径偏差 $\Delta d_{mp}$ | 0 | 下偏差（上偏差 = 0） | −12 | −12 | −12 | −15 | −20 | −25 |
| | 6x | | −12 | −12 | −12 | −15 | −20 | −25 |
| | 5 | | −7 | −8 | −10 | −12 | −15 | −18 |
| | 4 | | −5 | −6 | −8 | −9 | −10 | −13 |
| | 2 | | −4 | −4 | −5 | −5 | −6 | −7 |
| 成套轴承内圈径向跳动 $K_{ia}$ | 0 | Max | 15 | 18 | 20 | 25 | 30 | 35 |
| | 6x | | 15 | 18 | 20 | 25 | 30 | 35 |
| | 5 | | 5 | 5 | 6 | 7 | 8 | 11 |
| | 4 | | 3 | 3 | 4 | 4 | 5 | 6 |
| | 2 | | 2 | 2.5 | 2.5 | 3 | 3 | 4 |
| 成套轴承内圈轴向跳动 $S_{ia}^{*}$ | 0 | Max | | | | | | |
| | 6x | | | | | | | |
| | 5 | | | | | | | |
| | 4 | | 3 | 4 | 4 | 4 | 5 | 7 |
| | 2 | | 2 | 2.5 | 2.5 | 3 | 3 | 4 |

　*——仅适用于沟型球轴承。

表 7-4　圆锥滚子轴承外圈公差　　　　　　　　　　　　　（μm）

| 项目 | 公差等级 | 偏差或跳动的允许值 | 外径基本尺寸 D/mm | | | | | |
|---|---|---|---|---|---|---|---|---|
| | | | >18～30 | >30～50 | >50～80 | >80～120 | >120～150 | >150～180 |
| 单一平面平均外径偏差 $\Delta D_{mp}$ | 0 | 下偏差（上偏差＝0） | -12 | -14 | -16 | -18 | -20 | -25 |
| | 6x | | -12 | -14 | -16 | -18 | -20 | -25 |
| | 5 | | -8 | -8 | -11 | -13 | -15 | -18 |
| | 4 | | -6 | -7 | -9 | -10 | -11 | -13 |
| | 2 | | -5 | -5 | -6 | -6 | -7 | -7 |
| 成套轴承外圈径向跳动 $K_{ea}$ | 0 | Max | 18 | 20 | 25 | 35 | 40 | 45 |
| | 6x | | 18 | 20 | 25 | 35 | 40 | 45 |
| | 5 | | 6 | 7 | 8 | 10 | 11 | 13 |
| | 4 | | 4 | 5 | 5 | 6 | 7 | 8 |
| | 2 | | 2.5 | 2.5 | 4 | 5 | 5 | 5 |
| 成套轴承外圈轴向跳动 $S_{ea}^{*}$ | 0 | Max | | | | | | |
| | 6x | | | | | | | |
| | 5 | | | | | | | |
| | 4 | | 5 | 5 | 5 | 6 | 7 | 8 |
| | 2 | | 2.5 | 2.5 | 4 | 5 | 5 | 5 |

\*——不适用于凸缘外圈轴承。

# 7.3　滚动轴承内外径公差带及其特点

滚动轴承作为标准化的部件，为便于组织专业化生产，轴承外圈外径与壳体配合采用基轴制，轴承内圈孔与轴径的配合采用基孔制。

根据滚动轴承使用的特殊性，国家标准规定，轴承外圈外径公差带位于以公称外径 D 为零线的下方，它与国家标准《极限与配合》中具有基本偏差 h 的基轴制的公差带相类似，但公差值不同；规定内圈内径为基孔制，公差带位于以公称内径 d 为零线的下方，如图 7-2 所示，这和一般基孔制的规定不同。因而，各级轴承的内径、外径公差带的上偏差均为零，下偏差均为负值，均呈现单向分布的特点。这样的公差带分布是考虑到轴承与轴颈配合的特殊需要，当它与一般过渡配合的轴相配时，可以获得一定的过盈量，从而满足轴承内圈通常与轴一起旋转的工作需要，同时又可按标准偏差来加工轴。

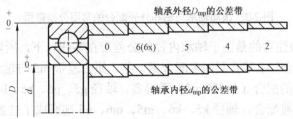

图 7-2　滚动轴承内径、外径公差带分布

# 7.4  滚动轴承与轴、壳体的配合及选用

国家标准《滚动轴承与轴和外壳的配合》（GB/T 275—93）规定了与轴承内、外径相配合的轴和壳体的尺寸公差、几何公差、表面粗糙度以及配合选用的基本原则。

## 7.4.1  轴和壳体的尺寸公差带

如前所述，轴承内径与轴颈的配合采用基孔制，外径与壳体的配合采用基轴制。与轴承相配合的轴颈、壳体的公差带都是从极限与配合国家标准中选出来的。为此， GB/T 275—93 推荐了与轴和壳体配合的常用公差带，如图 7-3 所示。0～2 级轴承与不同公差等级的轴和壳体构成不同的配合，见表 7-5。

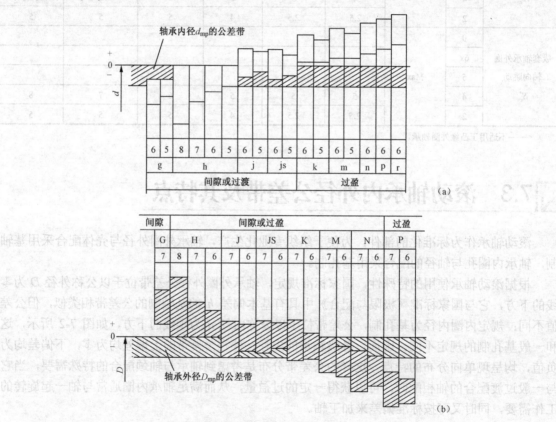

图 7-3　滚动轴承与轴和外壳配合的常用公差带图

在表 7-5 中，应该注意的是由于轴承内径的公差带在零线以下，所以轴承内径与轴的配合比国家标准《极限与配合》中基孔制同名配合紧一些。如公差带 m5 与轴承内径形成的配合，要比它与一般基准孔形成的配合（如 H6/m5）紧得多。轴径 g5、g6、h5、h6、h7 与轴承内径的配合已由间隙配合变为过渡配合，轴径 k5、k6、m5、m6、n6 则变成了过盈配合。

表 7-5 与滚动轴承相配合的轴颈、壳体的公差带

| 公差等级 | 轴颈公差带 | | | 壳体公差带 | | |
|---|---|---|---|---|---|---|
| | 过渡配合 | 过盈配合 | 间隙配合 | 过渡配合 | 过盈配合 | |
| 0 | h9、h8<br>g6、h6、j6、js6<br>g5、h5、j5 | k6、m6、n6、p6、r6<br>k5、m5 | r7 | H8<br>G7、H7<br>H6 | J7、JS7、K7、M7、N7<br>J6、JS6、K6、M6、N6 | P7<br>P6 |
| 6 | g6、h6、j6、js6<br>g5、h5、j5 | k6、m6、n6、p6、r6<br>k5、m5 | r7 | H8<br>G7、H7<br>H6 | J7、JS7、K7、M7、N7<br>J6、JS6、K6、M6、N6 | P7<br>P6 |
| 5 | h5、j5、js5 | k6、m6<br>k5、m5 | G6、H6 | JS6、K6、M6、<br>JS5、K5、M5 | |
| 4 | h5、js5<br>h4、js4 | k5、m5<br>k4 | H5 | K6<br>JS5、K5、M5 | |
| 2 | h3、js3 | | H4<br>H3 | JS4、K4<br>JS3 | |

注：1. 孔 N6 与 0 级轴承（外径 D＜150mm）和 6 级轴承（外径 D＜315mm）的配合为过渡配合；

　　2. 轴 r6 用于内径 d＞120～500mm；轴 r7 用于内径 d＞180～500mm。

轴承外径与壳体的配合与一般基轴制同名配合相比较，因轴承外径的尺寸公差值与基轴制的尺寸公差值有所差异，造成同一个孔的公差带与轴承外径形成的配合，与一般圆柱体的基轴制配合也不完全相同，但配合性质并没有改变。

## 7.4.2 轴承配合的选择

正确选择轴承配合与保证机器正常运转、提高轴承的使用寿命、充分利用轴承的承载能力关系很大。

选择轴承配合时，应综合考虑轴承的工作条件，作用在轴承上负荷的大小、方向和性质，轴承类型和尺寸，与轴承相配的轴和壳体的材料和结构，工作温度、装卸和调整等因素。

### 1. 轴承的工作条件

当轴承的内圈或外圈工作为旋转圈时，应采用稍紧的配合，其过盈量的大小应使配合面在工作负荷下不发生"爬行"。大的过盈量将造成套圈的弹性变形，减少轴承内部游隙，影响轴承正常运转。轴承工作时，若其内圈或外圈为不旋转套圈，为拆卸和调整的方便，宜选用较松的配合。由于不同的工作温升，将使轴和外壳孔在纵向产生不同的伸长量，因此在选择配合时，以达到轴承沿轴向可以自由移动、消除轴承内部应力为原则。但是间隙量过大将会降低整个部件的刚性，引起振动，加剧磨损。

### 2. 负荷类型

（1）固定负荷

作用于轴承上的合成径向负荷与套圈相对静止，即负荷方向始终不变地作用在套圈滚道的局部区域上，当负荷作用在外圈上时，称为固定的外圈负荷；当负荷作用在内圈上时，称为固定的内圈负荷。如图 7-4（a）、（b）所示，它们均受到一个定向的径向负荷 $F_0$ 的作用。

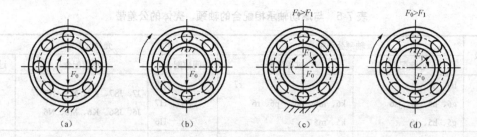

(a) 内圈—旋转负荷，外圈—固定负荷；(b) 内圈—固定负荷，外圈—旋转负荷；

(c) 内圈—旋转负荷，外圈—摆动负荷；(d) 内圈—摆动负荷，外圈—旋转负荷

图 7-4    轴承套圈承受的负荷类型

承受固定负荷的轴承套圈与轴或外壳孔的配合应选较松的过渡配合，或小间隙配合，以便让套圈滚道间的摩擦力矩带动套圈转位，使套圈受力均匀，延长轴承的使用寿命。

（2）旋转负荷

作用于轴承上的合成径向负荷与套圈相对旋转，即合成径向负荷顺次地作用在套圈的整个圆周上，负荷的作用线相对于套圈是旋转的，该套圈所承受的这种负荷称为旋转负荷。当负荷作用在内圈上时，称为旋转的内圈负荷；当负荷作用在外圈上时，称为旋转的外圈负荷，如图 7-4（a）、（b）所示。

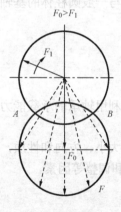

图 7-5    摆动负荷

承受旋转负荷的轴承套圈与轴或外壳孔的配合应选过盈配合，或较紧的过渡配合，这样可以防止套圈在轴颈或外壳孔表面打滑，不会由于配合表面过多发热而使磨损加快，避免轴承急剧破坏。其过盈量的大小，以不使套圈与轴或外壳孔配合表面间产生爬行现象为原则，具体由运行状况决定。

（3）摆动负荷

作用于轴承上的合成径向负荷与所承载的套圈在一定区域内相对摆动，即其合成负荷向量经常变动地作用在套圈滚道的部分圆周上，该套圈所承受的负荷称为摆动负荷。

例如，轴承承受一个方向不变的径向负荷 $F_0$ 和一个较小的旋转径向负荷 $F_1$，两者的合成径向负荷为 $F$，其大小与方向都在变动。但合成径向负荷 $F$ 仅在非旋转套圈 $AB$ 一段滚道内摆动（图 7-5），该套圈所承受的负荷即为摆动负荷，如图 7-4（c）、（d）所示。

承受摆动负荷时，其配合要求与循环负荷相同或略松一点。

**3. 负荷的大小**

轴承与轴颈或外壳孔的配合与负荷的大小有关，GB/T275—93 将径向当量动负荷 $P_r$ 分为轻、正常和重负荷三种类型。当 $P_r \leq 0.07C_r$ 时，称为轻负荷；$0.07C_r < P_r \leq 0.15C_r$ 时，称为正常负荷；$P_r > 0.15C_r$ 时，称为重负荷，其中 $C_r$ 为轴承的径向额定动负荷。

轴承在重负荷和冲击负荷的作用下，套圈容易产生变形，使配合面受力不均匀，引起配合松动。因此，套圈与轴颈或外壳孔的配合应随负荷的增大而变紧，负荷加大，过盈量也应加大。承受变化的负荷应比承受平稳的负荷选用较紧的配合。

**4. 其他因素**

轴承工作时，由于摩擦发热和其他热源的影响，套圈的温度高于与其相配合零件的温度。

内圈的热膨胀会引起它与轴颈的配合松动，而外圈的热膨胀会引起它与外壳孔的配合变紧，因此，轴承的工作温度较高时，应对选用的配合适当修正。

为了考虑轴承安装与拆卸的方便，宜采用较松的配合，对重型机械用的大型或特大型轴承，这点尤为重要。如要求拆卸方便而又需紧配合时，可采用分离型轴承，或采用内圈带锥孔、带紧定套和退卸套的轴承。

综上所述，由于轴承配合实际因素影响的复杂性，如工作温度，轴承的旋转速度、旋转精度、轴颈和壳体的材料、结构及安装与拆卸等影响，难以用计算方法确定。因此，通常依靠经验类比法选取，计算方法仅作为校核。表 7-6、表 7-7、表 7-8、表 7-9 分别列出了国家标准推荐的向心轴承、推力轴承和轴、壳体配合的公差带，供选择时参考。

表 7-6　向心轴承和轴的配合——轴公差带代号

| 圆柱孔轴承 | | | | | |
|---|---|---|---|---|---|
| 运 转 状 态 | | 负荷状态 | 深沟球轴承、调心球轴承和角接触球轴承 | 圆柱滚子轴承和圆锥滚子轴承 | 调心滚子轴承 | 公差带 |
| 说明 | 应用举例 | | 轴承公称内径/mm | | | |
| 旋转的内圈负荷及摆动负荷 | 一般通用机械、电动机、机床主轴、泵、内燃机等齿轮传动装置、铁路机车车辆轴箱、破碎机 | 轻负荷 | ≤18 | — | — | h5 |
| | | | >18～100 | ≤40 | ≤40 | j6[1] |
| | | | >100～200 | >40～140 | >40～100 | k6[1] |
| | | | — | >140～200 | >100～200 | m6[1] |
| 旋转的内圈负荷及摆动负荷 | 一般通用机械、电动机、机床主轴、泵、内燃机等齿轮传动装置、铁路机车车辆轴箱、破碎机 | 正常负荷 | ≤18 | — | — | j5、js5 |
| | | | >18～100 | ≤40 | ≤40 | k5[2] |
| | | | >100～140 | >40～100 | >40～65 | m5[2] |
| | | | >140～200 | >100～140 | >65～100 | m6 |
| | | | >200～280 | >140～200 | >100～140 | n6 |
| | | | — | >200～400 | >140～280 | p6 |
| | | | — | — | >280～500 | r6 |
| | | 重负荷 | | >50～140 | >50～100 | n6[3] |
| | | | | >140～200 | >100～140 | p6[3] |
| | | | | >200 | >140～200 | r6 |
| | | | | | >200 | r7 |
| 固定的内圈负荷 | 静止轴上的各种轮子、张紧轮绳轮、振动筛、惯性振动器 | 所有负荷 | 所有尺寸 | | | f6[1] |
| | | | | | | g6[1] |
| | | | | | | h6 |
| | | | | | | j6 |
| 仅有轴向负荷 | | | 所有尺寸 | | | j6、js6 |
| 圆锥孔轴承 | | | | | | |
| 所有负荷 | 铁路机车车辆轴箱 | | 装在退卸套上的所有尺寸 | | | h8(IT6)[4][5] |
| | 一般机械传动 | | 装在紧定套上的所有尺寸 | | | h9(IT7)[4][5] |

① 凡对精度有较高要求的场合，应以 j5、k5…代替 j6、k6…。

② 圆锥滚子轴承、角接触球轴承配合对游隙影响不大，可用 k6、m6 代替 k5、m5。

③ 重负荷下轴承游隙应选大于 0 组。

④ 凡有较高精度和转速要求的场合，应用 h7(IT5)代替 h8(IT6)等。

⑤ IT6、IT7 表示圆柱度公差数值。

表 7-7   向心轴承和外壳孔的配合——孔公差带代号

| 运转状态 | | 负荷状态 | 其他状态 | 公差带① | |
|---|---|---|---|---|---|
| 说明 | 举例 | | | 球轴承 | 滚子轴承 |
| 固定的外圈负荷 | 一般机械、铁路机车车辆、电动机、泵、曲轴主轴承 | 轻、正常、重 | 轴向易移动，可采用剖分式外壳 | H7、G7② | |
| 摆动负荷 | | 冲击 | 轴向能移动，可采用整体或剖分式外壳 | J7、JS7 | |
| | | 轻、正常 | | K7 | |
| | | 正常、重 | | M7 | |
| | | 冲击 | | | |
| 旋转的外圈负荷 | 张紧滑轮、轮毂轴承 | 轻 | 轴向不移动，采用整体式外壳 | J7 | K7 |
| | | 正常 | | K7、M7 | M7、N7 |
| | | 重 | | — | N7、P7 |

① 并列公差带随尺寸的增大从左至右选择。对旋转精度有较高要求时，可相应提高 1 个公差等级。

② 不适用于剖分式外壳。

表 7-8   推力轴承和轴的配合——轴公差带代号

| 运转状态 | 负荷状态 | 推力球轴承和推力滚子轴承 | 推力调心滚子轴承① | 公差带 |
|---|---|---|---|---|
| | | 轴承公称内径/mm | | |
| 仅有轴向负荷 | | 所有尺寸 | | j6、js6 |
| 固定的轴圈负荷 | 径向和轴向联合负荷 | — | ≤250 | j6 |
| | | | >250 | js6 |
| 旋转的轴圈负荷或摆动负荷 | | — | ≤200 | k6② |
| | | | >200～400 | m6 |
| | | | >400 | n6 |

① 也包括推力圆锥滚子轴承、推力角接触球轴承。

② 要求较小过盈时，可用 j6、k6、m6 分别代替 k6、m6、n6。

表 7-9   推力轴承和外壳孔的配合——孔公差带代号

| 运转状态 | 负荷状态 | 轴承类型 | 公差带 | 备注 |
|---|---|---|---|---|
| 仅有轴向负荷 | | 推力球轴承 | H8 | |
| | | 推力圆柱、圆锥滚子轴承 | H7 | |
| | | 推力调心滚子轴承 | — | 外壳孔与座圈间间隙为 0.001D（D 为轴承公称外径） |
| 固定的轴圈负荷旋转的轴圈负荷或摆动负荷 | 径向和轴向联合负荷 | 推力角接触球轴承 | H7 | |
| | | 推力调心滚子轴承 | K7 | 普通使用条件 |
| | | 推力圆锥滚子轴承 | M7 | 有较大径向负荷时 |

## 7.4.3   配合表面的几何公差与表面粗糙度

轴承与轴颈及壳体的公差等级和配合性质确定以后，为保证轴承正常工作，还应对轴及壳体的几何公差和表面粗糙度提出要求。表 7-10、表 7-11 分别为国家标准规定的各种轴承配合的轴和壳体的几何公差、配合面及端面的表面粗糙度，供选择时参考。

表 7-10　轴和外壳的几何公差　　（μm）

| 基本尺寸/mm | 圆柱度 $t$ | | | | | | | | 端面圆跳动 $t_1$ | | | | | | | |
| | 轴颈 | | | | 外壳孔 | | | | 轴肩 | | | | 外壳孔肩 | | | |
| | 轴承公差等级 | | | | | | | | | | | | | | | |
| | 0 | 6 (6x) | 5 | 4 | 0 | 6 (6x) | 5 | 4 | 0 | 6 (6x) | 5 | 4 | 0 | 6 (6x) | 5 | 4 |
|---|---|---|---|---|---|---|---|---|---|---|---|---|---|---|---|---|
| ≤6 | 2.5 | 1.5 | 1.0 | 0.6 | 4 | 2.5 | 1.5 | 1.0 | 5 | 3 | 2.0 | 1.2 | 8 | 5 | 3 | 2.0 |
| >6~10 | 2.5 | 1.5 | 1.0 | 0.6 | 4 | 2.5 | 1.5 | 1.0 | 6 | 4 | 2.5 | 1.5 | 10 | 6 | 4 | 2.5 |
| >10~18 | 3.0 | 2.0 | 1.2 | 0.8 | 5 | 3.0 | 2.0 | 1.2 | 8 | 5 | 3.0 | 2.0 | 12 | 8 | 5 | 3.0 |
| >18~30 | 4.0 | 2.5 | 1.5 | 1.0 | 6 | 4.0 | 2.5 | 1.5 | 10 | 6 | 4.0 | 2.5 | 15 | 10 | 6 | 4.0 |
| >30~50 | 4.0 | 2.5 | 1.5 | 1.0 | 7 | 4.0 | 2.5 | 1.5 | 12 | 8 | 5.0 | 3.0 | 20 | 12 | 8 | 5.0 |
| >50~80 | 5.0 | 3.0 | 2.0 | 1.2 | 8 | 5.0 | 3.0 | 2.0 | 15 | 10 | 6.0 | 4.0 | 25 | 15 | 10 | 6.0 |
| >80~120 | 6.0 | 4.0 | 2.5 | 1.5 | 6 | 6.0 | 4.0 | 2.5 | 15 | 10 | 6.0 | 4.0 | 25 | 15 | 10 | 6.0 |
| >120~180 | 8.0 | 5.0 | 3.5 | 2.0 | 12 | 8.0 | 5.0 | 3.5 | 20 | 12 | 8.0 | 5.0 | 30 | 20 | 12 | 8.0 |
| >180~250 | 10.0 | 7.0 | 4.5 | 3.0 | 14 | 10.0 | 7.0 | 4.5 | 20 | 12 | 8.0 | 5.0 | 30 | 20 | 12 | 8.0 |
| >250~315 | 12.0 | 8.0 | 6.0 | 4.0 | 16 | 12.0 | 8.0 | 6.0 | 25 | 15 | 10.0 | 6.0 | 40 | 25 | 15 | 10.0 |
| >315~400 | 13.0 | 9.0 | 7.0 | 5.0 | 18 | 13.0 | 9.0 | 7.0 | 25 | 15 | 10.0 | 6.0 | 40 | 25 | 15 | 10.0 |
| >400~500 | 15.0 | 10.0 | 8.0 | 6.0 | 20 | 15.0 | 10.0 | 8.0 | 25 | 15 | 10.0 | 6.0 | 40 | 25 | 15 | 10.0 |

表 7-11　配合面及端面的表面粗糙度

| 轴或外壳直径/mm | 轴或外壳配合表面直径公差等级 | | | | | | | | |
| | IT7 | | | IT6 | | | IT5 | | |
| | 表面粗糙度/μm | | | | | | | | |
| | $Rz$ | $Ra$ | | $Rz$ | $Ra$ | | $Rz$ | $Ra$ | |
| | | 磨 | 车 | | 磨 | 车 | | 磨 | 车 |
|---|---|---|---|---|---|---|---|---|---|
| ≤80 | 10 | 1.6 | 3.2 | 6.3 | 0.8 | 1.6 | 4.0 | 0.4 | 0.8 |
| >80~500 | 16 | 1.6 | 3.2 | 10 | 1.6 | 3.2 | 6.3 | 0.8 | 1.6 |
| 端面 | 25 | 3.2 | 6.3 | 25 | 3.2 | 6.3 | 10 | 1.6 | 3.2 |

【例 7-1】某直齿圆柱齿轮减速器输出轴上的向心球轴承如图 7-6 所示，承受正常负荷，其内径为 $\phi25$mm，外径为 $\phi52$mm，试确定：

（1）轴承的精度等级及与轴承配合的轴颈、壳体的公差带代号；

（2）计算所选配合的间隙与过盈值；

（3）选取轴颈、壳体的几何公差值及表面粗糙度参数值。

**解：**

（1）确定轴承的精度等级及与轴承配合的轴颈、壳体的公差带代号

因减速器属于一般机械，轴转速不高，故选用 0 级精度

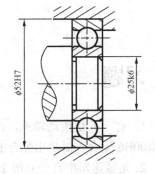

图 7-6　轴承装配图

轴承。轴承内圈随轴一起转动，外圈固定，所以内圈受旋转负荷，外圈受固定负荷。前者配合要求紧，后者配合要求略松。参见表 7-6、表 7-7，选轴颈的公差带为 k6，壳体的公差带为 H7。

（2）计算所选配合的间隙与过盈值

由标准公差数值表 2-2 和基本偏差数值表 2-4、表 2-5 查得：轴颈为 $\phi25k6(^{+0.015}_{+0.002})$ mm，壳体为 $\phi52H7(^{+0.030}_{0})$ mm；由表 7-1、表 7-2 查得 0 级精度轴承单一平面平均内径偏差为：上偏差 0，下偏差–0.010；单一平面平均外径偏差为：上偏差 0，下偏差–0.013。则所选配合的间隙与过盈情况如下。

内圈与轴颈配合的最大、最小过盈分别为：

$Y_{max}$ = –0.010–0.015=–0.025mm

$Y_{min}$ = 0–0.002=–0.002mm

外圈与壳体配合的最大、最小间隙分别为：

$X_{max}$=0.030– (–0.013)=0.043mm

$X_{min}$ = 0mm

（3）选取轴颈、壳体的几何公差值及表面粗糙度参数值

按表 7-10 选取的轴颈、壳体的几何公差值为：

轴颈圆柱度公差为 0.004mm，轴肩端面圆跳动公差为 0.010mm；壳体圆柱度公差为 0.008mm，孔肩端面圆跳动公差为 0.025mm。

按表 7-11 选取的轴颈、壳体的表面粗糙度参数值为：

轴颈 $Ra$≤0.8μm，轴肩端面 $Ra$≤3.2μm，壳体圆柱面 $Ra$≤1.6μm，孔肩端面 $Ra$≤3.2μm。

零件图标注如图 7-7 所示。

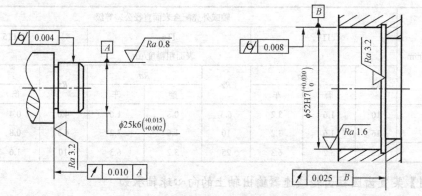

图 7-7　轴颈、外壳零件图标注示例

# 习题

1．有一 6 级滚动轴承，内径为 45mm，外径为 100mm。内圈与轴径 $\phi$45j5 配合，外圈与壳体 $\phi$100H6 配合。试画出配合的公差带图，并计算它们的极限间隙和极限过盈。

2．某减速器中有一 0 级 207 滚动轴承（ $d$ = 35mm， $D$ = 72mm，额定动负荷 $C_r$ 为 19700N），其工作情况为：外壳体固定，轴旋转，转速为 980r/min，承受的固定径向载荷为 1300N。试确定：轴径和壳体的公差带代号、几何公差和表面粗糙度允许值，并将它们分别标注在零件图上。

3．如图 7-8 所示，两个 6 级滚动轴承 3（内径 50mm，外径 80mm）与轴承套 4 的孔、轴颈 1 配合，中间有套筒 2 将这两个滚动轴承隔开。已知轴颈公差带代号为 $\phi$50js5，要求套筒 2 的孔与轴颈 1 配合的间隙为 0.075～0.18mm，试确定套筒的公差带代号。

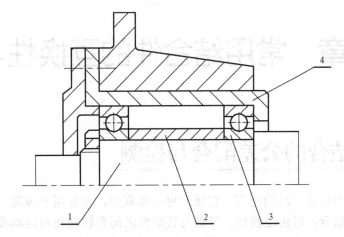

1—轴颈；2—套筒；3—轴承；4—轴承套

图 7-8　习题 3 图

# 思考题

1. 某型号车床主轴的后轴承上采用两个 6 级精度的单列向心球轴承，试选择其与轴及壳体的配合。

2. 滚动轴承内圈与轴颈、外圈与壳体的配合，分别采用何种基准制？有什么特点？

3. 滚动轴承的互换性有何特点？

4. 滚动轴承内径公差带分布有何特点？为什么？

5. 选择滚动轴承与轴颈、外壳孔的配合时，应考虑哪些主要因素？

# 第 8 章  常用结合件的互换性与检测

## 8.1  键结合的公差配合与检测

键联结在机器中有着广泛的应用，它属于可拆卸联结，主要用于齿轮、皮带轮、联轴器等轴上零件与轴的结合，以传递转矩。当轴与传动件之间有轴向相对运动要求时，键还起导向作用。

键分为平键、半圆键、楔键和切向键等多种类型，它们统称为单键。其中，以平键和半圆键用得最多。花键分为矩形花键、渐开线花键、三角形花键等类型，以矩形花键应用最多。

单键、花键的类型分别如图 8-1 所示。

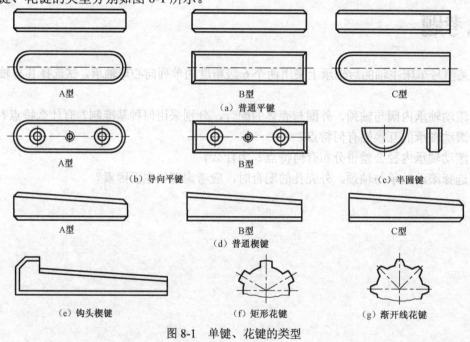

(a) 普通平键　　A型　B型　C型

(b) 导向平键　　A型　B型

(c) 半圆键

(d) 普通楔键　　A型　B型　C型

(e) 钩头楔键

(f) 矩形花键

(g) 渐开线花键

图 8-1  单键、花键的类型

### 8.1.1  平键联结的公差配合与检测

#### 1. 平键联结的公差与配合

平键的联结方式如图 8-2 所示，从剖面图可看出，由键、轴键槽和轮毂键槽三个主要部分组成，键宽 $b$ 同时与轴键槽和轮毂键槽配合，通过键的侧面接触传递转矩。因此，键宽和键槽宽是主要配合尺寸，其配合性质应由 $b$ 的尺寸公差来实现，而键长 $L$、键高 $h$ 的配合精度要求较低。

国家标准《平键　键槽的剖面尺寸》（GB/T 1095—2003）中，对平键与轴键槽和轮毂键槽

的宽度 $b$ 规定了三类配合，即正常联结、紧密联结和松联结。三类配合的公差带代号和应用场合如表 8-1 所列。键联结是键与轴及轮毂三个零件的结合，配合为基轴制，其中键是标准件，宽度 $b$ 只有一种公差带 h8。

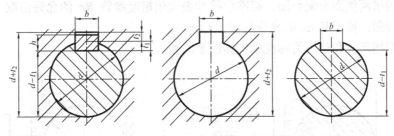

图 8-2　平键的联结方式及尺寸

**表 8-1　平键联结的三类配合及其应用**

| 配合种类 | 尺寸 $b$ 的公差带 | | | 应用场合 |
|---|---|---|---|---|
| | 键 | 轴键槽 | 轮毂键槽 | |
| 松联结 | h8 | H9 | D10 | 用于导向平键，轮毂可在轴上移动，如变速滑移齿轮 |
| 正常联结 | | N9 | JS9 | 键在轴键槽和轮毂键槽中均固定，用于载荷不大的场合 |
| 紧密联结 | | P9 | P9 | 键在轴键槽和轮毂键槽中均牢固固定，传递重、冲击载荷及双向转矩 |

国标对普通平键联结的槽宽 $b$ 及非配合尺寸 $t_1$、$t_2$ 的尺寸与公差也作了规定，见表 8-2。另外规定，导向型平键的轴槽与轮毂槽用较松键联结的公差；平键轴槽长的长度公差用 H14。

**表 8-2　普通平键、键槽的尺寸与公差**　　　　　　　　　　（mm）

| 键尺寸 $b×h$ | 键　槽 | | | | | | | | | | | |
|---|---|---|---|---|---|---|---|---|---|---|---|---|
| | 宽　度　$b$ | | | | | | 深　度 | | | | 半径 $r$ | |
| | 基本尺寸 | 极　限　偏　差 | | | | | 轴 $t_1$ | | 毂 $t_2$ | | | |
| | | 松联结 | | 正常联结 | | 紧密联结 | 基本尺寸 | 极限偏差 | 基本尺寸 | 极限偏差 | min | max |
| | | 轴 H9 | 毂 D10 | 轴 N9 | 毂 JS9 | 轴和毂 P9 | | | | | | |
| 2×2 | 2 | +0.025 | +0.060 | −0.004 | ±0.0125 | −0.006 | 1.2 | +0.1 0 | 1.0 | +0.1 0 | 0.08 | 0.16 |
| 3×3 | 3 | 0 | +0.020 | −0.029 | | −0.031 | 1.8 | | 1.4 | | | |
| 4×4 | 4 | +0.030 | +0.078 | 0 | ±0.015 | −0.012 | 2.5 | | 1.8 | | 0.16 | 0.25 |
| 5×5 | 5 | 0 | +0.030 | −0.030 | | −0.042 | 3.0 | | 2.3 | | | |
| 6×6 | 6 | | | | | | 3.5 | | 2.8 | | | |
| 8×7 | 8 | +0.036 | +0.098 | 0 | ±0.018 | −0.015 | 4.0 | | 3.3 | | | |
| 10×8 | 10 | 0 | +0.040 | −0.036 | | −0.051 | 5.0 | | 3.3 | | | |
| 12×8 | 12 | +0.043 | +0.120 | 0 | ±0.0215 | −0.018 | 5.0 | +0.2 0 | 3.3 | +0.2 0 | 0.25 | 0.40 |
| 14×9 | 14 | | | | | | 5.5 | | 3.8 | | | |
| 16×10 | 16 | 0 | +0.050 | −0.043 | | −0.061 | 6.0 | | 4.3 | | | |
| 18×11 | 18 | | | | | | 7.0 | | 4.4 | | | |
| 20×12 | 20 | +0.052 | +0.149 | 0 | ±0.026 | −0.022 | 7.5 | | 4.9 | | 0.40 | 0.60 |
| 22×14 | 22 | | | | | | 9.0 | | 5.4 | | | |
| 25×14 | 25 | 0 | +0.065 | −0.052 | | −0.074 | 9.0 | | 5.4 | | | |
| 28×16 | 28 | | | | | | 10.0 | | 6.4 | | | |

键与键槽的几何误差将使装配困难，影响联结的松紧程度，使工作面负荷不均匀，对中性不好，因此需要给予限制。国标中规定：轴槽及轮毂槽的宽度 $b$ 对轴及轮毂轴心线的对称度，一般可按 GB/T 1184—1996 中表 B4 对称度公差 7～9 级选取。

轴槽及轮毂槽两侧面为配合面，标准中推荐表面粗糙度参数 $Ra$ 的允许值取 1.6～3.2μm；槽底面为非配合面，推荐其 $Ra$ 的允许值取 6.3μm。

轴槽及轮毂槽尺寸和公差的标注示例如图 8-3 所示。

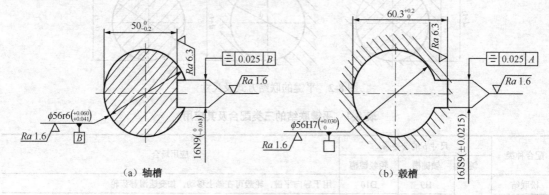

（a）轴槽　　　　　　　　　　　（b）毂槽

图 8-3　轴槽及轮毂槽尺寸和公差标注

### 2. 平键结合的检测

平键和键槽的尺寸检测相对比较简单，检测的项目主要有键和键槽宽度、键槽深度及键槽的对称度等。单件、小批生产常采用游标卡尺、千分尺等一些通用计量器具测量其宽度和深度，成批生产时可采用专用的极限量规（图 8-4）来检验键槽宽度及对称度误差，若对称度量规能插入轮毂或伸入轴槽底，则为合格。对称度误差是位置误差，故其量规只有通规而没有止规。

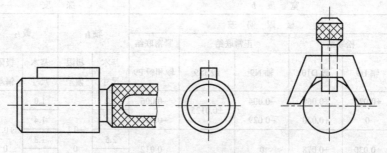

图 8-4　键槽检测量具

图 8-5 为一种常用的测量轴槽对称度的方法。该方法用 V 形块模拟基准轴线，将与键槽宽度相等的量块组塞入键槽，转动轴件用指示表将量块上平面校平，记下指示表读数；将轴件转过 180°，在同一横截面方向上再次将量块校平（见图中左方虚线所示），再次记下指示表读数，两次读数之差为 $a$，则由几何关系得到键槽该横截面内的对称度误差近似值为：

$$f = at_1/(d - t_1) \tag{8-1}$$

式中　$d$——轴的直径；

　　　$t_1$——轴的键槽深度。

将轴固定不动，沿轴线方向测量，取长度方向上读数最大、最小的两点，其读数差 $f' = a_{高} - a_{低}$ 为键槽长度方向的对称度误差。

取 $f$、$f'$ 中的较大值作为该键槽的对称度误差值。

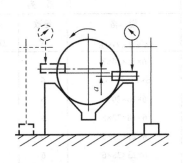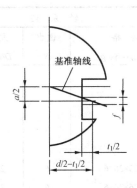

图 8-5　轴槽对称度的测量

## 8.1.2　矩形花键联结公差配合与检测

### 1．矩形花键联结的特点及配合尺寸

花键可作固定联结，也可作滑动联结。与单键相比较，花键具有承载能力强（可传递较大的转矩）、定心精度高、导向性好等优点，故在机械中被广泛应用。但花键的制造工艺比单键复杂，成本也较高。

花键可分为内花键（花键孔）和外花键（花键轴）；按齿形不同，主要分为矩形花键、渐开线花键两种。下面就应用较多的矩形花键进行介绍。

内花键和外花键的基本尺寸如图 8-6 所示。这里，大径 $D$、小径 $d$ 和键宽 $B$ 是三个联结的主要配合尺寸。

具体使用中，要求保证内花键（孔）和外花键（轴）联结后有较高的同轴度，并传递转矩。若要求三个尺寸参数同时起配合定心作用，则保证同轴度是很困难的，而且也无必要。因此选择一个结合面作为主要配合面，规定其较高的精度，利于保证使用性能，达到所需配合性质和定心精度。该表面可称为定心表面，其硬度要求较高。若以大径定心，内花键的大径淬火后磨削加工困难，在工艺上难以实现；如采用小径定心，当定心表面硬度要求高时，外花键的小径可用成形砂轮磨削加工，而内花键小径也可在一般内圆磨床上加工。

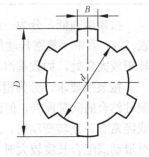

图 8-6　矩形花键联结尺寸

为此，国家标准《矩形花键尺寸、公差和检验》（GB/T 1144—2001）规定，矩形花键用小径定心，非定心的另一直径尺寸精度要求可以较低，并在配合后有较大间隙。矩形花键是靠键侧接触传递转矩的，因此键宽和键槽宽也应保证有足够的精度。

### 2．矩形花键联结的公差与配合

国家标准对矩形花键的尺寸系列、定心方式、尺寸精度、几何公差及表面粗糙度均作了规定。标准中规定的矩形花键尺寸包括小径 $d$、大径 $D$ 和键宽 $B$。键数 $N$ 取偶数，分为 6、8、10 三种。

按承载能力，矩形花键联结分为轻系列和中系列两种规格，其基本尺寸系列见表 8-3。

表 8-3　矩形花键基本尺寸系列

| 小径 d/mm | 轻 系 列 | | | | 中 系 列 | | | |
|---|---|---|---|---|---|---|---|---|
| | 规　格 $N \times d \times D \times B$ | 键数 $N$ | 大径 $D$/mm | 键宽 $B$/mm | 规　格 $N \times d \times D \times B$ | 键数 $N$ | 大径 $D$/mm | 键宽 $B$/mm |
| 11 | | | | | 6×11×14×3 | 6 | 14 | 3 |
| 13 | | | | | 6×13×16×3.5 | 6 | 16 | 3.5 |
| 16 | | | | | 6×16×20×4 | 6 | 20 | 4 |
| 18 | | | | | 6×18×22×5 | 6 | 22 | 5 |
| 21 | | | | | 6×21×25×5 | 6 | 25 | 5 |
| 23 | 6×23×26×6 | 6 | 26 | 6 | 6×23×28×6 | 6 | 28 | 6 |
| 26 | 6×26×30×6 | 6 | 30 | 6 | 6×26×32×6 | 6 | 32 | 6 |
| 28 | 6×28×32×7 | 6 | 32 | 7 | 6×28×34×7 | 6 | 34 | 7 |
| 32 | 8×32×36×6 | 6 | 36 | 6 | 8×32×38×6 | 8 | 38 | 6 |
| 36 | 8×36×40×7 | 8 | 40 | 7 | 8×36×42×7 | 8 | 42 | 7 |
| 42 | 8×42×46×8 | 8 | 46 | 8 | 8×42×48×8 | 8 | 48 | 8 |
| 46 | 8×46×50×9 | 8 | 50 | 9 | 8×46×54×9 | 8 | 54 | 9 |
| 52 | 8×52×58×10 | 8 | 58 | 10 | 8×52×60×10 | 8 | 60 | 10 |
| 56 | 8×56×62×10 | 8 | 62 | 10 | 8×56×65×10 | 8 | 65 | 10 |
| 62 | 8×62×68×12 | 8 | 68 | 12 | 8×62×72×12 | 8 | 72 | 12 |
| 72 | 10×72×78×12 | 10 | 78 | 12 | 10×72×82×12 | 10 | 78 | 12 |
| 82 | 10×82×88×12 | 10 | 88 | 12 | 10×82×92×12 | 10 | 92 | 12 |
| 92 | 10×92×98×14 | 10 | 98 | 14 | 10×92×102×14 | 10 | 102 | 14 |
| 102 | 10×102×108×16 | 10 | 108 | 16 | 10×102×112×16 | 10 | 112 | 16 |
| 112 | 10×112×120×18 | 10 | 120 | 18 | 10×112×125×18 | 10 | 125 | 18 |

　　按精度高低，分为一般传动和精密传动用两种。花键的小径 $d$、大径 $D$ 和键宽 $B$ 的配合见表 8-4。表中"精密传动用"多用于机床变速箱，"一般用途"适用于定心精度要求不高但传递转矩较大之处，如载重汽车、拖拉机的变速箱等。

　　按装配要求，分为滑动配合、紧滑动配合和固定配合等三种配合（这里固定配合仍属光滑圆柱结合的间隙配合，但因几何误差的影响使配合变紧了）。当要求定位准确度高或传递转矩大或经常有正反转变动时，应选紧一些的配合，反之应选松一些的配合。当内、外花键需频繁相对滑动或配合长度较大时，也应选松一些的配合。

　　国家标准还规定，小径的极限尺寸遵守 GB/T 4249－1996 规定的包容要求。

　　为了减少加工花键孔所用拉刀的种类，矩形花键结合采用基孔制。

　　花键除上述尺寸公差外，还有几何公差要求，主要是位置度（包括键齿和键槽的等分度及对称度）和平行度。几何精度对花键结合的传力性能和装配性能影响很大。

表 8-4　矩形花键的配合

| 用途 | 配合种类 | 配合代号 | | | | 说明 |
|---|---|---|---|---|---|---|
| | | $d$ | $D$ | $B$ | | |
| 一般用途 | 滑　动 | H7/f7 | H10/a11 | H11/d10 | H9/d10 | 拉削后不热处理的，内花键 $B$ 的公差带用 H9，拉削后热处理的用 H11 内花键 $d$ 的公差带 H7 允许与提高 1 级的外花键 f6、g6、h6 相配合 |
| | 紧滑动 | H7/g7 | | H11/f9 | H9/f9 | |
| | 固　定 | H7/h7 | | H11/h10 | H9/h10 | |

续表

| 用途 | 配合种类 | 配合代号 | | | 说明 |
|---|---|---|---|---|---|
| | | d | D | B | |
| 精密传动用 | 滑动 | H5/f5 H6/f6 | H10/a11 | H9/d8 H7/d8 | 当需要控制键侧间隙时，内花键 B 的公差带可选用 H7，一般情况可用 H9 |
| | 紧滑动 | H5/g5 H6/g6 | | H9/f7 H7/f7 | d 为 H6 内花键，允许与提高 1 级的外花键 f5、g5、h5 相配合 |
| | 固定 | H5/h5 H6/h6 | | H9/h8 H7/h8 | |

位置度公差的标注方法如图 8-7 所示，公差值见表 8-5，需采用最大实体要求，以便用花键综合量规检验。

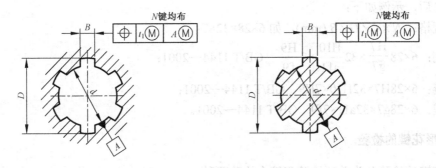

图 8-7　花键位置度公差的标注

表 8-5　花键的位置度公差　　　　　　　　　　　　　　　　　　　　　　（mm）

| | 键槽宽或键宽 B | | 3 | 3.5～6 | 7～10 | 12～18 |
|---|---|---|---|---|---|---|
| $t_1$ | 键槽宽 | | 0.010 | 0.015 | 0.020 | 0.025 |
| | 键宽 | 滑动、固定 | 0.010 | 0.015 | 0.020 | 0.025 |
| | | 紧滑动 | 0.006 | 0.010 | 0.013 | 0.016 |

当对花键不用综合量规进行综合检验时（如对单件，少量生产），可将位置度公差改为键宽的对称度公差和键齿（槽）的等分度公差，并只能按独立原则要求。其标注方法如图 8-8 所示，公差值见表 8-6。

表 8-6　花键的对称度公差　　　　　　　　　　　　　　　　　　　　　　（mm）

| | 键槽宽或键宽 B | 3 | 3.5～6 | 7～10 | 12～18 |
|---|---|---|---|---|---|
| $t_2$ | 一般用途 | 0.010 | 0.012 | 0.015 | 0.018 |
| | 精密传动用 | 0.006 | 0.008 | 0.009 | 0.011 |

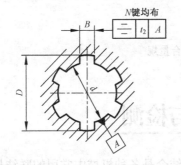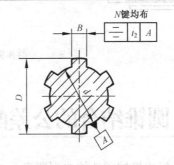

图 8-8　花键对称度公差的标注

矩形花键的表面粗糙度 $Ra$ 的允许值见表 8-7。

**表 8-7　花键表面粗糙度 $Ra$ 的允许值**　　　　　　　　　　　　　　　（μm）

| 加工表面 | 内花键 | 外花键 |
|---|---|---|
| | $Ra$ | |
| 小　径 | ≤1.6 | ≤0.8 |
| 大　径 | ≤6.3 | ≤3.2 |
| 键　侧 | ≤6.3 | ≤1.6 |

矩形花键的图纸标注包括键数 $N$、小径 $d$、大径 $D$ 和键宽 $B$，其各自的公差带代号标注于各基本尺寸之后，示例如下：

花键规格：$N×d×D×B\,(\text{mm})$，如 $6×28×32×7$；

花键副：$6×28\dfrac{H7}{g7}×32\dfrac{H10}{a11}×7\dfrac{H9}{f9}$ GB/T 1144—2001；

内花键：$6×28H7×32H10×7H9$　GB/T 1144—2001；

外花键：$6×28g7×32a11×7f9$　GB/T 1144—2001。

**3．矩形花键的检验**

矩形花键的检验分为单项检验和综合检验两种。

在单件小批生产中，可用通用量具分别对各尺寸（小径 $d$、大径 $D$ 和键宽 $B$）进行单项测量，并检测键宽的对称度、键齿（槽）的等分度和大小径的同轴度等几何误差项目。

对大批量生产，一般都采用量规进行检验，即用综合通规（对内花键为塞规，对外花键为环规），如图 8-9 所示，来综合检验小径 $d$、大径 $D$ 和键宽 $B$ 的作用尺寸，即包括上述位置度（等分度、对称度在内）和同轴度等几何误差。然后用单项止端量规（或其他量具）分别检验尺寸 $d$、$D$ 和 $B$ 的最小实体尺寸。合格的标志是综合通规能通过，而止规不能通过。

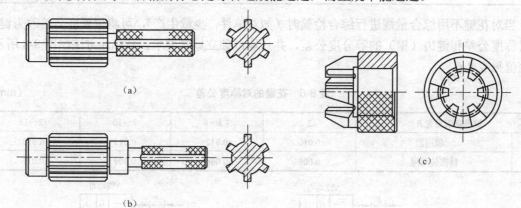

(a)

(b)

(c)

图 8-9　花键综合量规

# 8.2　圆锥结合的公差配合与检测

圆锥面是组成机械零件的典型要素之一，圆锥结合是各种机械中常用的联结与配合形式，它具有自动定心、较高的同轴度、配合的自锁性好、密封性好、间隙及过盈可自由调整等优点。

圆锥结合的极限与配合分别由国家标准《产品几何量技术规范（GPS）圆锥的锥度与锥角系列》（GB/T 157—2001）、《产品几何量技术规范（GPS）圆锥公差》（GB/T 11334—2005）、《产品几何量技术规范（GPS）圆锥配合》（GB/T 12360—2005）作出了规定；圆锥的检测相应地也由国家标准《圆锥量规公差与技术条件》（GB/T 11852—2003）作了规定。

本节主要结合以上标准，介绍圆锥的公差配合与检测。

## 8.2.1　锥度与锥角

### 1. 常用术语及定义

（1）圆锥表面（Conical Surface）

与轴线成一定角度，且一端相交于轴线的一条直线段（母线），围绕着该轴线旋转形成的表面，如图 8-10 所示。圆锥表面与通过圆锥轴线的平面的交线称为素线。

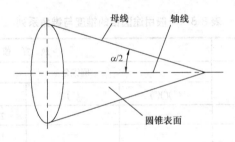

图 8-10　圆锥表面

（2）圆锥（Cone）

由圆锥表面与一定线性尺寸和角度尺寸所限定的几何体。分为外圆锥和内圆锥。外圆锥是外表面为圆锥表面的几何体；内圆锥是内表面为圆锥表面的几何体。

（3）圆锥角（$\alpha$）（Cone Angle）

在通过圆锥轴线的截面内，两条素线间的夹角称为圆锥角，如图 8-11 所示。代号为 $\alpha$，圆锥角之半称为斜角，代号为 $\alpha/2$。

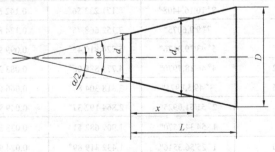

图 8-11　圆锥的尺寸及圆锥角

（4）锥度（$C$）（Rate of taper）

两个垂直于圆锥轴线截面的圆锥直径 $D$ 和 $d$ 之差与该两截面间的轴向距离 $L$ 之比，称为锥度。锥度代号为 $C$。

$$C = \frac{D-d}{L} \tag{8-2}$$

锥度 $C$ 与圆锥角 $\alpha$ 的关系为：

$$C = 2\tan\frac{\alpha}{2} = 1 : \frac{1}{2}\cot\frac{\alpha}{2} \tag{8-3}$$

锥度关系式反映了圆锥直径、圆锥长度、圆锥角和锥度之间的相互关系，这一关系式是圆锥的基本公式。

通常，锥度用比例或分数形式表示，如 1:10、1/3 等。

### 2．锥度与锥角系列

GB/T 157—2001 规定了一般用途圆锥的锥度与锥角系列和特定用途圆锥的锥度，适用于光滑圆锥。锥度系列分别见表 8-8 和表 8-9。为方便使用，表中列出了锥度与锥角的换算值。表 8-8 所列的一般用途圆锥的锥度与锥角共 22 种，选用圆锥时，应优先选用系列 1 系列 1 不能满足要求时，才选系列 2。表 8-9 所列特定用途圆锥的锥度与锥角共 24 种，通常只用于表中最后一栏所指定的用途。

表 8-8  一般用途圆锥的锥度与锥角系列

| 基 本 值 | | 换 算 值 | | | |
|---|---|---|---|---|---|
| | | 圆锥角 $\alpha$ | | | 锥度 $C$ |
| 系列 1 | 系列 2 | (°)(′)(″) | (°) | rad | |
| 120° | | — | — | 2.094 395 10 | 1:0.2886751 |
| 90° | | — | — | 1.570 796 33 | 1:0.5000000 |
| | 75° | | | 1.308 996 94 | 1:0.6516127 |
| 60° | — | | | 1.047 197 55 | 1:0.8660254 |
| 45° | — | | | 0.785 398 16 | 1:1.2071068 |
| 30° | — | | | 0.523 598 78 | 1:1.8660254 |
| 1:3 | — | 18°55′28.7199″ | 18.924 644 42° | 0.330 297 35 | — |
| | 1:4 | 14°15′0.1177″ | 14.250 032 70° | 0.248 709 99 | |
| 1:5 | — | 11°25′16.2706″ | 11.421 186 27° | 0.199 337 30 | |
| | 1:6 | 9°31′38.2202″ | 9.527 283 38° | 0.166 282 46 | |
| — | 1:7 | 8°10′16.4408″ | 8.171 233 56° | 0.142 614 93 | |
| | 1:8 | 7°9′9.6075″ | 7.152 668 75° | 0.124 837 62 | |
| 1:10 | | 5°43′29.3176″ | 5.724 810 45° | 0.099 916 79 | |
| | 1:12 | 4°46′18.7970″ | 4.771 888 06° | 0.083 285 16 | |
| | 1:15 | 3°49′5.8975″ | 3.818 304 87° | 0.066 641 99 | |
| 1:20 | — | 2°51′51.0925″ | 2.864 192 37° | 0.049 989 59 | |
| 1:30 | — | 1°54′34.8570″ | 1.909 682 51° | 0.033 330 25 | |
| | 1:40 | 1°25′56.3516″ | 1.432 319 89° | 0.024 998 70 | |
| 1:50 | — | 1°8′45.1586″ | 1.145 877 40° | 0.019 999 33 | |
| 1:100 | — | 0°34′22.6309″ | 0.572 953 02° | 0.009 999 92 | |
| 1:200 | — | 0°17′11.3219″ | 0.286 478 30° | 0.004 999 99 | |
| 1:500 | — | 0°6′52.5295″ | 0.114 591 52° | 0.0020 000 00 | |

注：系列 1 中 120°～1:3 的数值近似按 R10/2 优先数系列，1:5～1:500 的按 R10/3 优先数系列。

表 8-9  特定用途的圆锥

| 基本值 | 换算值 | | | | 用  途 |
|---|---|---|---|---|---|
| | 圆锥角α | | | 锥度 C | |
| | (°)(')(") | (°) | rad | | |
| 11°54' | — | — | 0.207 694 18 | 1:4.797 451 1 | 纺织机械和附件 |
| 8°40' | — | — | 0.151 261 87 | 1:6.598 441 5 | |
| 7° | — | — | 0.122 173 05 | 1:8.174 927 7 | |
| 1:38 | 1°30'27.7080" | 1.507 696 67° | 0.026 314 27 | — | |
| 1:64 | 0°53'42.8220" | 0.895 228 34° | 0.015 624 68 | — | |
| 7:24 | 16°35'39.4443" | 16.594 290 08° | 0.289 625 00 | 1:3.428 571 4 | 机床主轴工具配合 |
| 1:12.262 | 4°40'12.1514" | 4.670 042 05° | 0.081 507 61 | — | 贾各锥度 No.2 |
| 1:12.972 | 4°24'52.9039" | 4.414 695 52° | 0.077 050 97 | — | 贾各锥度 No.1 |
| 1:15.748 | 3°38'13.4429" | 3.637 067 47° | 0.063 478 80 | — | 贾各锥度 No.33 |
| 6:100 | 3°26'12.1776" | 3.436 716 00° | 0.059 982 01 | 1:16.666 666 7 | 医疗设备 |
| 1:18.779 | 3°3'1.2070" | 3.050 335 27° | 0.053 238 39 | — | 贾各锥度 No.3 |
| 1:19.002 | 3°0'52.3956" | 3.014 554 34° | 0.052 613 90 | — | 莫氏锥度 No.5 |
| 1:19.180 | 2°59'11.7258" | 2.986 590 50° | 0.052 125 84 | — | 莫氏锥度 No.6 |
| 1:19.212 | 2°58'53.8255" | 2.981 618 20° | 0.052 039 05 | — | 莫氏锥度 No.0 |
| 1:19.254 | 2°58'30.4217" | 2.975 117 13° | 0.051 925 59 | — | 莫氏锥度 No.4 |
| 1:19.264 | 2°58'24.8644" | 2.973 573 43° | 0.051 898 65 | — | 贾各锥度 No.6 |
| 1:19.922 | 2°52'31.4463" | 2.875 401 76° | 0.050 185 23 | — | 莫氏锥度 No.3 |
| 1:20.020 | 2°51'40.7960" | 2.861 332 23° | 0.049 939 67 | — | 莫氏锥度 No.2 |
| 1:20.047 | 2°51'26.9283" | 2.857 480 08° | 0.049 872 44 | — | 莫氏锥度 No.1 |
| 1:20.288 | 2°49'24.7802" | 2.823 550 06° | 0.049 280 25 | — | 贾各锥度 No.0 |
| 1:23.904 | 2°23'47.6244" | 2.396 562 32° | 0.041 827 90 | — | 布朗夏普锥度 No.1 至 No.3 |
| 1:28 | 2°2'45.8174" | 2.046 060 38° | 0.035 710 49 | — | 复苏器（医用） |
| 1:36 | 1°35'29.2096" | 1.591 447 11° | 0.027 775 99 | — | 麻醉器具 |
| 1:40 | 1°25'56.3516" | 1.432 319 89° | 0.024 998 70 | — | |

## 8.2.2  圆锥公差

### 1. 圆锥公差的基本术语

（1）公称圆锥（Nominal Cone）

由设计给定的理想形状的圆锥。其在零件图样上可以用两种形式确定：①一个公称圆锥直径（D、d、$d_x$）、公称圆锥长度 L、公称圆锥角α或公称锥度 C；②两个公称圆锥直径和公称圆锥长度 L。

当锥度是标准锥度系列之一时，可用标准系列号和相应的标记表示，例如 Morse No.3。

（2）实际圆锥（Actual Cone）

实际存在并与周围介质分隔的圆锥。

实际圆锥上的任一直径，称为实际圆锥直径 $d_a$（Actual Cone Diameter），如图 8-12 所示。

实际圆锥的任一轴向截面内，包容其素线且距离为最小的两对平行直线之间的夹角，称为实际圆锥角（Actual Cone Angle），如图 8-13 所示。

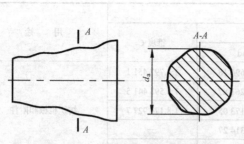

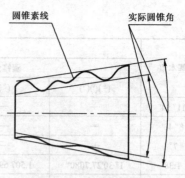

图 8-12　实际圆锥和实际圆锥直径　　　　　　　图 8-13　实际圆锥角

（3）极限圆锥（Limit Cone）

与公称圆锥共轴且圆锥角相等，直径分别为上极限直径和下极限直径的两个圆锥。在垂直圆锥轴线的任一截面上，这两个圆锥的直径差都相等，如图 8-14 所示。

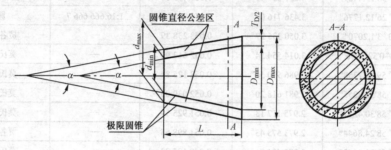

图 8-14　极限圆锥及圆锥直径公差区

极限圆锥上的任一直径，包括图 8-14 中的 $D_{max}$、$D_{min}$、$d_{max}$、$d_{min}$，称为极限圆锥直径（Limit Cone Diameter）。

（4）圆锥直径公差（Cone Diameter Tolerance）$T_D$

圆锥直径公差即圆锥直径的允许变动量。

两个极限圆锥所限定的区域称为圆锥直径公差区（Cone Diameter Tolerance Interval）。

在垂直圆锥轴线的给定截面内，圆锥直径允许的变动量称为给定截面圆锥直径公差 $T_{DS}$（Cone Section Diameter Tolerance），如图 8-15 所示。在该截面内，由两个同心圆所限定的区域称为给定截面圆锥直径公差区（Cone Section Diameter Tolerance Interval）。

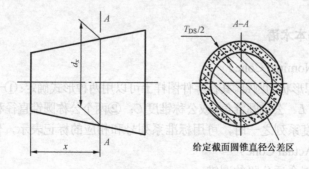

图 8-15　给定截面圆锥直径公差及公差区

（5）圆锥角公差 $AT(AT_D$ 或 $AT_\alpha)$（Cone Angle Tolerance）

圆锥角公差即圆锥角的允许变动量。

允许的上极限或下极限圆锥角，称为极限圆锥角（Limit Cone Angle），如图 8-16 所示。两个极限圆锥角所限定的区域称为圆锥角公差区（Tolerance Interval for the Cone Angle）。

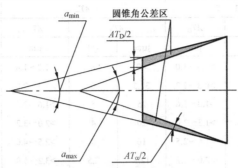

图 8-16　极限圆锥角及圆锥角公差区

**2．公差项目**

圆锥公差的项目包括圆锥直径公差、圆锥角公差、圆锥的形状公差和给定截面圆锥直径公差等 4 项。

（1）圆锥直径公差 $T_D$

圆锥直径公差 $T_D$ 以公称圆锥直径（一般取最大圆锥直径 $D$）为公称尺寸，按 GB/T 1800.3 规定的标准公差选取。以圆柱体极限与配合标准符号表示，如 $\phi50js10$。

对于有配合要求的圆锥，其内、外圆锥直径公差带位置，按国家标准《产品几何技术规范（GPS）圆锥配合》（GB/T 12360—2005）中的有关规定选取。对于没有配合要求的内、外圆锥，建议选用双向对称的基本偏差 JS 和 js。

给定截面圆锥直径公差 $T_{DS}$，是以给定截面圆锥直径 $d_x$ 为公称尺寸，按 GB/T 1800.3 规定的标准公差选取。

（2）圆锥角公差 $AT$

圆锥角公差 $AT$ 共分 12 个公差等级，按公差值大小，依次用 $AT1$，$AT2$，…，$AT12$ 表示。各公差等级的圆锥角公差数值见表 8-10。表中数值用于棱体的角度时，以该角短边长度作为 $L$ 选取公差值。

如需要更高或更低等级的圆锥角公差时，按公比 1.6 向两端延伸得到。更高等级用 $AT0$、$AT01$、…表示，更低等级用 $AT13$、$AT14$、…表示。

圆锥角公差可用两种形式表示：

① $AT_\alpha$——以角度单位微弧度（μrad）或以度（°）、分（'）、秒（"）表示；

② $AT_D$——以长度单位微米（μm）表示。

**表 8-10　圆锥角公差数值**

| 公称圆锥长度 $L$/mm | | 圆锥角公差等级 | | | | | | | | |
|---|---|---|---|---|---|---|---|---|---|---|
| | | $AT1$ | | | $AT2$ | | | $AT3$ | | |
| | | $AT_\alpha$ | | $AT_D$ | $AT_\alpha$ | | $AT_D$ | $AT_\alpha$ | | $AT_D$ |
| 大于 | 至 | μrad | (") | μm | μrad | (") | μm | μrad | (") | μm |
| 6 | 10 | 50 | 10 | >0.3~0.5 | 80 | 16 | >0.5~0.8 | 125 | 26 | >0.8~1.3 |
| 10 | 16 | 40 | 8 | >0.4~0.6 | 63 | 13 | >0.6~1.0 | 100 | 21 | >1.0~1.6 |
| 16 | 25 | 31.5 | 6 | >0.5~0.8 | 50 | 10 | >0.8~1.3 | 80 | 16 | >1.3~2.0 |

| 公称圆锥长度 L/mm | | 圆锥角公差等级 | | | | | | | | |
|---|---|---|---|---|---|---|---|---|---|---|
| | | AT1 | | | AT2 | | | AT3 | | |
| | | $AT_\alpha$ | | $AT_D$ | $AT_\alpha$ | | $AT_D$ | $AT_\alpha$ | | $AT_D$ |
| 大于 | 至 | μrad | (") | μm | μrad | (") | μm | μrad | (") | μm |
| 25 | 40 | 25 | 5 | >0.6~1.0 | 40 | 8 | >1.0~1.6 | 63 | 13 | >1.6~2.5 |
| 40 | 63 | 20 | 4 | >0.8~1.3 | 31.5 | 6 | >1.3~2.0 | 50 | 10 | >2.0~3.2 |
| 63 | 100 | 16 | 3 | >1.0~1.6 | 25 | 5 | >1.6~2.5 | 40 | 8 | >2.5~4.0 |
| 100 | 160 | 12.5 | 2.5 | >1.3~2.0 | 20 | 4 | >2.0~3.2 | 31.5 | 6 | >3.2~5.0 |
| 160 | 250 | 10 | 2 | >1.6~2.5 | 16 | 3 | >2.5~4.0 | 25 | 5 | >4.0~6.3 |
| 250 | 400 | 8 | 1.5 | >2.0~3.2 | 12.5 | 2.5 | >3.2~5.0 | 20 | 4 | >5.0~8.0 |
| 400 | 630 | 6.3 | 1 | >2.5~4.0 | 10 | 2 | >4.0~6.3 | 16 | 3 | >6.3~10.0 |

| 公称圆锥长度 L/mm | | 圆锥角公差等级 | | | | | | | | |
|---|---|---|---|---|---|---|---|---|---|---|
| | | AT4 | | | AT5 | | | AT6 | | |
| | | $AT_\alpha$ | | $AT_D$ | $AT_\alpha$ | | $AT_D$ | $AT_\alpha$ | | $AT_D$ |
| 大于 | 至 | μrad | (") | μm | μrad | (") | μm | μrad | (") | μm |
| 6 | 10 | 200 | 41" | >1.3~2.0 | 315 | 1'05" | >2.0~3.2 | 500 | 1'43" | >3.2~5.0 |
| 10 | 16 | 160 | 33" | >1.6~2.5 | 250 | 52" | >2.5~4.0 | 400 | 1'22" | >4.0~6.3 |
| 16 | 25 | 125 | 26" | >2.0~3.2 | 200 | 41" | >3.2~5.0 | 315 | 1'05" | >5.0~8.0 |
| 25 | 40 | 100 | 21" | >2.5~4.0 | 160 | 33" | >4.0~6.3 | 250 | 52" | >6.3~10.0 |
| 40 | 63 | 80 | 16" | >3.2~5.0 | 125 | 26" | >5.0~8.0 | 200 | 41" | >8.0~12.5 |
| 63 | 100 | 63 | 13" | >4.0~6.3 | 100 | 21" | >6.3~10.0 | 160 | 33" | >10.0~16.0 |
| 100 | 160 | 50 | 10" | >5.0~8.0 | 80 | 16" | >8.0~12.5 | 125 | 26" | >12.5~20.0 |
| 160 | 250 | 40 | 8" | >6.3~10.0 | 63 | 13" | >10.0~16.0 | 100 | 21" | >16.0~25.0 |
| 250 | 400 | 31.5 | 6" | >8.0~12.5 | 50 | 10" | >12.5~20.0 | 80 | 16" | >20.0~32.0 |
| 400 | 630 | 25 | 5" | >10.0~16.0 | 40 | 8" | >16.0~25.0 | 63 | 13" | >25.0~40.0 |

| 公称圆锥长度 L/mm | | 圆锥角公差等级 | | | | | | | | |
|---|---|---|---|---|---|---|---|---|---|---|
| | | AT7 | | | AT8 | | | AT9 | | |
| | | $AT_\alpha$ | | $AT_D$ | $AT_\alpha$ | | $AT_D$ | $AT_\alpha$ | | $AT_D$ |
| 大于 | 至 | μrad | (')(") | μm | μrad | (')(") | μm | μrad | (')(") | μm |
| 6 | 10 | 800 | 2'45" | >5.0~8.0 | 1250 | 4'18" | >8.0~12.5 | 2000 | 6'52" | >12.5~20.0 |
| 10 | 16 | 630 | 2'10" | >6.3~10.0 | 1000 | 3'26" | >10.0~16.0 | 1600 | 5'30" | >16.0~25.0 |
| 16 | 25 | 500 | 1'43" | >8.0~12.5 | 800 | 2'45" | >12.5~20.0 | 1250 | 4'18" | >20.0~32.0 |
| 25 | 40 | 400 | 1'22" | >10.0~16.0 | 630 | 2'10" | >16.0~25.0 | 1000 | 3'26" | >25.0~40.0 |
| 40 | 63 | 315 | 1'05" | >12.5~20.0 | 500 | 1'43" | >20.0~32.0 | 800 | 2'45" | >32.0~50.0 |
| 63 | 100 | 250 | 52" | >16.0~25.0 | 400 | 1'22" | >25.0~40.0 | 630 | 2'10" | >40.0~63.0 |
| 100 | 160 | 200 | 41" | >20.0~32.0 | 315 | 1'05" | >32.0~50.0 | 500 | 1'43" | >50.0~80.0 |
| 160 | 250 | 160 | 33" | >25.0~40.0 | 250 | 52" | >40.0~63.0 | 400 | 1'22" | >63.0~100.0 |
| 250 | 400 | 125 | 26" | >32.0~50.0 | 200 | 41" | >50.0~80.0 | 315 | 1'05" | >80.0~125.0 |
| 400 | 630 | 100 | 21" | >40.0~63.0 | 160 | 33" | >63.0~100.0 | 250 | 52" | >100.0~160.0 |

续表

| 公称圆锥长度 $L/\text{mm}$ | | 圆锥角公差等级 | | | | | | | | |
|---|---|---|---|---|---|---|---|---|---|---|
| | | $AT10$ | | | $AT11$ | | | $AT12$ | | |
| | | $AT_\alpha$ | | $AT_D$ | $AT_\alpha$ | | $AT_D$ | $AT_\alpha$ | | $AT_D$ |
| 大于 | 至 | µrad | (')(") | µm | µrad | (')(") | µm | µrad | (')(") | µm |
| 6 | 10 | 3150 | 10'49" | >20~32 | 5000 | 17'10" | >32~50 | 8000 | 27'28" | >50~80 |
| 10 | 16 | 2500 | 8'35" | >25~40 | 4000 | 13'44" | >40~63 | 6300 | 21'38" | >63~100 |
| 16 | 25 | 2000 | 6'52" | >32~50 | 3150 | 10'49" | >50~80 | 5000 | 17'10" | >80~125 |
| 25 | 40 | 1600 | 5'30" | >40~63 | 2500 | 8'35" | >63~100 | 4000 | 13'44" | >100~160 |
| 40 | 63 | 1250 | 4'18" | >50~80 | 2000 | 6'52" | >80~125 | 3150 | 10'49" | >125~200 |
| 63 | 100 | 1000 | 3'26" | >63~100 | 1600 | 5'30" | >100~160 | 2500 | 8'35" | >160~250 |
| 100 | 160 | 800 | 2'45" | >80~125 | 1250 | 4'18" | >125~200 | 2000 | 6'52" | >200~320 |
| 160 | 250 | 630 | 2'10" | >100~160 | 1000 | 3'26" | >160~250 | 1600 | 5'30" | >250~400 |
| 250 | 400 | 500 | 1'43" | >125~200 | 800 | 2'45" | >200~320 | 1250 | 4'18" | >320~500 |
| 400 | 630 | 400 | 1'22" | >160~250 | 630 | 2'10" | >250~400 | 1000 | 3'26" | >400~630 |

$AT_\alpha$ 与 $AT_D$ 的关系如下：

$$AT_D = AT_\alpha \times L \times 10^{-3} \tag{8-4}$$

式中　$AT_D$ 单位为µm；$AT_\alpha$ 单位为µrad；$L$ 单位为 mm。

例如，$L$ 为 63mm，选用 $AT7$，查表 8-10 得 $AT_\alpha$ 为 315µrad 或 1'05"，$AT_D$ 为 20µm。

再如，$L$ 为 50mm，选用 $AT7$，查表 8-10 得 $AT_\alpha$ 为 315µrad 或 1'05"，则：

$$AT_D = AT_\alpha \times L \times 10^{-3} = 315 \times 50 \times 10^{-3} = 15.75\mu\text{m}$$

取 $AT_D$ 为 15.8µm。

圆锥角的极限偏差可按单向或双向（对称或不对称）取值，如图 8-17 所示。

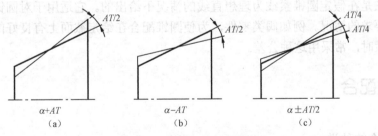

图 8-17　圆锥角的极限偏差

（3）圆锥的形状公差 $T_F$

圆锥的形状公差推荐按 GB/T 1184—1996 中附录 B "图样上注出公差值的规定" 选取。对于要求不高的圆锥工作，其形状公差也可用直径公差加以控制。

圆锥的形状公差包括：① 圆锥素线直线度公差；② 截面圆度公差。

（4）给定截面圆锥直径公差 $T_{DS}$

公差值以给定截面圆锥直径 $d_x$ 为基本尺寸，按 GB/T 1800.3—2005 规定的标准公差选取。

**3．圆锥公差的给定方法**

对于一个具体的圆锥，应根据零件功能的要求规定所需的公差项目，不必给出上述所有公差项目。GB/T 11334—2005 规定了下面两种圆锥公差的给定方法。

① 给出圆锥的公称圆锥角 $\alpha$（或锥度 $C$）和圆锥直径公差 $T_D$ 。由 $T_D$ 确定两个极限圆锥，此时圆锥角误差和圆锥的形状误差均应在极限圆锥所限定的区域内。

当对圆锥有更高的要求时，可再给出圆锥角公差 $AT$、圆锥的形状公差 $T_F$。此时，$AT$ 和 $T_F$ 仅占 $T_D$ 的一部分。

② 给出给定截面圆锥直径公差 $T_{DS}$ 和圆锥角公差 $AT$。此时，给定截面圆锥直径和圆锥角应分别满足这两项公差的要求。$T_{DS}$ 和 $AT$ 的关系如图 8-18 所示。

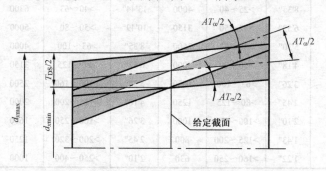

图 8-18　给定截面圆锥直径公差 $T_{DS}$ 和 $AT$ 的关系

该方法是在假定圆锥素线为理想直线的情况下给出的。

当对圆锥形状公差有更高的要求时，可再给出圆锥的形状公差 $T_F$。

由图 8-18 可知，当圆锥在给定截面上具有最小极限尺寸 $d_{xmin}$ 时，圆锥角公差带为图中下面两条实线限定的两对顶三角形区域，此时实际锥角必须在此公差带内；当圆锥在给定截面上具有最大极限尺寸 $d_{xmax}$ 时，其圆锥角公差带为图中上面的两条实线限定的两对顶三角形区域；当圆锥在给定截面上具有某一实际尺寸 $d_x$ 时，其圆锥角公差带为图中两条点画线限定的两对顶三角形区域。

公差锥度法是在假定圆锥素线为理想直线的情况下给出的。它适用于对圆锥工件的给定截面有较高精度要求的情况。例如阀类零件，为使圆锥配合在给定截面上有良好的接触，以保证有良好的密封性时，常采用这种公差。

## 8.2.3　圆锥配合

### 1. 圆锥配合的种类

圆锥配合是指基本圆锥相同的内、外圆锥面之间，由于结合松紧的不同所形成的相互关系，可分为三类。

① 间隙配合。配合时具有一定的间隙，用于做相对运动的圆锥配合。如车床主轴的圆锥轴颈与滑动轴承的配合。

② 过盈配合。配合时具有一定的过盈，用于定心和传递转矩的配合。如锥柄铰刀、扩孔钻的锥柄与机床主轴锥孔的配合。

③ 过渡配合。配合时间隙等于零或略小于零，用于保证定心精度和要求密封性的配合，也称密配合。如各种气密或水密装置。

### 2．圆锥配合的形成方式

圆锥配合是通过相互结合的内、外圆锥规定的轴向相对位置获得要求的间隙或过盈而形成的。按确定相互结合的内、外圆锥轴向相对位置的不同方法，圆锥配合可以有以下两种形式。

（1）结构型圆锥配合

由内、外圆锥的结构或基准平面之间的尺寸确定装配的最终位置而获得的圆锥配合。结构确定如图 8-19（a）所示，它是由相互结合的内、外圆锥大端的基准平面相接触来确定它们的轴向相对位置的。基准平面之间的尺寸确定如图 8-19（b）所示，它是由相互结合的内、外圆锥保证基准平面之间的距离 $a$ 来确定它们的轴向相对位置的（保证距离 $a$ 的结构在图中未画出）。

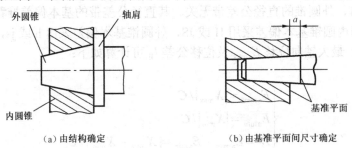

（a）由结构确定　　　　　　　　　　（b）由基准平面间尺寸确定

图 8-19　结构型圆锥配合

结构型圆锥配合的松紧程度，由内、外圆锥直径公差带的相对位置决定，因此可以得到间隙、过盈和过渡配合。

（2）位移型圆锥配合

如图 8-20 所示，相互结合的内、外圆锥由实际初始位置（$P_a$）开始，作一定的相对轴向位移（$E_a$）而获得要求的间隙或过盈的圆锥配合。

位移型圆锥配合的间隙或过盈的变动，取决于相对轴向位移（$E_a$）的变动，而与相互结合的内、外圆锥的直径公差带无关。通常，位移型圆锥配合只用于形成间隙配合或过盈配合。

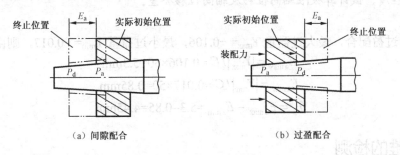

（a）间隙配合　　　　　　　　　　　（b）过盈配合

图 8-20　位移型圆锥配合

### 3．圆锥配合的确定

无论结构型圆锥配合或位移型圆锥配合，内、外圆锥通常都按第一种方法给定公差，即给出理论正确圆锥角和圆锥直径公差带。

（1）结构型圆锥配合的确定

由于结构型圆锥配合的轴向相对位置是固定的，其配合性质主要取决于内、外圆锥的直径公差带。因此，其设计方法与光滑圆柱形的轴孔公差配合类同。

① 确定基准制。推荐优先选用基孔制，即内圆锥直径的基本偏差取 H。

② 确定公差等级。按国家标准《极限与配合》（GB/T 1800.3—1998）的标准公差系列选取公差等级，推荐内、外圆锥的直径公差等级不低于 IT9 级。

③ 确定配合。内、外圆锥公差带及配合直接从 GB/T 1801—1999 中规定的常用和优先配合中选取符合要求的公差带和配合种类。如对接触精度有更高要求，可另给出圆锥角极限偏差和圆锥的形状公差。

圆锥配合一般不用于大间隙的场合，如基本偏差 A（a）、B（b）、C（c）等一般不用。

（2）位移型圆锥配合的确定

位移型圆锥配合的配合性质由内、外圆锥的轴向位移或轴向装配力决定，即取决于轴向位置的调整，而与内、外圆锥的直径公差带无关。其直径公差带的基本偏差推荐采用单向分布或双向对称分布，即内圆锥基本偏差采用 H 或 JS，外圆锥基本偏差采用 h 或 js，而极限位置的最小轴向位移 $E_{a\min}$、最大轴向位移 $E_{a\max}$ 及位移公差 $T_E$ 可计算如下：

对间隙配合：

$$\begin{cases} E_{a\max} = |X_{\max}|/C \\ E_{a\min} = |X_{\min}|/C \\ T_E = E_{a\max} - E_{a\min} = |X_{\max} - X_{\min}|/C \end{cases} \qquad (8\text{-}5)$$

对过盈配合：

$$\begin{cases} E_{a\max} = |Y_{\max}|/C \\ E_{a\min} = |Y_{\min}|/C \\ T_E = E_{a\max} - E_{a\min} = |Y_{\max} - Y_{\min}|/C \end{cases} \qquad (8\text{-}6)$$

式中 $C$ 为锥度；$X_{\max}$、$X_{\min}$ 分别为配合的最大、最小间隙量；$Y_{\max}$、$Y_{\min}$ 分别为最大、最小过盈量。

【例 8-1】有一位移型圆锥配合，锥度 $C$ 为 1:50，基本圆锥直径为 100mm，要求配合后得到 H8/s7 的配合性质，试计算极限轴向位移及轴向位移公差。

**解：**

该配合为过盈配合，最大过盈量 $Y_{\max}$ = -0.106，最小过盈量 $Y_{\min}$ = -0.017，则由式（8-6）得

$$E_{a\max} = |Y_{\max}|/C = 0.106 \times 50 = 5.3\text{mm}$$

$$E_{a\min} = |Y_{\min}|/C = 0.017 \times 50 = 0.85\text{mm}$$

$$T_E = E_{a\max} - E_{a\min} = 5.3 - 0.85 = 4.45\text{mm}$$

## 8.2.4 圆锥的检测

大批量生产条件下，圆锥的检验多用圆锥量规。圆锥量规可以检验内、外锥体工件锥度和基面距偏差。检验内锥体用锥度塞规，检验外锥体用锥度套规，圆锥量规的结构形式如图 8-21 所示，它的规格尺寸和公差在圆锥量规国家标准（GB/T 11852—2003）中有详细规定，可供选用。

圆锥结合时，一般对锥度要求比对直径的要求严，所以用圆锥量规检验工件时，首先应采用涂色法检验工件锥度。用涂色法检验锥度时，要求工件锥体表面接触靠近大端，接触长度不低于国家标准的规定：高精度工件为工作长度的 85%；精密工件为工作长度的 80%；普通工件

为工作长度的 75%。

如图 8-21 所示,用圆锥量规检验工件的基面距偏差时,是用量规与工件间的基面距离来控制的。圆锥量规的一端有两条刻线(塞规)或台阶(套规),其间的距离 $m$ 就是基面距公差,若被测锥体端面在量规的两条刻线或台阶的两端面之间,则被检验锥体的基面距合格。

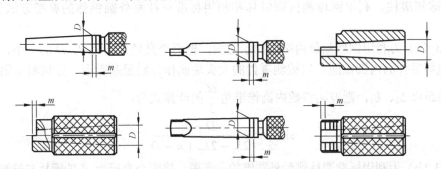

图 8-21 圆锥量规的结构形式

圆锥测量主要是测量圆锥角 $\alpha$ 或斜角 $\alpha/2$。一般情况下,可用间接测量法来测量圆锥角,具体方法很多,其特点都是测量与被测圆锥角有关的尺寸,通过三角函数关系,计算出被测角度值。

常用的计量器具有正弦尺、滚柱或钢球等。

① 正弦尺。正弦尺是锥度测量常用的计量器具,分宽型和窄型,每种形式又按两圆柱中心距 $L$ 分为 100mm 和 200mm 两种,其主要尺寸的偏差和工作部分的形状、位置误差都很小。在检验锥度角时不确定度为 $\pm1 \sim \pm5\mu m$,适用于测量公称锥角小于 $30°$ 的锥度。

测量前,首先按下式计算量块组的高度,如图 8-22 所示。

$$h = L\sin\alpha$$

式中 $\alpha$——圆锥角;

$L$——正弦尺两圆柱中心距。

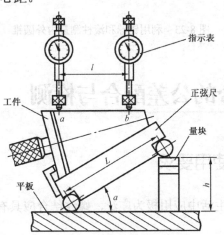

图 8-22 正弦尺测量圆锥量规

然后,按图 8-22 所示进行测量。如果被测的圆锥角恰好等于公称值,则指示表在两点的指示值相同,即锥体上母线平行于平板的工作面;如被测角度有误差,则 $a$、$b$ 两点指示值必有一差值 $n$,$n$ 与测量长度 $l$ 之比即是锥度误差:

$$\Delta C = n/l \tag{8-7}$$

若换算成锥角误差，可按下式近似计算：

$$\Delta(\alpha) = \Delta C \times 2 \times 10^5 = 2 \times 10^5 \frac{n}{l} \, (") \tag{8-8}$$

② 钢球和滚柱。利用钢球测内圆锥体和利用标准圆柱测外圆锥体的典型方法如图 8-23 所示。

图 8-23（a）为利用钢球测量内圆锥的示意图，把两个直径分别为 $d$、$D$ 的一小、一大钢球先后放入被测零件的内圆锥面，以被测零件的大头端面作为测量基准面，分别测出钢球顶点到该基准面的距离 $L_2$、$L_1$，则被测参数内圆锥半角 $\dfrac{\alpha}{2}$ 的计算式为：

$$\sin \frac{\alpha}{2} = \frac{D-d}{2L_1 - 2L_2 + d - D} \tag{8-9}$$

图 8-23（b）为利用标准圆柱测量外圆锥的示意图，将两个直径为 $d$ 的圆柱与被测零件的外圆锥面贴合，测出尺寸 $N$，然后垫高度为 $L$ 的量块，再测出尺寸 $M$，则外圆锥半角 $\dfrac{\alpha}{2}$ 的计算式为：

$$\tan \frac{\alpha}{2} = \frac{M-N}{2L} \tag{8-10}$$

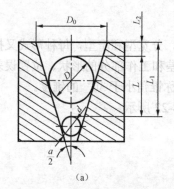
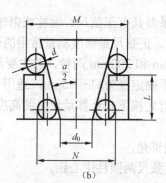

图 8-23　利用钢球和滚柱测量内外圆锥

# 8.3　螺纹结合的公差配合与检测

## 8.3.1　螺纹的分类及使用要求

螺纹在工业生产和日常生活中应用极为广泛，螺纹结合应具有较高的互换性，国家标准对此作了相应的规定。

螺纹按其用途可分为三类：

（1）普通螺纹

普通螺纹通常又称为紧固螺纹，主要用于紧固和联结零件。如公制普通螺纹，这是使用最广泛的一种螺纹结合。对它的主要要求是可旋合性和一定的联结强度。

（2）传动螺纹

这种螺纹用于传递动力和位移，如机床中的丝杠螺母副，量仪中的测微螺旋副。使用时应满足传递动力的可靠、传动比的稳定和保证一定的间隙等要求。

（3）密封螺纹

这种螺纹主要用于密封，要求是结合紧密，配合具有一定的过盈，以保证不漏水、不漏气、不漏油。

## 8.3.2　螺纹的基本牙型及主要几何参数

按国家标准的规定，公制普通螺纹的基本牙型如图 8-24 所示。

螺纹的主要几何参数有：

（1）公称直径（Nominal Diameter）

代表螺纹尺寸的直径。

（2）大径（Major Diameter）$d$ 或 $D$

与外螺纹牙顶或内螺纹牙底相切的假想圆柱或圆锥的直径称为大径。螺纹大径的基本尺寸为螺纹的公称尺寸。其中，内螺纹的基本大径用 $D$ 表示，外螺纹的基本大径用 $d$ 表示。

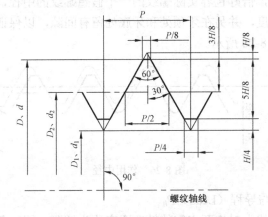

图 8-24　公制普通螺纹的基本牙型

（3）小径（Minor Diameter）$d_1$ 或 $D_1$

与外螺纹牙底或内螺纹牙顶相切的假想圆柱或圆锥的直径称为小径。其中，内螺纹的基本小径用 $D_1$ 表示，外螺纹的基本小径用 $d_1$ 表示。

内螺纹的小径和外螺纹的大径合称顶径；内螺纹的大径和外螺纹的小径合称底径。

（4）中径（Pitch Diameter）$d_2$ 或 $D_2$

中径是一个假想圆柱或圆锥的直径，该圆柱或圆锥的母线通过牙型上沟槽和凸起宽度相等的地方。此假想圆柱或圆锥称为中径圆柱或中径圆锥。其中，内螺纹的基本中径用 $D_2$ 表示，外螺纹的基本中径用 $d_2$ 表示。

由图 8-24 可知，中径（$d_2$ 或 $D_2$）、大径（$d$ 或 $D$）与原始三角形高度 $H$ 满足下列的关系：

对内螺纹：$D_2 = D - 2 \times \dfrac{3}{8}H$

对外螺纹：$d_2 = d - 2 \times \dfrac{3}{8}H$

（5）单一中径（Simple Pitch Diameter）

单一中径也是一个假想圆柱或圆锥的直径，该圆柱或圆锥的母线通过牙型上沟槽宽度等于基本螺距一半的地方，如图 8-25 所示。

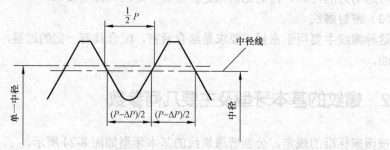

$P$—基本螺距；$\Delta P$—螺距误差

图 8-25　中径与单一中径

当螺距无误差时，中径等于单一中径；如螺距有误差，则二者不相等。单一中径是按三针法测量中径定义的。

（6）作用中径（Virtual Pitch Diameter）

在规定的旋合长度内，恰好包容实际螺纹的一个假想螺纹的中径，这个假想螺纹具有理想的螺距、半角以及牙型高度，并另在牙顶处和牙底处留有间隙，以保证包容时不与实际螺纹的大、小径发生干涉，如图 8-26 所示。

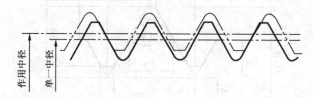

图 8-26　作用中径

（7）螺距（Pitch）$P$ 与导程（Lead）$P_h$

螺纹相邻两牙在中径线上对应两点间的轴向距离称为螺距。同一条螺旋线上的相邻两牙在中径线上对应两点间的轴向距离称为导程。单线螺纹的导程等于螺距，即 $P_h=P$；对多线螺纹，导程等于线数 $n$ 乘以螺距，即 $P_h=nP$。

（8）牙型角（Thread Angle）$\alpha$ 与牙型半角（Half of Thread Angle）$\alpha/2$

牙型角是指在通过螺纹轴线剖面内的螺纹牙型上相邻两牙侧间的夹角。公制普通螺纹的牙型角 $\alpha=60°$。牙型半角是牙侧与螺纹轴线的垂线间的夹角，$\alpha/2=30°$。

牙型角正确时，牙型半角仍可能有误差，如两半角分别为 29° 和 31°，故测量时应测牙型半角。

（9）螺纹升角（Lead Angle）$\varphi$

在中径圆柱或中径圆锥上，螺旋线的切线与垂直于螺纹轴线的平面的夹角称为螺纹升角。它与螺距 $P$ 和中径 $d_2$ 的关系为：

$$\tan\varphi=\frac{nP}{\pi d_2}$$

式中　$n$——螺纹线数。

（10）螺纹旋合长度（Length of Thread Engagement）$L_e$

螺纹旋合长度是指，两个相互配合的螺纹沿螺纹轴线方向相互旋合部分的长度。

## 8.3.3　螺纹几何参数的公差原则应用

影响螺纹互换性的主要因素是螺距误差、牙型半角误差和中径偏差。而螺距误差和半角误差对互换性的影响均可以折算为中径当量，故可用公差原则来分别处理。

对精密螺纹，如丝杠、螺纹量规、测微螺纹等，为满足其功能要求，应对螺距、半角和中径分别规定较严的公差，即按独立原则对待。其中螺距误差常体现为多个螺距的累积误差。

对紧固联结用的普通螺纹，主要是要求保证可旋合性和一定的联结强度，故应采用公差原则中的包容要求来处理，即对这种产量极大的螺纹，标准中只规定中径公差，而螺距及半角误差都是由中径公差来综合控制的。或者说，是用中径极限偏差构成的牙廓最大实体边界，来限制以螺距及半角误差形式呈现的几何误差。检测时，应采用螺纹综合量规（见 8.3.6 节）来体现最大实体边界，控制含有螺距误差和半角误差的螺纹作用中径。当有螺距误差和半角误差时，内螺纹的作用中径小于实际中径，外螺纹的作用中径大于实际中径，若没有螺距和半角误差，即实际中径就是作用中径。这些概念和前面讲过的作用尺寸是一致的。即

$$\begin{cases} d_{2作用} = d_{2实际} + (f_p + f_{\alpha/2}) \\ D_{2作用} = D_{2实际} - (f_p + f_{\alpha/2}) \end{cases} \tag{8-11}$$

式中　$f_p$、$f_{\alpha/2}$——螺距误差和牙型半角误差在中径上造成的影响部分。

螺纹的大径和小径主要是要求旋合时不发生干涉。标准对外螺纹大径 $d$ 和内螺纹小径 $D_1$ 规定了较大的公差值，对外螺纹小径 $d_1$ 和内螺纹大径 $D$ 没有规定公差值，而只规定该处的实际轮廓不得超越按基本偏差所确定的最大实体牙型，即保证旋合时不会发生干涉。

## 8.3.4　普通螺纹的公差、配合及其选用

### 1. 普通螺纹的公差带

国家标准《普通螺纹　公差》（GB/T 197—2003）规定了螺纹顶径和中径公差带，分别给出了表示公差带大小的系列——公差等级和表示公差带位置的系列——基本偏差。并且考虑到旋合长度对螺纹配合精度的影响，将旋合长度分为短旋合长度组（S）、中等旋合长度组（N）和长旋合长度组（L）。将公差精度分为精密、中等和粗糙三级。

（1）公差等级

螺纹公差带的大小由公差值确定，并按公差值的大小分为若干等级，见表 8-11。

**表 8-11　螺纹公差等级**

| 螺纹直径 | 公差等级 |
|---|---|
| 内螺纹小径 $D_1$ | 4, 5, 6, 7, 8 |
| 内螺纹中径 $D_2$ | 4, 5, 6, 7, 8 |
| 外螺纹中径 $d_2$ | 3, 4, 5, 6, 7, 8, 9 |
| 外螺纹大径 $d$ | 4, 6, 8 |

表 8-11 中，3 级公差值最小，精度最高；9 级公差值最大，精度最低。各级公差值见表 8-12、表 8-13。

表 8-12　普通螺纹直径的基本偏差和公差　　　　　　　　　（μm）

| 螺距 P /mm | 内螺纹 $D_2$、$D_1$ 的基本偏差 EI | | 外螺纹 $d_2$、d 的基本偏差 es | | | | 内螺纹小径公差 $T_{D_1}$ 公差等级 | | | | | 外螺纹大径公差 $T_d$ 公差等级 | | |
|---|---|---|---|---|---|---|---|---|---|---|---|---|---|---|
| | G | H | e | f | g | h | 4 | 5 | 6 | 7 | 8 | 4 | 6 | 8 |
| 0.2 | +17 | | | | −17 | | 38 | — | | | | 36 | 56 | |
| 0.25 | +18 | | | | −18 | | 45 | 56 | | — | | 42 | 67 | |
| 0.3 | +18 | 0 | | | −18 | 0 | 53 | 67 | 85 | | — | 48 | 75 | |
| 0.35 | +19 | | | −34 | −19 | | 63 | 80 | 100 | | | 53 | 85 | |
| 0.4 | +19 | | | −34 | −19 | | 71 | 90 | 112 | | | 60 | 95 | |
| 0.45 | +20 | 0 | | −35 | −20 | 0 | 80 | 100 | 125 | | — | 63 | 100 | — |
| 0.5 | +20 | | −50 | −36 | −20 | | 90 | 112 | 140 | 180 | | 67 | 106 | |
| 0.6 | +21 | | −53 | −36 | −21 | | 100 | 125 | 160 | 200 | | 80 | 125 | |
| 0.7 | +22 | | −56 | −38 | −22 | | 112 | 140 | 180 | 224 | | 90 | 140 | |
| 0.75 | +22 | | −56 | −38 | −22 | | 118 | 150 | 190 | 236 | | 90 | 140 | |
| 0.8 | +24 | | −60 | −38 | −24 | | 125 | 160 | 200 | 250 | 315 | 95 | 150 | 236 |
| 1 | +26 | | −60 | −40 | −26 | | 150 | 190 | 236 | 300 | 375 | 112 | 180 | 280 |
| 1.25 | +28 | | −63 | −42 | −28 | | 170 | 212 | 265 | 335 | 425 | 132 | 212 | 335 |
| 1.5 | +32 | | −67 | −45 | −32 | | 190 | 236 | 300 | 375 | 475 | 150 | 236 | 375 |
| 1.75 | +34 | 0 | −71 | −48 | −34 | | 212 | 265 | 335 | 425 | 530 | 170 | 265 | 425 |
| 2 | +38 | | −71 | −52 | −38 | | 236 | 300 | 375 | 475 | 600 | 180 | 280 | 450 |
| 2.5 | +42 | | −80 | −58 | −42 | 0 | 280 | 355 | 450 | 560 | 710 | 212 | 335 | 530 |
| 3 | +48 | 0 | −85 | −63 | −48 | | 315 | 400 | 500 | 630 | 800 | 236 | 375 | 600 |
| 3.5 | +53 | | −90 | −70 | −53 | | 355 | 450 | 560 | 710 | 900 | 265 | 425 | 670 |
| 4 | +60 | | −95 | −75 | −60 | | 375 | 475 | 600 | 750 | 950 | 300 | 475 | 750 |
| 4.5 | +63 | | −100 | −80 | −63 | | 425 | 530 | 670 | 850 | 1060 | 315 | 500 | 800 |
| 5 | +71 | | −106 | −85 | −71 | | 450 | 560 | 710 | 900 | 1120 | 335 | 530 | 850 |
| 5.5 | +75 | | −112 | −90 | −75 | | 475 | 600 | 750 | 950 | 1180 | 355 | 560 | 900 |
| 6 | +80 | | −118 | −85 | −80 | | 500 | 630 | 800 | 1000 | 1250 | 375 | 600 | 950 |
| 8 | +100 | | −140 | −118 | −100 | | 630 | 800 | 1000 | 1250 | 1600 | 450 | 710 | 1180 |

表 8-13　普通螺纹中径公差　　　　　　　　　（μm）

| 公称直径 D /mm | | 螺距 | 内螺纹中径公差 $T_{D_2}$ 公差等级 | | | | | 外螺纹中径公差 $T_{d_2}$ 公差等级 | | | | | | |
|---|---|---|---|---|---|---|---|---|---|---|---|---|---|---|
| > | ≤ | P/mm | 4 | 5 | 6 | 7 | 8 | 3 | 4 | 5 | 6 | 7 | 8 | 9 |
| | | 0.2 | 40 | — | — | — | — | 24 | 30 | 38 | 48 | — | — | — |
| 0.99 | 1.4 | 0.25 | 45 | 56 | — | — | — | 26 | 34 | 42 | 53 | — | — | — |
| | | 0.3 | 48 | 60 | 75 | | | 28 | 36 | 45 | 56 | | | |
| | | 0.2 | 42 | — | | | | 25 | 32 | 40 | 50 | | | |
| 1.4 | 2.8 | 0.25 | 48 | 60 | | | | 28 | 36 | 45 | 56 | | | |
| | | 0.35 | 53 | 67 | 85 | | | 32 | 40 | 50 | 63 | 80 | | |

| 公称直径 D /mm | | 螺距 | 内螺纹中径公差$T_{D_2}$ | | | | | 外螺纹中径公差$T_{d_2}$ | | | | | | |
|---|---|---|---|---|---|---|---|---|---|---|---|---|---|---|
| | | | 公差等级 | | | | | 公差等级 | | | | | | |
| > | ≤ | P/mm | 4 | 5 | 6 | 7 | 8 | 3 | 4 | 5 | 6 | 7 | 8 | 9 |
| 1.4 | 2.8 | 0.4 | 56 | 71 | 90 | — | — | 34 | 42 | 53 | 67 | 85 | — | — |
| | | 0.45 | 60 | 75 | 95 | — | — | 36 | 45 | 56 | 71 | 90 | — | — |
| 2.8 | 5.6 | 0.35 | 56 | 71 | 90 | — | — | 34 | 42 | 53 | 67 | 85 | — | — |
| | | 0.5 | 63 | 80 | 100 | 125 | — | 38 | 48 | 60 | 75 | 95 | — | — |
| | | 0.6 | 71 | 90 | 112 | 140 | — | 42 | 53 | 67 | 85 | 106 | — | — |
| | | 0.7 | 75 | 95 | 118 | 150 | — | 45 | 56 | 71 | 90 | 112 | — | — |
| | | 0.75 | 75 | 95 | 118 | 150 | — | 45 | 56 | 71 | 90 | 112 | — | — |
| | | 0.8 | 80 | 100 | 125 | 160 | 200 | 48 | 60 | 75 | 95 | 118 | 150 | 190 |
| 5.6 | 11.2 | 0.75 | 85 | 106 | 132 | 170 | — | 50 | 63 | 80 | 100 | 125 | — | — |
| | | 1 | 95 | 118 | 150 | 190 | 236 | 56 | 71 | 90 | 112 | 140 | 180 | 224 |
| | | 1.25 | 100 | 125 | 160 | 200 | 250 | 60 | 75 | 95 | 118 | 150 | 190 | 236 |
| | | 1.5 | 112 | 140 | 180 | 224 | 280 | 67 | 85 | 106 | 132 | 170 | 212 | 295 |
| 11.2 | 22.4 | 1 | 100 | 125 | 160 | 200 | 250 | 60 | 75 | 95 | 118 | 150 | 190 | 236 |
| | | 1.25 | 112 | 140 | 180 | 224 | 280 | 67 | 85 | 106 | 132 | 170 | 212 | 265 |
| | | 1.5 | 118 | 150 | 190 | 236 | 300 | 71 | 90 | 112 | 140 | 180 | 224 | 280 |
| | | 1.75 | 125 | 160 | 200 | 250 | 315 | 75 | 95 | 118 | 150 | 190 | 236 | 300 |
| | | 2 | 132 | 170 | 212 | 265 | 335 | 80 | 100 | 125 | 160 | 200 | 250 | 315 |
| | | 2.5 | 140 | 180 | 224 | 280 | 355 | 85 | 106 | 132 | 170 | 212 | 265 | 335 |
| 22.4 | 45 | 1 | 106 | 132 | 170 | 212 | — | 63 | 80 | 100 | 125 | 160 | 200 | 250 |
| | | 1.5 | 125 | 160 | 200 | 250 | 315 | 75 | 95 | 118 | 150 | 190 | 236 | 300 |
| | | 2 | 140 | 180 | 224 | 280 | 355 | 85 | 106 | 132 | 170 | 212 | 265 | 335 |
| | | 3 | 170 | 212 | 265 | 335 | 425 | 100 | 125 | 160 | 200 | 250 | 315 | 400 |
| | | 3.5 | 180 | 224 | 280 | 355 | 450 | 106 | 132 | 170 | 212 | 265 | 335 | 425 |
| | | 4 | 190 | 236 | 300 | 375 | 475 | 112 | 140 | 180 | 224 | 280 | 355 | 450 |
| | | 4.5 | 200 | 250 | 315 | 400 | 500 | 118 | 150 | 190 | 236 | 300 | 375 | 475 |
| 45 | 90 | 1.5 | 132 | 170 | 212 | 265 | 335 | 80 | 100 | 125 | 160 | 200 | 250 | 315 |
| | | 2 | 150 | 190 | 236 | 300 | 375 | 90 | 112 | 140 | 180 | 224 | 280 | 355 |
| | | 3 | 180 | 224 | 280 | 355 | 450 | 106 | 132 | 170 | 212 | 265 | 335 | 425 |
| | | 4 | 200 | 250 | 315 | 400 | 500 | 118 | 150 | 190 | 236 | 300 | 375 | 475 |
| | | 5 | 212 | 265 | 335 | 425 | 530 | 125 | 160 | 200 | 250 | 315 | 400 | 500 |
| | | 5.5 | 224 | 280 | 355 | 450 | 560 | 132 | 170 | 212 | 265 | 335 | 425 | 530 |
| | | 6 | 236 | 300 | 375 | 475 | 600 | 140 | 180 | 224 | 280 | 355 | 450 | 560 |
| 90 | 180 | 2 | 160 | 200 | 250 | 315 | 400 | 95 | 118 | 150 | 190 | 236 | 300 | 375 |
| | | 3 | 190 | 236 | 300 | 375 | 475 | 112 | 140 | 180 | 224 | 280 | 355 | 450 |
| | | 4 | 212 | 265 | 335 | 425 | 530 | 125 | 160 | 200 | 250 | 315 | 400 | 500 |
| | | 6 | 250 | 315 | 400 | 500 | 630 | 150 | 190 | 236 | 300 | 375 | 475 | 600 |
| | | 8 | 280 | 355 | 450 | 560 | 710 | 170 | 212 | 265 | 335 | 425 | 530 | 670 |

续表

| 公称直径 D /mm | | 螺距 | 内螺纹中径公差 $T_{D_2}$ | | | | | 外螺纹中径公差 $T_{d_2}$ | | | | | | |
|---|---|---|---|---|---|---|---|---|---|---|---|---|---|---|
| > | ≤ | P/mm | 公差等级 | | | | | 公差等级 | | | | | | |
| | | | 4 | 5 | 6 | 7 | 8 | 3 | 4 | 5 | 6 | 7 | 8 | 9 |
| 180 | 355 | 3 | 212 | 265 | 335 | 425 | 530 | 125 | 160 | 200 | 250 | 315 | 400 | 500 |
| | | 4 | 236 | 300 | 375 | 475 | 600 | 140 | 180 | 224 | 280 | 355 | 450 | 560 |
| | | 6 | 265 | 335 | 425 | 530 | 670 | 160 | 200 | 250 | 315 | 400 | 500 | 630 |
| | | 8 | 300 | 375 | 475 | 600 | 750 | 180 | 224 | 280 | 355 | 450 | 560 | 710 |

在同一公差等级中，考虑到内螺纹加工较外螺纹困难，故内螺纹中径公差比外螺纹中径公差大 32%左右，以满足工艺等价性原则。

对外螺纹小径和内螺纹大径，虽没有规定公差值，但由于螺纹加工时外螺纹的中径 $d_2$ 与小径 $d_1$ 以及内螺纹中径 $D_2$ 与大径 $D$ 是同时由刀具切出的，其尺寸由刀具保证，故在正常情况下，外螺纹小径 $d_1$ 不会过小，内螺纹大径 $D$ 不会过大。

（2）基本偏差

如图 8-27 所示，内、外螺纹的公差带位置由基本偏差确定。螺纹的基本牙型是计算螺纹偏差的基准。所谓"基本牙型"是在通过螺纹轴线的剖面内，作为螺纹设计依据的理想牙型。螺纹公差带相对于基本牙型的位置由基本偏差确定。外螺纹的基本偏差是上偏差 $es$，内螺纹的基本偏差是下偏差 $EI$。

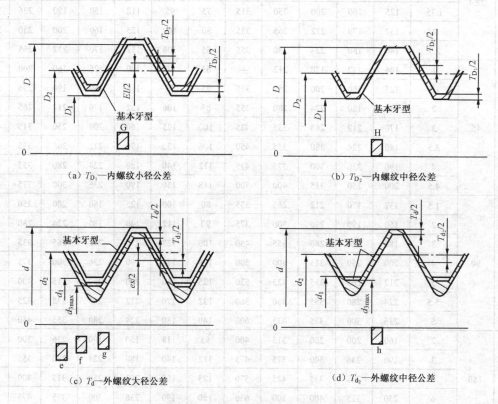

(a) $T_{D_1}$—内螺纹小径公差

(b) $T_{D_2}$—内螺纹中径公差

(c) $T_d$—外螺纹大径公差

(d) $T_{d_2}$—外螺纹中径公差

图 8-27　内、外螺纹的公差带位置

标准中对内螺纹规定了两种基本偏差，其代号为 G 和 H，如图 8-27（a）、（b）所示。图中 $T_{D_1}$

表示内螺纹小径公差，$T_{D_2}$ 表示内螺纹中径公差。外螺纹规定了 4 种基本偏差，其代号为 e，f，g，h，如图 8-27（c）、（d）所示。图中 $T_d$ 表示外螺纹大径公差，$T_{d2}$ 表示外螺纹中径公差。

H 和 h 的基本偏差为零，G 的基本偏差值为正，e、f、g 的基本偏差值为负。

公差带代号由表示公差等级的数字和基本偏差的字母代号组成，如 6H，5g 等。

**2. 螺纹公差带的选用**

按螺纹的公差等级和基本偏差可以组成数目很多的公差带。但实际生产中为了减少刀具、量具的规格种类，国家标准中规定了既能满足当前需要，而数量又有限的常用公差带，见表 8-14 和表 8-15。同时规定，公差带优先选用顺序为：粗字体公差带、一般字体公差带、括号内公差带。带方框的粗字体公差带用于大量生产的紧固件螺纹。除有特殊需要外，一般不应选择标准规定以外的公差带。

螺纹的 3 个精度等级中，精密级用于要求配合性质变动较小的精密螺纹；中等级用于一般用途；粗糙级用于对精度要求不高或制造比较困难的场合。一般以中等旋合长度下的 6 级公差等级为中等精度的基准。

标准对螺纹联结规定了短、中等、长三种旋合长度，分别用代号 S、N、L 表示（见表 8-16）。一般情况应采用中等旋合长度。从表 8-14 和表 8-15 可知，在同一精度中，对不同的旋合长度（S、N、L），其中径所采用的公差等级也不同，这是考虑到不同旋合长度对螺距累积误差有不同的影响。

内、外螺纹配合的公差带可以任意组合成多种配合，为了保证足够的接触高度，以保证联结强度以及拆装方便，建议采用 H/g、H/h 或 G/h 配合。H/h 配合的最小间隙为零，应用较广；H/g 和 G/h 具有一定间隙，多用于以下几种情况：① 要求拆卸容易；② 高温下工作；③ 需要涂镀保护层；④ 改善螺纹的疲劳强度。

**表 8-14　内螺纹的推荐公差带**

| 公差精度 | 公差带位置 G | | | 公差带位置 H | | |
|---|---|---|---|---|---|---|
| | S | N | L | S | N | L |
| 精　密 | — | — | — | 4H | 5H | 6H |
| 中　等 | (5G) | **6G** | (7G) | **5H** | **6H** | **7H** |
| 粗　糙 | — | (7G) | (8G) | — | 7H | 8H |

注：公差带优先选用顺序为：粗字体公差带、一般字体公差带、括号内公差带。带方框的粗字体公差带用于大量生产的紧固件螺纹。

**表 8-15　外螺纹的推荐公差带**

| 公差精度 | 公差带位置 e | | | 公差带位置 f | | | 公差带位置 g | | | 公差带位置 h | | |
|---|---|---|---|---|---|---|---|---|---|---|---|---|
| | S | N | L | S | N | L | S | N | L | S | N | L |
| 精密 | — | — | — | — | — | — | — | (4g) | (5g 4g) | (3h 4h) | **4h** | (5h 4h) |
| 中等 | — | **6e** | (7e6e) | — | **6f** | — | (5g 6g) | **6g** | (7g 6g) | (5h 6h) | 6h | (7h 6h) |
| 粗糙 | — | (8e) | (9e8e) | — | — | — | — | 8g | (9g 8g) | — | — | — |

注：同表 8-14 注。

表 8-16　螺纹旋合长度　　　　　　　　　　（mm）

| 基本大径 D、d | | 螺距 P | 旋合长度 | | | |
|---|---|---|---|---|---|---|
| > | ≤ | | S | N | | L |
| | | | ≤ | > | ≤ | > |
| 0.99 | 1.4 | 0.2 | 0.5 | 0.5 | 1.4 | 1.4 |
| | | 0.25 | 0.6 | 0.6 | 1.7 | 1.7 |
| | | 0.3 | 0.7 | 0.7 | 2 | 2 |
| 1.4 | 2.8 | 0.2 | 0.5 | 0.5 | 1.5 | 1.5 |
| | | 0.25 | 0.6 | 0.6 | 1.9 | 1.9 |
| | | 0.35 | 0.8 | 0.8 | 2.6 | 2.6 |
| | | 0.4 | 1 | 1 | 3 | 3 |
| | | 0.45 | 1.3 | 1.3 | 3.8 | 3.8 |
| 2.8 | 5.6 | 0.35 | 1 | 1 | 3 | 3 |
| | | 0.5 | 1.5 | 1.5 | 4.5 | 4.5 |
| | | 0.6 | 1.7 | 1.7 | 5 | 5 |
| | | 0.7 | 2 | 2 | 6 | 6 |
| | | 0.75 | 2.2 | 2.2 | 6.7 | 6.7 |
| | | 0.8 | 2.5 | 2.5 | 7.5 | 7.5 |
| 5.6 | 11.2 | 0.75 | 2.4 | 2.4 | 7.1 | 7.1 |
| | | 1 | 3 | 3 | 9 | 9 |
| | | 1.25 | 4 | 4 | 12 | 12 |
| | | 1.5 | 5 | 5 | 15 | 15 |
| 11.2 | 22.4 | 1 | 3.8 | 3.8 | 11 | 11 |
| | | 1.25 | 4.5 | 4.5 | 13 | 13 |
| | | 1.5 | 5.6 | 5.6 | 16 | 16 |
| | | 1.75 | 6 | 6 | 18 | 18 |
| | | 2 | 8 | 8 | 24 | 24 |
| | | 2.5 | 10 | 10 | 30 | 30 |
| 22.4 | 45 | 1 | 4 | 4 | 12 | 12 |
| | | 1.5 | 6.3 | 6.3 | 19 | 19 |
| | | 2 | 8.5 | 8.5 | 25 | 25 |
| | | 3 | 12 | 12 | 36 | 36 |
| | | 3.5 | 15 | 15 | 45 | 45 |
| | | 4 | 18 | 18 | 53 | 53 |
| | | 4.5 | 21 | 21 | 63 | 63 |
| 45 | 90 | 1.5 | 7.5 | 7.5 | 22 | 22 |
| | | 2 | 9.5 | 9.5 | 28 | 28 |
| | | 3 | 15 | 15 | 45 | 45 |
| | | 4 | 19 | 19 | 56 | 56 |
| | | 5 | 24 | 24 | 71 | 71 |
| | | 5.5 | 28 | 28 | 85 | 85 |
| | | 6 | 32 | 32 | 95 | 95 |

续表

| 基本大径 D、d | | 螺距 P | 旋合长度 | | | |
|---|---|---|---|---|---|---|
| | | | S | | N | L |
| > | ≤ | | ≤ | > | ≤ | > |
| 90 | 180 | 2 | 12 | 12 | 36 | 36 |
| | | 3 | 18 | 18 | 53 | 53 |
| | | 4 | 24 | 24 | 71 | 71 |
| | | 6 | 36 | 36 | 106 | 106 |
| | | 8 | 45 | 45 | 132 | 132 |
| 180 | 355 | 3 | 20 | 20 | 60 | 60 |
| | | 4 | 26 | 26 | 80 | 80 |
| | | 6 | 40 | 40 | 118 | 118 |
| | | 8 | 50 | 50 | 150 | 150 |

### 3．普通螺纹的标记

螺纹的完整标记由螺纹特征代号、尺寸代号、公差带代号及其他有必要作进一步说明的个别信息组成。

螺纹特征代号用字母"M"表示。

单线螺纹的尺寸代号为"公称直径×螺距"。对粗牙螺纹，可以省略标注其螺距项。

【示例】

公称直径为 8mm、螺距为 1mm 的单线细牙螺纹标注为：M8×1；

公称直径为 8mm、螺距为 1.25mm 的单线粗牙螺纹标注为：M8。

多线螺纹的尺寸代号为"公称直径×Ph 导程 P 螺距"。如果要进一步表明螺纹的线数，可在后面增加括号说明（使用英语进行说明，双线为 two starts；三线为 three starts；四线为 four starts）。

【示例】

公称直径为 16mm、螺距为 1.5mm、导程为 3mm 的双线螺纹标注为：

M16×Ph3P1.5 或 M16×Ph3P1.5（two starts）。

螺纹公差带代号包括中径公差带代号与顶径公差带代号。并且规定，中径公差带代号在前，顶径公差带代号在后；公差带代号由表示公差等级的数值和表示公差带位置的字母组成；如果中径公差带代号与顶径公差带代号相同，则应只标注一个公差带代号。螺纹尺寸代号与公差带间用"—"号分开。

【示例】

中径公差带为 5g、顶径公差带为 6g 的外螺纹标注为：M10×1— 5g 6g；

中径公差带和顶径公差带均为 6g 的粗牙外螺纹标注为：M10—6g；

中径公差带为 5H、顶径公差带为 6H 的内螺纹标注为：M10×1—5H6H；

中径公差带和顶径公差带均为 6H 的粗牙内螺纹标注为：M10—6H。

表示内、外螺纹配合时，内螺纹公差带代号在前，外螺纹公差带代号在后，中间用斜线分开。

【示例】

公差带为 6H 的内螺纹与公差带为 5g6g 的外螺纹组成配合：M20×2—6H/5g6g。

标记内有必要说明的其他信息包括螺纹的旋合长度和旋向。

对短旋合长度组和长旋合长度组的螺纹，宜在公差带代号后分别标注"S"和"L"代号。旋合长度代号与公差带间用"—"号分开。中等旋合长度组螺纹不标注旋合长度代号（N）。

对左旋螺纹，应在旋合长度代号之后标注"LH"代号。旋合长度代号与旋向代号间用"—"号分开。右旋螺纹不标注旋向代号。

【示例】

左旋螺纹：M14×Ph6P2—7H—L−LH 或 M14×Ph6P2 (three starts)—7H—L−LH；

右旋螺纹：M6（螺距、公差带代号、旋合长度代号和旋向代号被省略）。

## 8.3.5　机床丝杠、螺母公差

机床制造业中，梯形螺纹的丝杠螺母副常在传动中得到广泛应用，其特点是丝杠与螺母的大径和小径的公称直径不相同，两者结合后，在大径、中径及小径上均有间隙。

我国对机床中传动用的丝杠、螺母制定有行业标准《机床梯形螺纹丝杠、螺母　技术条件》（JB/T 2886—2008），其基本内容简介如下。

### 1．丝杠和螺母的精度等级

按 JB/T 2886—2008 规定，丝杠和螺母的精度等级各分为七级：3、4、5、6、7、8、9 级。精度依次降低，即 3 级精度最高，9 级精度最低。3 级、4 级用于超高精度的坐标镗床和坐标磨床的传动定位丝杠和螺母；5 级用于螺丝磨床、坐标镗床主传动丝杠和螺母及没有校正装置的分度机构和测量仪器；6 级用于大型螺纹磨床、齿轮磨床、坐标镗床、刻线机精确传动丝杠和螺母及没有校正装置的分度机构和测量仪器；7 级用于铲床、精密螺纹车床及精密齿轮机床；8 级用于普通螺丝车床及螺丝铣床；9 级用于没有分度盘的进给机构。其他机械装置的丝杠精度，可参考使用。

### 2．丝杠的公差

为了保证丝杠的精度，对丝杠应规定下列公差或极限偏差。

（1）大径、中径和小径的极限偏差

丝杠螺纹的大径、中径和小径的极限偏差不分精度等级，每种螺距其公差值和基本偏差各只有一种，见表 8-17。大径和小径的上偏差为零，下偏差为负值。中径的上、下偏差皆为负值。

表 8-17　丝杠螺纹的大径、中径和小径的极限偏差　　　　　　（μm）

| 螺距 P /mm | 公称直径 d/mm | | 螺纹大径 | | 螺纹中径 | | 螺纹小径 | |
|---|---|---|---|---|---|---|---|---|
| | 自 | 至 | 上偏差 | 下偏差 | 上偏差 | 下偏差 | 上偏差 | 下偏差 |
| 2 | 10 | 16 | 0 | −100 | −34 | −294 | 0 | −362 |
| | 18 | 28 | | | | −314 | | −388 |
| | 30 | 42 | | | | −350 | | −399 |
| 3 | 10 | 14 | 0 | −150 | −37 | −336 | 0 | −410 |
| | 22 | 28 | | | | −360 | | −447 |
| | 30 | 44 | | | | −392 | | −465 |
| | 46 | 60 | | | | −392 | | −478 |

续表

| 螺距 P /mm | 公称直径 d/mm | | 螺纹大径 | | 螺纹中径 | | 螺纹小径 | |
|---|---|---|---|---|---|---|---|---|
| | 自 | 至 | 上偏差 | 下偏差 | 上偏差 | 下偏差 | 上偏差 | 下偏差 |
| 4 | 16 | 20 | 0 | −200 | −45 | −400 | 0 | −485 |
| | 44 | 60 | | | | −438 | | −534 |
| | 65 | 80 | | | | −462 | | −565 |
| 5 | 22 | 28 | 0 | −250 | −52 | −462 | 0 | −565 |
| | 30 | 42 | | | | −482 | | −578 |
| | 85 | 110 | | | | −530 | | −650 |
| 6 | 30 | 42 | 0 | −300 | −56 | −522 | 0 | −635 |
| | 44 | 60 | | | | −550 | | −646 |
| | 65 | 80 | | | | −572 | | −665 |
| | 120 | 150 | | | | −585 | | −720 |
| 8 | 22 | 28 | 0 | −400 | −67 | −590 | 0 | −720 |
| | 44 | 60 | | | | −620 | | −758 |
| | 65 | 80 | | | | −656 | | −765 |
| | 160 | 190 | | | | −682 | | −930 |
| 10 | 30 | 40 | 0 | −550 | −75 | −680 | 0 | −820 |
| | 44 | 60 | | | | −696 | | −854 |
| | 65 | 80 | | | | −710 | | −865 |
| | 200 | 220 | | | | −738 | | −900 |
| 12 | 30 | 42 | 0 | −600 | −82 | −754 | 0 | −892 |
| | 44 | 60 | | | | −772 | | −948 |
| | 65 | 80 | | | | −789 | | −955 |
| | 85 | 110 | | | | −880 | | −978 |
| 16 | 44 | 60 | 0 | −800 | −92 | −877 | 0 | −1103 |
| | 65 | 80 | | | | −920 | | −1135 |
| | 120 | 170 | | | | −970 | | −1190 |
| 20 | 85 | 110 | 0 | −1000 | −105 | −1068 | 0 | −1305 |
| | 180 | 220 | | | | −1120 | | −1370 |

注：螺纹大径表面作工艺基准时，其尺寸公差及形状公差由工艺提出。

（2）中径尺寸的一致性公差

当丝杠螺纹各处的中径实际尺寸在公差带范围内相差较大时，则会影响丝杠与螺母配合间隙的均匀性和丝杠螺纹两侧螺旋面的一致性。因此，规定了丝杠螺纹有效长度范围内的中径尺寸的一致性公差，见表 8-18。

表 8-18　中径尺寸的一致性公差　　　　　　　　　　　　（μm）

| 精度 等级 | 螺纹有效长度（mm） | | | | | |
|---|---|---|---|---|---|---|
| | ≤1000 | >1000～2000 | >2000～3000 | >3000～4000 | >4000～5000 | >5000，每增加 1000 应增加 |
| 3 | 5 | — | — | — | — | — |
| 4 | 6 | 11 | 17 | — | — | — |
| 5 | 8 | 15 | 22 | 30 | 38 | — |

续表

| 精度等级 | 螺纹有效长度（mm） | | | | | |
|---|---|---|---|---|---|---|
| | ≤1000 | >1000～2000 | >2000～3000 | >3000～4000 | >4000～5000 | >5000，每增加1000应增加 |
| 6 | 10 | 20 | 30 | 40 | 50 | 5 |
| 7 | 12 | 26 | 40 | 53 | 65 | 10 |
| 8 | 16 | 36 | 53 | 70 | 90 | 20 |
| 9 | 21 | 48 | 70 | 90 | 116 | 30 |

（3）大径表面对螺纹轴线的径向圆跳动公差

当丝杠全长与螺纹公称直径之比较大时，丝杠容易变形，引起丝杠轴线弯曲，从而影响丝杠螺纹螺旋线的精度及丝杠与螺母配合间隙的均匀性。规定大径表面对螺纹轴线的径向圆跳动公差，可以保证丝杠与螺母配合间隙的均匀性和提高丝杠位移的准确性，其值见表 8-19。

表 8-19　大径表面对螺纹轴线的径向圆跳动公差　　　　　　　　　　　　（μm）

| 长径比 | 精 度 等 级 | | | | | | |
|---|---|---|---|---|---|---|---|
| | 3 | 4 | 5 | 6 | 7 | 8 | 9 |
| ≤10 | 2 | 3 | 5 | 8 | 16 | 32 | 63 |
| >10～15 | 2.5 | 4 | 6 | 10 | 20 | 40 | 80 |
| >15～20 | 3 | 5 | 8 | 12 | 25 | 50 | 100 |
| >20～25 | 4 | 6 | 10 | 16 | 32 | 63 | 125 |
| >25～30 | 5 | 8 | 12 | 20 | 40 | 80 | 160 |
| >30～35 | 6 | 10 | 16 | 25 | 50 | 100 | 200 |
| >35～40 | — | 12 | 20 | 32 | 63 | 125 | 250 |
| >40～45 | — | 16 | 25 | 40 | 80 | 160 | 315 |
| >45～50 | — | 20 | 32 | 50 | 100 | 200 | 400 |
| >50～60 | — | — | — | 63 | 125 | 250 | 500 |
| >60～70 | — | — | — | 80 | 160 | 315 | 630 |
| >70～80 | — | — | — | 100 | 200 | 400 | 800 |
| >80～90 | — | — | — | — | 250 | 500 | — |

注：长径比系指丝杠全长与螺纹公称直径之比。

（4）螺旋线轴向公差和螺距公差

在丝杠螺纹加工中，常常会产生螺旋线轴向误差，它是实际螺旋线相对于理论螺旋线在轴向上偏离的最大代数差值，反映了丝杠的位移精度。

螺旋线轴向公差是螺旋线轴向实际测量值相对于理论值的允许变动量，按任意的 2πrad、25mm、100mm、300mm 螺纹长度内及测量有效长度内分别规定公差值（表 8-20），适用于 3～6 级高精度丝杠。对于 7～9 级丝杠，则测量螺距偏差，并用螺距公差来限制丝杠的位移误差。螺距公差值见表 8-21。

表 8-20　丝杠螺旋线轴向公差　　　　　　　　　　　　　　　　　　（μm）

| 精度等级 | $\delta l_{2\pi}$ | 在下列长度内（mm）的螺旋线轴向公差 | | | 在下列螺纹有效长度内（mm）的螺旋线轴向公差 | | | | |
|---|---|---|---|---|---|---|---|---|---|
| | | 25 | 100 | 300 | ≤1000 | >1000～2000 | >2000～3000 | >3000～4000 | >4000～5000 |
| 3 | 0.9 | 1.2 | 1.8 | 2.5 | 4 | — | — | — | — |
| 4 | 1.5 | 2 | 3 | 4 | 6 | 8 | 12 | — | — |
| 5 | 2.5 | 3.5 | 4.5 | 6.5 | 10 | 14 | 19 | — | — |
| 6 | 4 | 7 | 8 | 11 | 16 | 21 | 27 | 33 | 39 |

注：7、8、9 级丝杠不规定螺旋线轴向公差。$\delta l_{2\pi}$ 为任意一个螺距长度内的螺旋线轴向公差。

表 8-21　丝杠螺纹螺距公差和螺距累积公差　　　　　　　　　　　　（μm）

| 精度等级 | 螺距公差 | 在下列长度（mm）内的螺距累积公差 | | | 在下列螺纹有效长度内（mm）的螺距累积公差 | | | | |
|---|---|---|---|---|---|---|---|---|---|
| | | 60 | 300 | 1000 | >1000～2000 | >2000～3000 | >3000～4000 | >4000～5000 | >5000，每增加1000应增加 |
| 7 | 6 | 10 | 18 | 28 | 36 | 44 | 52 | 60 | 8 |
| 8 | 12 | 20 | 35 | 55 | 65 | 75 | 85 | 95 | 10 |
| 9 | 25 | 40 | 70 | 110 | 130 | 150 | 170 | 190 | 20 |

（5）牙型半角的极限偏差

牙型半角偏差是指丝杠螺纹牙型半角实际值与公称值的代数差。由于牙型半角偏差的存在，丝杠与螺母牙侧间的接触便会不均匀，影响丝杠的耐磨性和传动精度。牙型半角偏差值由牙型半角极限偏差来限制，见表 8-22。

表 8-22　丝杠螺纹牙型半角的极限偏差

| 螺距 P /mm | 精度等级 | | | | | | |
|---|---|---|---|---|---|---|---|
| | 3 | 4 | 5 | 6 | 7 | 8 | 9 |
| | 牙型半角极限偏差/′ | | | | | | |
| 2～5 | ±8 | ±10 | ±12 | ±15 | ±20 | ±30 | ±30 |
| 6～10 | ±6 | ±8 | ±10 | ±12 | ±18 | ±25 | ±28 |
| 12～20 | ±5 | ±6 | ±8 | ±10 | ±15 | ±20 | ±25 |

**3．螺母的公差**

（1）中径公差

由于螺母的螺距和牙型半角很难测量。标准未单独规定公差，而是由中径公差来综合控制，故其中径公差是一个综合公差。

非配作螺母的螺纹中径极限偏差见表 8-23，其中径下偏差为零，上偏差为正值。

对高精度丝杠螺母副，在生产中目前主要是按丝杠配作螺母。为了提高合格率，标准中规定配作螺母螺纹中径的极限偏差需根据螺母与丝杠配作的径向间隙进行控制。螺母与丝杠配作的径向间隙的规定，见 JB/T 2886—2008 之附录 B。

表 8-23 非配作螺母的螺纹中径极限偏差

| 螺距 P /mm | | 精 度 等 级 | | | |
|---|---|---|---|---|---|
| 自 | 至 | 6 | 7 | 8 | 9 |
| | | 极 限 偏 差/μm | | | |
| 2 | 5 | +55<br>0 | +65<br>0 | +85<br>0 | +100<br>0 |
| 6 | 10 | +65<br>0 | +75<br>0 | +100<br>0 | +120<br>0 |
| 12 | 20 | +75<br>0 | +85<br>0 | +120<br>0 | +150<br>0 |

（2）大径和小径公差

在螺母螺纹的大径和小径处均有较大间隙，对其尺寸精度无严格要求，因而公差值均较大，见表 8-24。

表 8-24 螺母螺纹的大径和小径的极限偏差 （μm）

| 螺距 P /mm | 公称直径 D/mm | | 螺 纹 大 径 | | 螺 纹 小 径 | |
|---|---|---|---|---|---|---|
| | 自 | 至 | 上偏差 | 下偏差 | 上偏差 | 下偏差 |
| 2 | 10 | 16 | +328 | | | |
| | 18 | 28 | +355 | 0 | +100 | 0 |
| | 30 | 42 | +370 | | | |
| 3 | 10 | 14 | +372 | | | |
| | 22 | 28 | +408 | | | |
| | 30 | 44 | +428 | 0 | +150 | 0 |
| | 46 | 60 | +440 | | | |
| 4 | 16 | 20 | +440 | | | |
| | 44 | 60 | +490 | 0 | +200 | 0 |
| | 65 | 80 | +520 | | | |
| 5 | 22 | 28 | +515 | | | |
| | 30 | 42 | +528 | 0 | +250 | 0 |
| | 85 | 110 | +595 | | | |
| 6 | 30 | 42 | +578 | | | |
| | 44 | 60 | +590 | | | |
| | 65 | 80 | +610 | 0 | +300 | 0 |
| | 120 | 150 | +660 | | | |
| 8 | 22 | 28 | +650 | | | |
| | 44 | 60 | +690 | | | |
| | 65 | 80 | +700 | 0 | +400 | 0 |
| | 160 | 190 | +765 | | | |
| 10 | 30 | 42 | +745 | | | |
| | 44 | 60 | +778 | | | |
| | 65 | 80 | +790 | 0 | +500 | 0 |
| | 200 | 220 | +825 | | | |

续表

| 螺距 P /mm | 公称直径 D/mm | | 螺纹大径 | | 螺纹小径 | |
|---|---|---|---|---|---|---|
| | 自 | 至 | 上偏差 | 下偏差 | 上偏差 | 下偏差 |
| 12 | 30 | 42 | +813 | 0 | +600 | 0 |
| | 44 | 60 | +865 | | | |
| | 65 | 80 | +872 | | | |
| | 85 | 110 | +895 | | | |
| 16 | 44 | 60 | +1017 | 0 | +800 | — |
| | 65 | 80 | +1040 | | | |
| | 120 | 170 | +1100 | | | |
| 20 | 85 | 110 | +1200 | 0 | +1000 | — |
| | 180 | 220 | +1265 | | | |

注：螺纹大径或小径表面作工艺基准时，其尺寸公差及形状公差由工艺提出。

### 4．丝杠和螺母的表面粗糙度

丝杠和螺母的螺纹表面粗糙度规范见表 8-25。

表 8-25　丝杠和螺母的表面粗糙度 *Ra*　　　　　　　　（μm）

| 精度 等级 | 螺纹大径表面 | | 牙型侧面 | | 螺纹小径表面 | |
|---|---|---|---|---|---|---|
| | 丝杠 | 螺母 | 丝杠 | 螺母 | 丝杠 | 螺母 |
| 3 | 0.2 | 3.2 | 0.2 | 0.4 | 0.8 | 0.8 |
| 4 | 0.4 | 3.2 | 0.4 | 0.8 | 0.8 | 0.8 |
| 5 | 0.4 | 3.2 | 0.4 | 0.8 | 0.8 | 0.8 |
| 6 | 0.4 | 3.2 | 0.4 | 0.8 | 1.6 | 0.8 |
| 7 | 0.4 | 6.3 | 0.8 | 1.6 | 3.2 | 1.6 |
| 8 | 0.8 | 6.3 | 1.6 | 1.6 | 6.3 | 1.6 |
| 9 | 1.6 | 6.3 | 1.6 | 1.6 | 6.3 | 1.6 |

注：丝杠和螺母的牙型侧面不应有明显的波纹。

### 5．丝杠和螺母的标识

机床丝杠、螺母产品的标志由产品代号、公称直径、螺距、螺纹旋向及螺纹精度等级组成。具体形式如下：

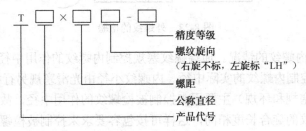

【示例】

公称直径 55mm、螺距 12mm、精度 6 级的右旋螺纹标注为：T55×12-6；

公称直径 55mm、螺距 12mm、精度 6 级的左旋螺纹标注为：T55×12LH-6。

## 8.3.6 螺纹的检测

螺纹的检测方法可分为综合检验和单项测量两类。

### 1. 综合检验

前已述及，对大量生产的用于紧固联结的普通螺纹，只要求保证可旋合性及一定的联结强度，其螺距误差及半角误差，是由中径公差综合控制，而不单独规定公差。因此，检测时应按泰勒原则（极限尺寸判断原则）用螺纹量规（综合极限量规）来检验。即以牙型完整的通规模拟被测螺纹牙廓的最大实体边界来控制包括螺距误差和半角误差在内的螺纹作用中径，而用牙型不完整的止规模拟两点法检验实际中径。

综合检验时，被检螺纹合格的标志是通端量规能顺利地与被检螺纹在被检全长上旋合，而止端量规不能完全旋合或不能旋入。螺纹量规有塞规和环规，分别用以检验内、外螺纹。螺纹量规也分工作量规、验收量规和校对量规，其功用、区别与光滑圆柱极限量规相同。

外螺纹的大径尺寸和内螺纹的小径尺寸是在加工螺纹之前的工序完成的，它们分别用光滑极限卡规和塞规来检验。因此，螺纹量规主要是检验螺纹的中径，同时还要限制内螺纹的大径（不能过小）和外螺纹的小径（不能过大），否则螺纹不能旋合使用。

图 8-28 表示检验外螺纹的情况，通端螺纹环规控制外螺纹的作用中径及小径最大尺寸，而止端螺纹环规只用来控制外螺纹的实际中径。外螺纹大径用卡规另行检验。

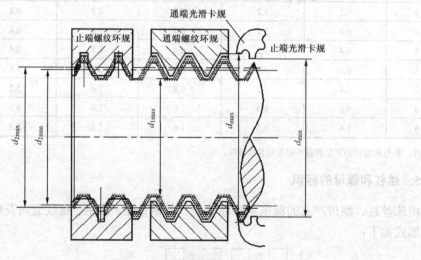

图 8-28　外螺纹的检验

图 8-29 表示检验内螺纹的情况。通端螺纹塞规控制内螺纹的作用中径及大径最小尺寸，而止端螺纹塞规只用来控制内螺纹的实际中径。内螺纹小径由光滑塞规另行检验。

通端螺纹量规（塞规和环规）主要用来控制被检螺纹的作用中径，故采用完整的牙型，且量规长度应与被检螺纹的旋合长度相同，这样可按包容要求来控制被检螺纹中径的最大实体尺寸（边界）；止端螺纹量规要求控制被检螺纹中径的最小实体尺寸，判断其合格的标志是不能完全旋合或不能旋入被检螺纹。为避免螺距误差和牙型半角误差对检验结果的影响，止端螺纹量规应作成截短牙型，其螺纹圈数也很少（理论上应采用两点法检测，但不可能做到）。

普通螺纹产量很大，用量规进行综合检验非常方便。螺纹量规准确度很高，在相应的标准中对其中径、螺距、牙型半角的公差都有规定。

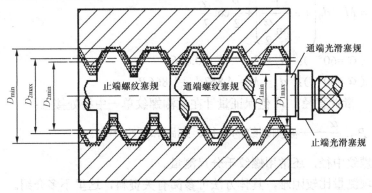

图 8-29　内螺纹的检验

## 2．单项测量

对精密螺纹，除可旋合性及联结可靠外，还有其他精度要求和功能要求，故按公差原则中的独立原则对其中径、螺距和牙型半角等参数都分别规定公差，相应地要求分项进行测量。

分项测量螺纹的方法很多，最典型的是用万能工具显微镜测量中径、螺距和牙型半角。工具显微镜是一种应用很广泛的光学计量仪器，测量螺纹是其主要用途之一。具体测法见实验指导书及仪器说明书。

测量外螺纹单一中径，生产中多用"三针法"。

三针法方法简便，测量准确度高，故生产中应用很广。如图 8-30 所示，将三根精密量针放在螺纹的牙槽中，再用精密量仪（如杠杆千分尺、光学计、测长仪等）测出 M 值，按公式计算出被测单一中径值 $d_2$。

由图 8-30 可知：

$$d_2 = M - 2AC = M - 2(AD - CD)$$

$$AD = AB + BD = \frac{d_0}{2} + \frac{d_0}{2\sin\frac{\alpha}{2}} = \frac{d_0}{2}\left(1 + \frac{1}{\sin\frac{\alpha}{2}}\right)$$

$$CD = \frac{P}{4}\cot\frac{\alpha}{2}$$

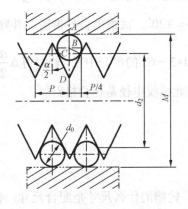

图 8-30　"三针法"测量外螺纹单一中径

代入得：$d_2 = M - d_0 \left(1 + \dfrac{1}{\sin\dfrac{\alpha}{2}}\right) + \dfrac{P}{2}\cot\dfrac{\alpha}{2}$

对公制螺纹（$\alpha = 60°$）：$d_2 = M - 3d_0 + 0.866P$

对梯形螺纹（$\alpha = 30°$）：$d_2 = M - 4.863d_0 + 1.866P$

式中    $d_0$——量针直径；$d_0$ 值保证量针在被测螺纹单一中径处接触；

         $d_2$、$P$、$\dfrac{\alpha}{2}$——被测螺纹的中径、螺距和牙型半角。

对低精度外螺纹中径，还常用螺纹千分尺测量。

内螺纹的分项测量比较困难，具体方法可参阅有关资料，这里不多介绍。

# 习题

1. 某减速器输出轴的伸出端与相配件孔的配合为 $\phi 45\text{H}7/\text{m}6$，并采用平键联结。试确定轴槽与轮毂槽的剖面尺寸及其极限偏差、键槽对称度公差和键槽表面粗糙度参数值，并将以上各项标注在零件图上。

2. 某车床主轴箱中有一变速滑移齿轮与轴相结合，采用矩形花键固定联结，花键基本尺寸为 $6 \times 23 \times 26 \times 6$。已知齿轮内孔不需要热处理，试查表确定花键的大径、小径和键宽的公差带代号，并画出公差带图。

3. 试确定矩形花键配合 $6 \times 28\dfrac{\text{H}7}{\text{g}7} \times 32\dfrac{\text{H}10}{\text{a}11} \times 7\dfrac{\text{H}11}{\text{f}9}$ 中内外花键的小径、大径、键宽、槽宽的极限偏差和位置度公差，并指出各自应遵守的公差原则。

4. 圆锥角公差与倾斜度公差都能控制圆锥的角度，二者有何不同？试加以分析。

5. C620-1 车床尾座顶尖套筒与顶尖的结合采用莫氏 4 号锥度，顶尖的基本圆锥长度 $L = 118\text{mm}$，圆锥角公差为 $AT8$，试查表确定其基本圆锥角 $\alpha$ 和锥度 $C$，以及圆锥角公差数值。

6. 已知内圆锥的最大直径 $D = \phi 23.825\text{mm}$，最小直径 $d = \phi 20.2\text{mm}$，锥度 $C = 1 : 19.922$，基本圆锥长度 $L = 120\text{mm}$，其直径公差带代号为 H8。试查表确定内圆锥直径公差 $T_D$ 所限制的最大圆锥角误差 $\Delta\alpha_{\max}$。

7. 有一螺栓 M20-6f，加工后测得尺寸为：单一中径 $d_{2s} = 18.39\text{mm}$，螺距偏差 $\Delta P_\Sigma = 20\mu\text{m}$，牙型半角偏差 $\Delta\dfrac{\alpha_1}{2} = +30'$，$\Delta\dfrac{\alpha_2}{2} = +20'$。试画出公差带图，并判断该螺栓是否合格。

8. 用三针法测量外螺纹 M24×3—6h 的单一中径，若测得 $\Delta\dfrac{\alpha}{2} = 0$，$\Delta P = 0$，$M = 24.514\text{mm}$，所用三针直径 $d_0 = 1.732\text{mm}$。问此螺纹中径是否合格？

# 思考题

1. 平键联结中，键、轴槽、轮槽的什么尺寸是配合尺寸，什么尺寸是非配合尺寸？

2. 平键联结中，键宽与轴槽、轮槽宽度的配合以何者为基准件？按松紧程度有几种配合？它们分别应用在什么场合？

3. 矩形内、外花键除规定尺寸公差外，还规定哪些位置公差？

4. 圆锥结合比起圆柱结合来有何特点？试举几个具体例子予以说明。

5. 为什么许多钻头、铰刀、铣刀等刀具的尾柄与机床主轴孔的联结，采用圆锥配合？试分析它们的工作条件并定性给出对刀具尾柄的几何精度要求。

6. 怎样使用圆锥量规测量工件的内、外圆锥？如何判断被测锥度（或圆锥角）实际偏差的正、负号？

7. 中径、单一中径、作用中径有何区别与联系？

8. 什么是作用中径？为什么螺纹中径要用实际中径和作用中径一起来控制？

9. 对普通螺纹，为什么不单独规定螺距公差与牙型半角公差？

2. 半精基准中。。清除切削液合以加工。？清单中，定位误差均为最小？时间而平于？

3. 为什么在磨削，成为刀具的磨削力以及上柯机，限度圆编辑？2 长为矩形加工工件中为加坡误出如山刃且长能的叫精度要求

6. 为什么使用圆度磨标准工件向向。其精度。初动刃度测测何？则数何？

正，倍尸？

7. 中涂。单一中位，特相上。径的向定是限え乙

# 第9章　渐开线圆柱齿轮传动的互换性

## 9.1　概述

齿轮是各种机械产品中经常用到的一种重要传动零件。齿轮传动的精度与机器或仪器的工作性能、承载能力、使用寿命有密切关系。本章主要介绍渐开线圆柱齿轮及其传动的互换性。

### 9.1.1　齿轮传动的精度要求

随着生产和科技的发展，要求机械产品自身质量轻、传递的功率大，转速和工作精度高，从而对齿轮传动的精度提出了更高的要求。

各种机械所用的齿轮，对其传动精度的要求也因用途不同而异，但归纳起来有以下四项：

（1）传递运动的准确性，即运动精度。要求主动齿轮转过某一角度时，从动齿轮应按传动比关系转过相应角度。即要求齿轮在一转范围内，最大转角误差应不超出工作情况所允许的范围，保证从动件与主动件协调一致。

（2）传动的平稳性，即平稳性精度。要求齿轮在传动过程中的瞬时传动比变化不大，使噪声小、传动和冲击振动小，以保证传动平稳，提高工作精度。

（3）载荷分布的均匀性，即接触精度。要求齿轮啮合时其齿面的实际接触面积要大、接触要密合，这样齿面载荷分布均匀，不易磨损，可延长齿轮使用寿命。

（4）齿侧间隙。要求两齿轮啮合时，非工作齿面间有一定的间隙。其目的是为了储藏润滑油，补偿齿轮传动时因弹性变形、热膨胀以及齿轮传动装置的制造误差和装配误差而产生的尺寸变化，防止传动过程中可能出现的卡死现象。

### 9.1.2　齿轮的加工误差分析

影响上述四项要求的误差因素，主要包括齿轮副的安装误差和齿轮的加工误差。齿轮副的安装误差来源于箱体、轴和轴承等零部件的制造和装配误差。齿轮的加工误差来源于机床、刀具、夹具误差和齿坯的制造、定位等误差。齿轮的加工误差按产生误差的方向可分为径向误差、切向误差和轴向误差。齿轮为回转传动件，其误差具有周期性。以齿轮每转一转（360°）为周期的误差称为长周期误差（低频误差），它主要影响传递运动的准确性。在齿轮每转一转的过程中反复出现的误差称为短周期误差（高频误差），它主要影响传动的平稳性，是引起振动和噪声的主要因素。

齿轮传动的类型很多，本章主要结合我国现行国家标准《渐开线圆柱齿轮　精度》（GB/T 10095.1－2008、GB/T 10095.2－2008），从齿轮传动的使用要求出发，通过分析齿轮的加工误差、安装误差和评定指标，以阐明渐开线圆柱齿轮精度设计的内容和方法。现以滚齿加工为例，列

出产生加工误差的主要因素：

（1）几何偏心。在加工中就是齿坯的安装偏心。它包括齿坯基准孔与安装心轴之间有间隙而造成的偏心；安装心轴与机床工作台回转轴线不重合产生的偏心；齿坯的定位端面与心轴轴线不垂直而引起的偏心。三种偏心合成的结果，使齿坯的基准轴线与齿轮工作时的旋转轴线不重合。

如图 9-1（a）所示，齿坯孔轴线 $o'o'$ 与心轴回转轴线 $oo$ 不重合，产生偏心量 $e_几$。此时，滚刀至 $oo$ 的距离在切齿过程中保持不变，因而切出的齿圈就以 $oo$ 为轴线，使得齿圈上各齿到孔轴线距离不相等，造成齿轮在工作或测量时齿距和齿厚的不均匀，远离轴线 $oo$ 一边的齿距变长，靠近 $oo$ 一边的齿距变短（图 9-1（b））。

由于齿坯安装偏心造成的误差可以很容易地在平面上用简单的几何关系加以分析，故这种偏心称为几何偏心。误差反映在齿轮的直径方向，为径向误差。

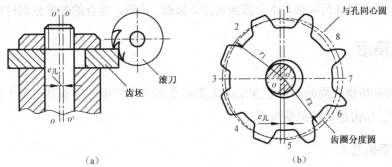

（a）　　　　　　　　　　　　（b）

图 9-1　几何偏心

（2）运动偏心。这是由于机床分度蜗轮加工误差及安装偏心引起的。如图 9-2 所示，机床分度蜗轮的回转轴线 $o'o'$，它与机床心轴回转轴线 $oo$ 不重合形成安装偏心 $e_蜗$。蜗杆匀速旋转时，蜗轮和齿坯将产生不均匀回转，从而使被加工齿坯在切齿中的圆周速度，以一转为周期快慢不均的变化。齿廓被多切或少切，引起齿距分布不均匀。齿坯与滚刀啮合节点半径的不断变化，使基圆半径和渐开线形状随之变化。当齿坯转速高时，齿廓被多切，节点半径减小，因而基圆半径减小，渐开线曲率增大；当齿坯转速低时，齿廓被少切，节点半径增大，基圆半径增大，渐开线曲率减小。

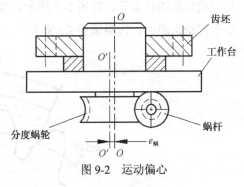

图 9-2　运动偏心

上述基圆半径的变化是连续的，对齿轮的整个齿廓来说，相当于基圆有了偏心。这种由于齿坯角速度变化引起的基圆偏心称为运动偏心，其数值为基圆半径最大值与最小值之差的一半。误差反映在齿轮圆周的切向，故为切向误差。

（3）机床传动链的短周期误差。加工直齿轮时，主要受分度链各元件误差的影响，尤其是分度蜗杆径向跳动和轴向窜动的影响；加工斜齿轮时，除分度链外，还受差动链误差的影响。

（4）滚刀的制造误差与安装误差，如滚刀的径向跳动、轴向窜动及齿形角误差等。

上述前二个因素所产生的齿轮误差以齿轮一转为周期，称为长周期误差，主要影响齿轮传动的准确性；后两个因素所产生的误差，在齿轮一转中，多次重复出现，称为短周期误差，主要影响齿轮传动的平稳性。

为便于分析齿轮各种误差对齿轮传动质量的影响，按误差相对齿轮的方向，分为径向误差、切向误差和轴向误差。

# 9.2 齿轮精度

由 9.1 节所述知，齿轮传动的功能要求可以归纳为：运动精度、平稳性精度、接触精度和合理侧隙四个方面。

根据齿轮的结构特点，可以将渐开线齿面的几何特征分为：尺寸特征（齿厚）、形状特征（齿廓）、方向特征（齿向）和位置特征（齿距）等几类。各项几何特征参数的误差都会对上述各功能要求产生影响。此外，作为齿轮工作基准的两轴线的尺寸（中心距）和方向（平行度）也是影响功能要求的重要几何参数。

针对渐开线齿面的几何特征，本节按照齿距、齿廓、齿向、综合的顺序分别讨论其精度要求。

## 9.2.1 齿距精度

用于控制实际齿廓圆周分布位置变动的齿距精度要求有三项，分别是：单个齿距偏差 $f_{pt}$、齿距累积偏差 $F_{pk}$ 和齿距累积总偏差 $F_p$。

### 1. 单个齿距偏差 $f_{pt}$

单个齿距偏差 $f_{pt}$ 是指端平面上，在接近齿高中部的一个与齿轮轴线同心的圆上，实际齿距与理论齿距的代数差，如图 9-3 所示。实际齿距大于理论齿距时，齿距偏差 $f_{pt}$ 为正，实际齿距小于理论齿距时，齿距偏差 $f_{pt}$ 为负。

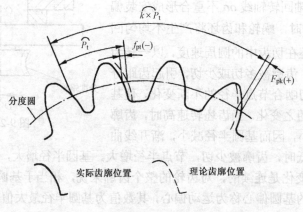

图 9-3   单个齿距偏差和 $k$ 个齿距累积偏差

单个齿距偏差 $f_{pt}$ 主要影响换齿啮合过程的传动平稳性。GB/T 10095.1—2008 给出了单个齿距偏差的允许值 $\pm f_{pt}$。

### 2. 齿距累积偏差 $F_{pk}$

齿距累积偏差 $F_{pk}$ 是指任意 $k$ 个齿距的实际弧长与理论弧长的代数差，如图 9-3 所示。理论上它等于这 $k$ 个齿距的各单个齿距偏差的代数和。

除非另有规定，$F_{pk}$ 被限定在不大于 1/8 的圆周上评定。因此，$F_{pk}$ 的允许值适用于齿距数 $k$ 为 2 到小于 $z/8$ 的弧段内。通常，取 $k=z/8$ 就足够了，如果对于特殊的应用（如高速齿轮）还需检验较小弧段，并规定相应的 $k$ 值。

齿距累积偏差 $F_{pk}$ 反映了多齿数齿轮的齿距累积总偏差在整个齿圈上分布的均匀性，对于齿数较多的齿轮，可以作为附加要求提出。

**3．齿距累积总偏差 $F_p$**

齿距累积总偏差 $F_p$ 是指齿轮同侧齿面任意弧段（$k=1 \sim z$）内的最大齿距累积偏差。它表现为齿距累积偏差曲线的总幅值，如图 9-4 所示。

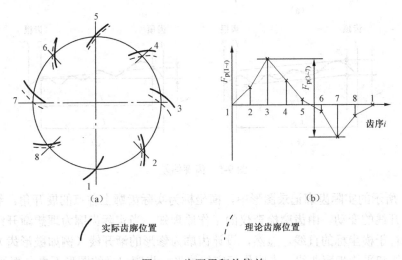

     (a)               (b)

╱ 实际齿廓位置       ╱ 理论齿廓位置

图 9-4  齿距累积总偏差

齿距累积总偏差主要影响运动精度。GB/T 10095.1—2008 给出了齿距累积总偏差 $F_p$ 的允许值。

## 9.2.2  齿廓精度

用于控制实际齿廓对设计齿廓变动的齿廓精度要求有三项，分别是：齿廓总偏差 $F_\alpha$、齿廓形状偏差 $f_{f\alpha}$、齿廓倾斜偏差 $f_{H\alpha}$。

**1．齿廓总偏差 $F_\alpha$**

在计值范围 $L_\alpha$ 内，包容实际齿廓迹线的两条设计齿廓迹线间的距离，如图 9-5（a）所示。

齿廓计值范围的长度 $L_\alpha$ 约占齿廓有效长度 $L_{AE}$ 的 92%。是齿廓从齿顶倒棱或倒圆的起始点 $A$ 延伸到与之配对齿轮或基本齿条相啮合的有效齿廓的起始点 $E$ 之间的长度。

**2．齿廓形状偏差 $f_{f\alpha}$**

在计值范围 $L_\alpha$ 内，包容实际齿廓迹线的两条与平均齿廓迹线完全相同的曲线间的距离，且两条曲线与平均齿廓迹线的距离相等，如图 9-5（b）所示。

### 3. 齿廓倾斜偏差 $f_{H\alpha}$

在计值范围 $L_\alpha$ 的两端与平均齿廓迹线相交的两条设计齿廓迹线间的距离，如图 9-5（c）所示。

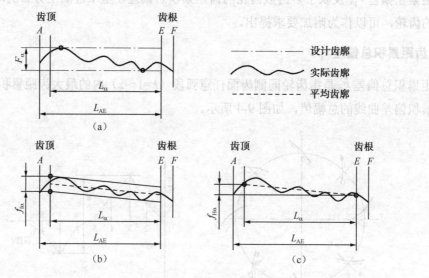

图 9-5　齿廓偏差

在图 9-5 所示的实际齿廓记录图形中，横坐标为实际齿廓上各点的展开角，纵坐标为实际齿廓对理想渐开线的变动。由齿廓检查仪的工作原理知，当实际齿廓为理想渐开线时，其记录图形为一条平行于横坐标的直线。显然，设计齿廓为修形的渐开线（例如鼓形齿）时，定义齿廓总偏差的曲线和平均齿廓曲线，也应作相应的修形，齿廓记录的图形不再是直线。

**设计齿廓**：符合设计规定的齿廓，当无其他限定时，是指端面齿廓。

**平均齿廓**：设计齿廓迹线的纵坐标减去一条斜直线的纵坐标后得到的一条迹线。这条斜直线使得在计值范围内，实际齿廓迹线对平均齿廓迹线偏差的平方和最小，因此，平均齿廓迹线的位置和倾斜可以用"最小二乘法"求得。平均齿廓是用来确定 $f_{f\alpha}$ 和 $f_{H\alpha}$ 的一条辅助齿廓迹线。

一般情况下，齿轮设计时仅要求齿廓总偏差 $F_\alpha$ 不得超出其允许值。

齿廓形状偏差 $f_{f\alpha}$ 和齿廓倾斜偏差 $f_{H\alpha}$ 不是强制性的单项检验项目，但由于二者对齿轮的传动性能有重要影响，因此 GB/T 10095.1—2008 仍在附录中规定了齿廓形状偏差允许值和齿廓倾斜偏差允许值。测量时，若实际齿廓记录图形的平均齿廓的齿顶高于齿根，即实际压力角小于理论压力角，定义齿廓倾斜偏差为正；若平均齿廓的齿顶低于齿根，即实际压力角大于理论压力角，则齿廓倾斜偏差为负。

## 9.2.3　齿向精度

齿向精度用于控制齿轮实际齿面方向的变动。齿向由齿面与分度圆柱面的交线，即齿线（也称齿向线）表示。不修形的直齿轮的齿线为直线，不修形的斜齿轮的齿线为螺旋线。

由于直线可以看做是螺旋线的特例（升角为 90°），所以可以只给出斜齿轮的各项齿向规范，包括螺旋线总偏差 $F_\beta$、螺旋线形状偏差 $f_{f\beta}$ 和螺旋线倾斜偏差 $f_{H\beta}$ 三项。

齿向精度主要影响齿轮传动的承载能力。

**1．螺旋线总偏差 $F_\beta$**

在计值范围 $L_\beta$ 内，包容实际螺旋线迹线的两条设计螺旋线迹线间的距离，如图 9-6 所示。这里，螺旋线计值范围 $L_\beta$ 等于齿宽 $b$ 的两端各减去齿宽的 5%或一个模数的长度（取两者中的较小值）后的齿线长度。

**2．螺旋线形状偏差 $f_{f\beta}$**

在计值范围 $L_\beta$ 内，包容实际螺旋线迹线的两条与平均螺旋线迹线完全相同的曲线间的距离，且两条曲线与平均螺旋线迹线的距离相等，如图 9-6 所示。

**3．螺旋线倾斜偏差 $f_{H\beta}$**

在计值范围 $L_\beta$ 的两端，与平均螺旋线迹线相交的设计螺旋线迹线间的距离，如图 9-6 所示。

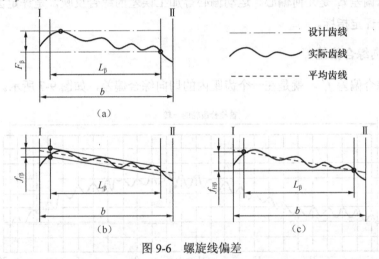

图 9-6　螺旋线偏差

在图 9-6 所示的实际齿线记录图形中，横坐标为齿轮轴线方向，纵坐标为实际齿线对理想齿线的变动。当实际齿线为理想螺旋线时，其记录图形为一条平行于横坐标的直线。

**设计螺旋线**：符合设计规定的螺旋线。未经修形的螺旋线，其记录图形迹线一般为直线。在图 9-6 中，设计螺旋迹线用点画线表示。

**平均螺旋线**：设计螺旋线迹线的纵坐标减去一条斜直线的纵坐标后得到的一条迹线。这条斜直线使得在计值范围内，实际螺旋线迹线对平均螺旋线迹线偏差的平方和最小，因此，平均螺旋线迹线的位置和倾斜可以用"最小二乘法"求得。

当采用修形的设计齿线（例如鼓形齿）时，定义螺旋线总偏差和平均齿线的曲线也应作相应的修形。

一般情况下，齿轮设计时仅要求螺旋线总偏差 $F_\beta$ 不得超过其允许值。螺旋线形状偏差 $f_{f\beta}$ 和螺旋线倾斜偏差 $f_{H\beta}$ 不是强制性的单项检验项目，但由于二者对齿轮的传动性能有重要影响，因此 GB/T 10095.1—2008 仍在附录中规定了螺旋线形状偏差允许值和螺旋线倾斜偏差允许值。

## 9.2.4　综合精度

以上介绍的各项是渐开线齿面影响齿轮传动功能要求的形状、位置和方向等单项几何特征精度参数。考虑到各单项偏差的叠加和抵消的综合作用，还可以采用各种综合精度的指标。

综合精度主要包括切向综合总偏差 $F_i'$、一齿切向综合偏差 $f_i'$、径向综合总偏差 $F_i''$、一齿径向综合偏差 $f_i''$ 和径向跳动 $F_r$ 五项。

### 1．切向综合总偏差 $F_i'$

切向综合总偏差 $F_i'$，是指被测齿轮与理想精确的测量齿轮单面啮合时，被测齿轮一转内，齿轮分度圆上实际圆周位移与理论圆周位移的最大差值，如图 9-7 所示。

这里，"理想精确的测量齿轮"是一种精度远高于被测齿轮的工具齿轮。

切向综合总偏差 $F_i'$ 是几何偏心、运动偏心等加工误差的综合反映，是评定齿轮传递运动准确性的最佳综合评定指标。

### 2．一齿切向综合偏差 $f_i'$

一齿切向综合偏差 $f_i'$，就是在一个齿距内的切向综合偏差，如图 9-7 所示。

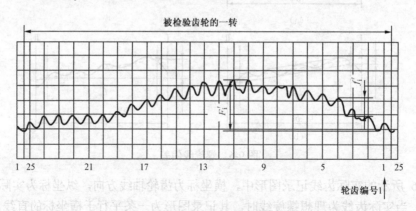

图 9-7　切向综合偏差

切向综合偏差需用单面啮合齿轮综合测量仪（简称单啮仪）进行测量。单啮仪的工作原理如图 9-8 所示。与齿轮同轴安装的测角传感器分别测量两个齿轮的实际转角 $\theta_1$ 和 $\theta_2$；如以主动轮的转角 $\theta_1$ 为基准，则从动轮的理论转角为 $\theta_2' = \theta_1/i$（$i$ 为传动比）；从动轮的实际转角 $\theta_2$ 与理论转角 $\theta_2'$ 的差值即为传动误差。如果主动轮和从动轮其中之一是高精度的测量齿轮，那么传动误差即为被测齿轮的切向综合偏差 $\delta = \theta_2 - \theta_2' = \theta_2 - \theta_1/i$。

对于规格较大的齿轮，可以在机构中安装好齿轮后，测量齿轮副的综合偏差。再用数据处理的方法分离出各单个齿轮的切向综合偏差。

### 3．径向综合总偏差 $F_i''$

径向综合总偏差 $F_i''$ 是在径向（双面）综合检验时，产品齿轮的左右齿面同时与测量齿轮接触，并转过一整圈时出现的中心距最大值和最小值之差，如图 9-9 所示。

径向综合检查仪的工作原理，如图 9-10 所示。

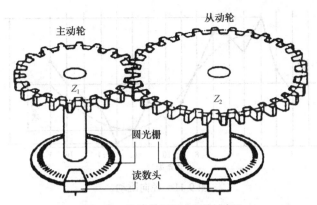

图 9-8　齿轮单面啮合测量原理

### 4. 一齿径向综合偏差 $f_i''$

一齿径向综合偏差 $f_i''$ 是当产品齿轮啮合一整圈时，对应一个齿距（$360°/z$）的径向综合偏差值。产品齿轮所有轮齿的 $f_i''$ 的最大值不应超过规定的允许值，如图 9-9 所示。

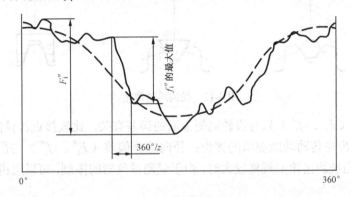

图 9-9　径向综合偏差

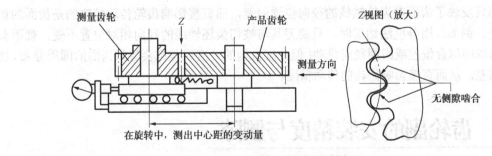

图 9-10　齿轮双面啮合测量原理

### 5. 径向跳动 $F_r$

齿轮径向跳动为测头（球形、圆柱形、砧形）相继置于每个齿槽内时，测头到齿轮轴线的最大和最小径向距离之差，如图 9-11 所示。

$F_r$ 反映了齿廓径向位置的变化，但并不反映由运动偏心引起的切向误差，故不能全面评价传递运动的准确性。齿圈径向跳动可以在齿圈径向跳动检查仪、万能测齿仪或普通偏摆检查仪上用指示表测量。

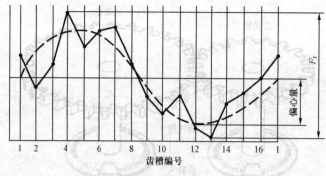

图 9-11　径向跳动

测量时，以齿轮孔为基准，将测头放入各齿槽内，如图 9-12 所示，测头与齿槽（或轮齿）双面接触，沿齿圈逐齿测量一整转，在指示表上读出测头径向位置的最大、最小示值之差就是被测齿轮的齿圈径向跳动。

图 9-12　径向跳动测量

切向综合偏差（$F_i'$、$f_i'$）只与齿轮同侧齿面的误差有关，比较接近齿轮的实际工作状态，可以满足较高精度齿轮传动功能要求的评价；径向综合偏差（$F_i''$、$f_i''$）与齿轮两侧齿面误差的综合结果有关。当被测齿轮的规格较大时，由于受测量仪器的限制，可以用齿圈径向跳动 $F_r$ 代替径向综合总偏差。

径向综合偏差（$F_i''$、$f_i''$）和齿圈径向跳动 $F_r$ 之所以只适用于一般和较低精度齿轮的评价，是由于它们只反映了齿面对齿轮轴线的径向位置偏差，而直接影响齿轮传动精度的是齿面的切向位置偏差。例如，用分度法切齿时，只要刀具与被切齿坯轴线的径向相对位置不变，就不会造成齿轮的径向综合偏差或齿圈径向跳动；但分度机构的分度误差则会导致齿面的圆周分布（切向位置）偏差，从而直接影响齿轮的传动精度。

# ◢9.3　齿轮副的安装精度与侧隙

两个齿轮啮合传动时，影响齿轮副传动的因素是多方面的，除控制单个齿轮的精度外，还必须控制齿轮副的安装误差及齿轮配合的侧隙大小。

## 9.3.1　齿轮副的安装精度

为保证齿轮工作基准的精度，应该分别限制齿轮传动的两个互相垂直方向上的轴线平行度偏差 $f_{\Sigma\delta}$ 和 $f_{\Sigma\beta}$。同时，还应限制齿轮传动的中心距偏差 $f_a$。

### 1. 轴线平行度偏差 $f_{\Sigma\delta}$、$f_{\Sigma\beta}$

齿轮副轴线的平行度偏差应在互相垂直的两个方向测量。

"轴线平面内的偏差" $f_{\Sigma\delta}$ 是在两轴线的公共平面上测量的。公共平面是以两轴承跨距中较长的一个为 $L$，与另一根轴上的一个轴承来确定的。如果两个轴承的跨距相同，则用小齿轮轴和大齿轮轴的一个轴承。

"垂直平面上的偏差" $f_{\Sigma\beta}$ 是在与轴线公共平面相垂直的"交错轴平面"上测量的。

$f_{\Sigma\delta}$ 和 $f_{\Sigma\beta}$ 均是以与有关轴轴承间距离 $L$（"轴承中间距"）相关连的值来表示的，如图 9-13 所示。两者会影响齿面的正常接触，使载荷分布不均匀。具体而言，轴线平面内的平行度偏差 $f_{\Sigma\delta}$ 影响螺旋线啮合偏差，它的影响是工作压力角的正弦函数，而垂直平面上的平行度偏差 $f_{\Sigma\beta}$ 的影响则是工作压力角的余弦函数。可见，垂直平面内的偏差比同样大小的轴线平面内偏差导致的啮合偏差要大 2~3 倍。

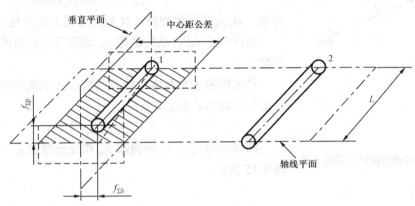

图 9-13　轴线的平行度偏差

### 2. 中心距偏差 $f_a$

中心距偏差 $f_a$ 是指在齿轮副的齿宽中间平面内，实际中心距与公称中心距之差，如图 9-14 所示。

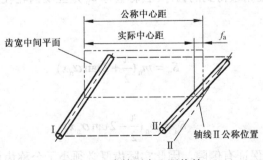

图 9-14　齿轮副中心距偏差

公称中心距是在考虑了最小侧隙及两齿轮的齿顶和其相啮的非渐开线齿廓齿根部分的干涉后确定的。在齿轮只是单向承载运转而不经常反转的情况下，最大侧隙的控制不是一个重要的考虑因素，此时中心距允许偏差主要取决于重合度。

控制运动用的齿轮副，其侧隙必须严格控制。当轮齿上的负载常常反向时，中心距的精度还必须仔细地考虑轴、箱体、轴承等的制造误差、安装误差等因素的影响。

## 9.3.2  齿轮副的配合

### 1．齿轮副侧隙

齿轮副的侧隙分为圆周侧隙 $j_{wt}$、法向侧隙 $j_{bn}$ 和径向侧隙 $j_r$。

圆周侧隙 $j_{wt}$ 是指装配好的齿轮副，当一个齿轮固定时，另一个齿轮的圆周晃动量，以分度圆弧长计值。可以用指示表测量。

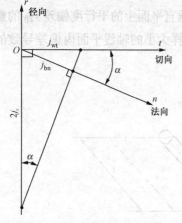

图 9-15  三种齿轮副侧隙之间的关系

法向侧隙 $j_{bn}$ 是指装配好的齿轮副，当工作齿面接触时，非工作齿面之间的最小距离。可以用塞尺测量。

两者的关系为

$$j_{bn} = j_{wt} \cos \beta_b \cos \alpha \tag{9-1}$$

式中  $\beta_b$ 为基圆螺旋角；$\alpha$ 为分度圆上齿形角。

圆周侧隙 $j_{wt}$、法向侧隙 $j_{bn}$ 均可用于评定齿轮副的齿侧间隙。

径向侧隙 $j_r$ 是互啮齿轮双面啮合（无侧隙啮合）时的中心距与公称中心距之差。

$$j_r = j_{wt} / 2 \tan \alpha \tag{9-2}$$

圆周侧隙 $j_{wt}$、法向侧隙 $j_{bn}$ 和径向侧隙 $j_r$ 三者的关系如图 9-15 所示。

### 2．齿厚

为了保证获得合理的侧隙，主要应控制齿轮的齿厚尺寸。通常，在设计时规定齿厚的极限偏差（上偏差 $E_{sns}$、下偏差 $E_{sni}$）作为齿厚偏差 $E_{sn}$ 允许变化的界限值。

齿厚偏差 $E_{sn}$ 是实际齿厚 $S_{na}$ 与公称齿厚 $S_n$ 之差，即

$$E_{sn} = S_{na} - S_n \tag{9-3}$$

式中  实际齿厚 $S_{na}$ 是通过测量得到的齿厚；公称齿厚 $S_n$ 是互啮齿轮在公称中心距下实现无侧隙啮合的齿厚，可计算求得：

对外齿轮

$$S_n = m_n (\frac{\pi}{2} + 2 \tan \alpha_n x) \tag{9-4}$$

对内齿轮

$$S_n = m_n (\frac{\pi}{2} - 2 \tan \alpha_n x) \tag{9-5}$$

由于齿轮传动通常须保证有侧隙，因此实际齿厚必须小于公称齿厚，即齿厚上、下偏差均应为负值，并满足

$$E_{sni} \leqslant E_{sn} \leqslant E_{sns} \tag{9-6}$$

与尺寸公差相似，齿厚公差 $T_{sn}$ 等于齿厚上、下偏差之差，它是实际齿厚的允许变动量，如图 9-16 所示。

$$T_{sn} = E_{sns} - E_{sni} \tag{9-7}$$

对于斜齿轮，齿厚应在法向平面内测量。

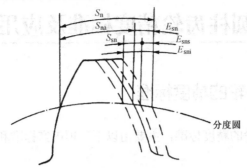

图 9-16　齿厚偏差与公差

### 3. 公法线长度偏差 $E_{bn}$

齿厚偏差也可以通过齿轮的公法线长度偏差来控制。

公法线是渐开线齿轮任两异侧齿面的公共法线，即基圆的切线。跨 $k$ 个齿的公法线长度 $W_k$ 等于 $(k-1)$ 个基圆齿距与 1 个基圆齿厚之和。所以，可以规定公法线长度极限偏差（上偏差 $E_{bns}$、下偏差 $E_{bni}$）作为公法线长度偏差 $E_{bn}$ 的允许变化的界限值，从而间接控制齿厚偏差。

公法线长度偏差 $E_{bn}$ 是公法线的实际长度 $W_{ka}$ 与其公称长度 $W_k$ 之差，即

$$E_{bn} = W_{ka} - W_k \tag{9-8}$$

式中　跨 $k$ 个齿的公法线公称长度 $W_k$ 可按照下式计算

$$W_k = m_n \cos \alpha_n [(k-0.5)\pi + z\,\text{inv}\,\alpha_t + 2\tan \alpha_n x] \tag{9-9}$$

跨齿数 $k$ 的选择应使公法线与两侧齿面在分度圆附近相交。

公法线长度极限偏差可由齿厚极限偏差计算得到

$$\begin{cases} E_{bns} = E_{sns} \cos \alpha_n \\ E_{bni} = E_{sni} \cos \alpha_n \end{cases} \tag{9-10}$$

显然，公法线长度极限偏差也是负值，并应满足

$$E_{bni} \leqslant E_{bn} \leqslant E_{bns} \tag{9-11}$$

公法线长度公差 $T_{bn}$ 可按下式计算

$$T_{bn} = E_{bns} - E_{bni} = T_{sn} \cos \alpha_n \tag{9-12}$$

公法线长度偏差与公差如图 9-17 所示。

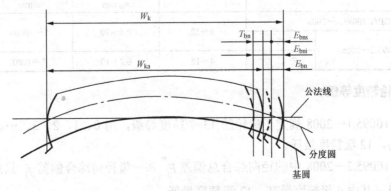

图 9-17　公法线长度偏差与公差

# 9.4 渐开线圆柱齿轮精度标准及应用

## 9.4.1 渐开线圆柱齿轮的精度标准

目前，渐开线圆柱齿轮的精度标准，主要由以下三项国家标准和四项国家标准化指导性技术文件组成：

——《圆柱齿轮 精度制 第 1 部分：轮齿同侧齿面偏差的定义和允许值》（GB/T 10095.1—2008）。

——《圆柱齿轮 精度制 第 2 部分：径向综合偏差与径向跳动的定义和允许值》（GB/T 10095.2—2008）。

——《渐开线圆柱齿轮精度 检验细则》（GB/T 13924—2008）。

——《圆柱齿轮 检验实施规范 第 1 部分：轮齿同侧齿面的检验》（GB/Z 18620.1—2002）。

——《圆柱齿轮 检验实施规范 第 2 部分：径向综合偏差、径向跳动、齿厚和侧隙的检验》（GB/Z 18620.2—2002）。

——《圆柱齿轮 检验实施规范 第 3 部分：齿轮坯、轴中心距和轴线平行度》（GB/Z 18620.3—2002）。

——《圆柱齿轮 检验实施规范 第 4 部分：表面结构和轮齿接触斑点的检验》（GB/Z 18620.4—2002）。

### 1. 适用范围

GB/T 10095.1—2008 规定了单个渐开线圆柱齿轮轮齿同侧齿面的精度制，包括齿距（位置）、齿廓（形状）、齿向（方向）和切向综合偏差的精度。GB/T 10095.2—2008 规定了单个渐开线圆柱齿轮径向综合偏差与径向跳动的精度制。两标准均只适用于单个齿轮的各要素，而不包括相互啮合的齿轮副的精度。规定的精度等级和参数范围见表 9-1。

表 9-1 GB/T 10095 的适用范围

| 标准编号 | | 精度等级 | 法向模数 $m_n$/mm | 分度圆直径 $d$/mm | 齿宽 $b$/mm |
|---|---|---|---|---|---|
| GB/T 10095.1—2008 | | 0～12 | 0.5～70 | 5～10000 | 4～1000 |
| GB/T 10095.2—2008 | $F_r$ | | | | — |
| | $F_i''$、$f_i''$ | 4～12 | 0.2～10 | 5～1000 | |

### 2. 齿轮精度等级

GB/T 10095.1—2008 规定了齿轮的 13 个精度等级，用 0、1、2、3、…、12 表示，其中 0 级精度最高，12 级精度最低。

GB/T 10095.2—2008 中的径向综合总偏差 $F_i''$ 和一齿径向综合偏差 $f_i''$ 只规定了 4～12 共 9 个精度等级。其中 4 级精度最高，12 级精度最低。

标准规定的齿轮各项目参数与齿轮传动功能要求的关系见表 9-2。

表 9-2　各项参数与齿轮传动功能要求的关系

| 功能要求 | 精度项目 |
|---|---|
| 运动精度 | $F_p$、$\pm F_{pk}$、$F_i'$、$F_i''$、$F_r$ |
| 传动平稳性 | $F_\alpha(f_{f\alpha}$、$\pm f_{H\alpha})$、$\pm f_{pt}$、$f_i'$、$f_i''$ |
| 承载能力 | $F_\beta(f_{f\beta}$、$\pm f_{H\beta})$、$f_{\Sigma\delta}$、$f_{\Sigma\beta}$ |

　　齿轮各项目参数的精度等级一般取成相同等级,特殊情况也可取成不同级(一般相差 1 级)。齿轮精度等级的选择应综合考虑齿轮的用途、使用要求及工作条件等。此外,还应考虑工艺的可能性与经济性。目前多采用经过实践验证的齿轮精度所适用的产品性能、工作条件等经验资料,进行齿轮精度类比法的选择。

　　表 9-3 列出了一些机械采用的齿轮精度等级范围,表 9-4 列出了部分齿轮精度等级的适用范围,供选用时参考。

表 9-3　一些机械采用的齿轮精度等级范围

| 应用范围 | 精度等级 | 应用范围 | 精度等级 |
|---|---|---|---|
| 单啮仪、双啮仪 | 2～5 | 载重汽车 | 6～9 |
| 汽轮机减速器 | 3～5 | 通用减速器 | 6～8 |
| 金属切削机床 | 3～8 | 轧钢机 | 5～10 |
| 航空发动机 | 4～7 | 矿用绞车 | 6～10 |
| 内燃机车、电气机车 | 5～8 | 起重机 | 6～9 |
| 轻型汽车 | 5～8 | 拖拉机 | 6～10 |

表 9-4　渐开线圆柱齿轮精度等级的适用范围

| 精度等级 | | 4 | 5 | 6 | 7 | 8 | 9 |
|---|---|---|---|---|---|---|---|
| 工作条件与应用范围 | | 用于特殊精密分度机构的齿轮在速度极高、要求最平稳及无噪声情况下工作的齿轮\*\*;高速汽轮机的齿轮;检验 6～7 精度齿轮的测量齿轮 | 用于精密分度机构的齿轮。在高速、要求高平稳性及无噪声情况下工作的齿轮\*\*;高速汽轮机的齿轮;检验 8～9 精度齿轮的测量齿轮 | 用于高速情况下平稳工作,要求最高效率及无噪声的齿轮\*\*;航空制造业特殊重要的小齿轮,读数设备中特殊精密传动的齿轮 | 在增高了速度与适度功率或相反的情况下工作的齿轮;金属切削机床中的进给齿轮(要求运动协调);具有一定速度的减速器中的齿轮,读数设备中的传动及具有一定速度的非直齿轮传动,航空制造业中的齿轮 | 一般机器制造业中,不要求特殊精度的齿轮,分度链以外的机床齿轮;航空与汽车拖拉机制造业中不重要的小齿轮;起重机构的齿轮;农业机器中的小齿轮,普通减速器的齿轮 | 用于不提出精度要求的粗糙工作的齿轮,按照大载荷设计,且用于轻载的齿轮 |
| 圆周速度 m/s | 直齿 | <35 | <20 | <15 | <10 | <6 | <2 |
| | 斜齿 | <70 | <40 | <30 | <15 | <10 | <4 |

### 3. 精度项目的选用

　　精度项目的选用主要考虑精度等级、项目间的协调、被检产品的批量和检测费用等因素。

　　精度等级较高的齿轮,应该选用同侧齿面的精度项目,如齿距偏差、齿廓偏差、齿向偏差、切向综合偏差等。精度等级较低的齿轮,可以选用径向综合偏差或径向跳动偏差等双侧齿面的精度项目。因为同侧齿面的精度项目比较接近齿轮的实际工作状态，而双侧齿面的精度项目受非工作齿面精度的影响，反映齿轮实际工作状态的可靠性较差。

当运动精度的要求选用切向综合总偏差 $F_i'$ 时，传动平稳性的要求最好选用一齿切向综合偏差 $f_i'$；当运动精度的要求选用齿距累积总偏差 $F_p$ 时，传动平稳性的要求最好选用单个齿距偏差 $f_{pt}$。因为两种功能要求可以用同一种方法进行测量和检验。

生产批量较大时，宜采用综合性项目，如切向综合偏差和径向综合偏差，以减少测量费用。精度项目的选定还应考虑测量设备等实际条件，在保证满足齿轮功能要求的前提下，要考虑测量过程的经济性。表9-5 列出了各类齿轮推荐选用的精度项目组合。表9-6 列出了各精度项目组合所使用的测量器具及其应用说明。

**表9-5  齿轮参数的精度及其组合**

| 用途 | | 分度、读数 | 航空、汽车、机床 | | 拖拉机、减速机、农用机械 | 蜗轮机、轧钢机 | |
|---|---|---|---|---|---|---|---|
| 精度等级 | | 3～5 | 4～6 | 6～8 | 7～12 | 3～6 | 6～8 |
| 功能要求 | 运动精度 | $F_i'$ 或 $F_p$ | $F_i'$ 或 $F_p$ | $F_r$ 或 $F_i''$ | $F_r$ 或 $F_i''$ | $F_p$ | |
| | 传动平稳 | $f_i'$ 或 $F_\alpha$ 与 $f_{pt}$ | $f_i'$ 或 $F_\alpha$ 与 $f_{pt}$ | $f_i''$ | $f_{pt}$ | $F_\alpha$ 与 $f_{pt}$ | $f_{pt}$ |
| | 承载能力 | $F_\beta$ | | | | | |

**表9-6  各精度项目组合的测量器具**

| 精度项目 | | | 精度等级 | 测量仪器 | 应用说明 |
|---|---|---|---|---|---|
| 运动精度 | 传动平稳 | 承载能力 | | | |
| $F_i'$ | $f_i'$ | | 3～6 | 万能齿轮测量机、齿向仪 | 属高、精仪器，反映误差真实、准确，并能分析单项误差，适用于精密、分度、读数、高速、测量等齿轮和齿轮刀具 |
| | | | 5～8 | 整体误差测量仪 | 能反映转角误差和轴向误差，也能分析单项误差，适用于机床、汽车等齿轮 |
| | | | 6～8 | 单面啮合仪、齿向仪 | 用测量齿轮作基准件，接近齿轮工作状态，反映转角真实误差，适用于大批量齿轮，易于实现自动化 |
| $F_p$ | $F_\alpha$ $f_{pt}$ | $F_\beta$ | 3～7 | 半自动齿距仪、渐开线检查仪、齿向仪 | 准确度高，有助于齿轮机床调整，作工艺分析，适用于中高精度、磨削后的齿轮，宽斜、人字齿轮，还适用于剃、插齿刀 |
| $F_i''$ | $f_i''$ | | 6～9 | 双面啮合仪、齿向仪 | 接近加工状态，经济性好，适用于大量或成批生产的汽车、拖拉机齿轮 |
| $F_p$ | $f_{pt}$ | | 7～9 | 万能测齿仪、齿向仪 | 适用于大尺寸齿轮，或多齿数的滚切齿轮 |
| $F_r$ | $F_\alpha$ | | 5～7 | 跳动仪、齿形仪、齿向仪 | 准确度高，有助于齿轮机床调整，便于作工艺分析，适用于中高精度、磨削后的齿轮，宽斜、人字齿轮，还适用于剃、插齿刀，适用于滚齿、剃齿、插齿 |
| $F_r$ | $f_{pt}$ | | 8～12 | 跳动仪、齿距仪、齿向仪 | 适用于中、低精度齿轮，多齿数滚切齿轮，便于工艺分析 |

需要注意的是，在齿轮精度设计时，如果给出按 GB/T 10095.1—2008 的某级精度而无其他规定时，则该齿轮的同侧齿面的各精度项目均按该精度等级确定其公差或偏差的最大允许值。GB/T 10095.1—2008 还规定，根据供需双方的协议，齿轮的工作齿面和非工作齿面可以给

出不同的精度等级。也可以只给出工作齿面的精度等级，而不对非工作齿面提出精度要求。

此外，GB/T 10095.2—2008 规定的径向综合偏差（$F_i''$、$f_i''$）和径向跳动偏差（$F_r$）不一定要选用与 GB/T 10095.1—2008 规定的同侧齿面的精度项目相同的精度等级。因此，在技术文件中说明齿轮精度等级时，应注明标准编号（GB/T 10095.1—2008 或 GB/T 10095.2—2008）。

### 4. 各项参数偏差的允许值

齿轮各项参数偏差值的最大允许值，分别见表 9-7～表 9-17。

切向综合总偏差 $F_i'$ 的允许值可按下式计算得到：

$$F_i' = F_p + f_i' \tag{9-13}$$

另外，齿轮中心距偏差和轴线平行度偏差的允许值，见表 9-18、表 9-19。

**表 9-7　渐开线圆柱齿轮齿距累积总偏差 $F_p$ 的允许值**　　（μm）

| 分度圆直径 | 法向模数 | 精度等级 | | | | |
|---|---|---|---|---|---|---|
| $d$/mm | $m_n$/mm | 5 | 6 | 7 | 8 | 9 |
| 5≤d≤20 | 0.5≤$m_n$≤2 | 11.0 | 16.0 | 23.0 | 32.0 | 45.0 |
| | 2<$m_n$≤3.5 | 12.0 | 17.0 | 23.0 | 33.0 | 47.0 |
| 20<d≤50 | 0.5≤$m_n$≤2 | 14.0 | 20.0 | 29.0 | 41.0 | 57.0 |
| | 2<$m_n$≤3.5 | 15.0 | 21.0 | 30.0 | 42.0 | 59.0 |
| | 3.5<$m_n$≤6 | 15.0 | 22.0 | 31.0 | 44.0 | 62.0 |
| | 6<$m_n$≤10 | 16.0 | 23.0 | 33.0 | 46.0 | 65.0 |
| 50<d≤125 | 0.5≤$m_n$≤2 | 18.0 | 26.0 | 37.0 | 52.0 | 74.0 |
| | 2<$m_n$≤3.5 | 19.0 | 27.0 | 38.0 | 53.0 | 76.0 |
| | 3.5<$m_n$≤6 | 19.0 | 28.0 | 39.0 | 55.0 | 78.0 |
| | 6<$m_n$≤10 | 20.0 | 29.0 | 41.0 | 58.0 | 82.0 |
| 125<d≤280 | 0.5≤$m_n$≤2 | 24.0 | 35.0 | 49.0 | 69.0 | 98.0 |
| | 2<$m_n$≤3.5 | 25.0 | 35.0 | 50.0 | 70.0 | 100.0 |
| | 3.5<$m_n$≤6 | 25.0 | 36.0 | 51.0 | 72.0 | 102.0 |
| | 6<$m_n$≤10 | 26.0 | 37.0 | 53.0 | 75.0 | 106.0 |
| 280<d≤560 | 0.5≤$m_n$≤2 | 32.0 | 46.0 | 64.0 | 91.0 | 129.0 |
| | 2<$m_n$≤3.5 | 33.0 | 46.0 | 65.0 | 92.0 | 131.0 |
| | 3.5<$m_n$≤6 | 33.0 | 47.0 | 66.0 | 94.0 | 133.0 |
| | 6<$m_n$≤10 | 34.0 | 48.0 | 68.0 | 97.0 | 137.0 |

**表 9-8　渐开线圆柱齿轮单个齿距偏差的允许值 $\pm f_{pt}$**　　（μm）

| 分度圆直径 | 法向模数 | 精度等级 | | | | |
|---|---|---|---|---|---|---|
| $d$/mm | $m_n$/mm | 5 | 6 | 7 | 8 | 9 |
| 5≤d≤20 | 0.5≤$m_n$≤2 | 4.7 | 6.5 | 9.5 | 13.0 | 19.0 |
| | 2<$m_n$≤3.5 | 5.0 | 7.5 | 10.0 | 15.0 | 21.0 |
| 20<d≤50 | 0.5≤$m_n$≤2 | 5.0 | 7.0 | 10.0 | 14.0 | 20.0 |
| | 2<$m_n$≤3.5 | 5.5 | 7.5 | 11.0 | 15.0 | 22.0 |
| | 3.5<$m_n$≤6 | 6.0 | 8.5 | 12.0 | 17.0 | 24.0 |
| | 6<$m_n$≤10 | 7.0 | 10.0 | 14.0 | 20.0 | 28.0 |

| 分度圆直径 d/mm | 法向模数 $m_n$/mm | 精度等级 | | | | |
|---|---|---|---|---|---|---|
| | | 5 | 6 | 7 | 8 | 9 |
| 50<d≤125 | 0.5≤$m_n$≤2 | 5.5 | 7.5 | 11.0 | 15.0 | 21.0 |
| | 2<$m_n$≤3.5 | 6.0 | 8.5 | 12.0 | 17.0 | 23.0 |
| | 3.5<$m_n$≤6 | 6.5 | 9.0 | 13.0 | 18.0 | 26.0 |
| | 6<$m_n$≤10 | 7.5 | 10.0 | 15.0 | 21.0 | 30.0 |
| 125<d≤280 | 0.5≤$m_n$≤2 | 6.0 | 8.5 | 12.0 | 17.0 | 24.0 |
| | 2<$m_n$≤3.5 | 6.5 | 9.0 | 13.0 | 18.0 | 26.0 |
| | 3.5<$m_n$≤6 | 7.0 | 10.0 | 14.0 | 20.0 | 28.0 |
| | 6<$m_n$≤10 | 8.0 | 11.0 | 16.0 | 23.0 | 32.0 |
| 280<d≤560 | 0.5≤$m_n$≤2 | 6.5 | 9.5 | 13.0 | 19.0 | 27.0 |
| | 2<$m_n$≤3.5 | 7.0 | 10.0 | 14.0 | 20.0 | 29.0 |
| | 3.5<$m_n$≤6 | 8.0 | 11.0 | 16.0 | 22.0 | 31.0 |
| | 6<$m_n$≤10 | 8.5 | 12.0 | 17.0 | 25.0 | 35.0 |

表 9-9　渐开线圆柱齿轮的齿廓总偏差 $F_\alpha$ 的允许值　　　　　　　　（μm）

| 分度圆直径 d/mm | 法向模数 $m_n$/mm | 精度等级 | | | | |
|---|---|---|---|---|---|---|
| | | 5 | 6 | 7 | 8 | 9 |
| 5≤d≤20 | 0.5≤$m_n$≤2 | 4.6 | 6.5 | 9.0 | 13.0 | 18.0 |
| | 2<$m_n$≤3.5 | 6.5 | 9.5 | 13.0 | 19.0 | 26.0 |
| 20<d≤50 | 0.5≤$m_n$≤2 | 5.0 | 7.5 | 10.0 | 15.0 | 21.0 |
| | 2<$m_n$≤3.5 | 7.0 | 10.0 | 14.0 | 20.0 | 29.0 |
| | 3.5<$m_n$≤6 | 9.0 | 12.0 | 18.0 | 25.0 | 35.0 |
| | 6<$m_n$≤10 | 11.0 | 15.0 | 22.0 | 31.0 | 43.0 |
| 50<d≤125 | 0.5≤$m_n$≤2 | 6.0 | 8.5 | 12.0 | 17.0 | 23.0 |
| | 2<$m_n$≤3.5 | 8.0 | 11.0 | 16.0 | 22.0 | 31.0 |
| | 3.5<$m_n$≤6 | 9.5 | 13.0 | 19.0 | 27.0 | 38.0 |
| | 6<$m_n$≤10 | 12.0 | 16.0 | 23.0 | 33.0 | 46.0 |
| 125<d≤280 | 0.5≤$m_n$≤2 | 7.0 | 10.0 | 14.0 | 20.0 | 28.0 |
| | 2<$m_n$≤3.5 | 9.0 | 13.0 | 18.0 | 25.0 | 36.0 |
| | 3.5<$m_n$≤6 | 11.0 | 15.0 | 21.0 | 30.0 | 42.0 |
| | 6<$m_n$≤10 | 13.0 | 18.0 | 25.0 | 36.0 | 50.0 |
| 280<d≤560 | 0.5≤$m_n$≤2 | 8.5 | 12.0 | 17.0 | 23.0 | 33.0 |
| | 2<$m_n$≤3.5 | 10.0 | 15.0 | 21.0 | 29.0 | 41.0 |
| | 3.5<$m_n$≤6 | 12.0 | 17.0 | 24.0 | 34.0 | 48.0 |
| | 6<$m_n$≤10 | 14.0 | 20.0 | 28.0 | 40.0 | 56.0 |

表 9-10　渐开线圆柱齿轮齿廓形状偏差 $f_{f\alpha}$ 的允许值　　　　　　　（μm）

| 分度圆直径 d/mm | 法向模数 $m_n$/mm | 精度等级 | | | | |
|---|---|---|---|---|---|---|
| | | 5 | 6 | 7 | 8 | 9 |
| 5≤d≤20 | 0.5≤$m_n$≤2 | 3.5 | 5.0 | 7.0 | 10.0 | 14.0 |
| | 2<$m_n$≤3.5 | 5.0 | 7.0 | 10.0 | 14.0 | 20.0 |

| 分度圆直径 d/mm | 法向模数 $m_n$/mm | 精度等级 | | | | |
|---|---|---|---|---|---|---|
| | | 5 | 6 | 7 | 8 | 9 |
| 20<d≤50 | 0.5≤$m_n$≤2 | 4.0 | 5.5 | 8.0 | 11.0 | 16.0 |
| | 2<$m_n$≤3.5 | 5.5 | 8.0 | 11.0 | 16.0 | 22.0 |
| | 3.5<$m_n$≤6 | 7.0 | 9.5 | 14.0 | 19.0 | 27.0 |
| | 6<$m_n$≤10 | 8.5 | 12.0 | 17.0 | 24.0 | 34.0 |
| 50<d≤125 | 0.5≤$m_n$≤2 | 4.5 | 6.5 | 9.0 | 13.0 | 18.0 |
| | 2<$m_n$≤3.5 | 6.0 | 8.5 | 12.0 | 17.0 | 24.0 |
| | 3.5<$m_n$≤6 | 7.5 | 10.0 | 15.0 | 21.0 | 29.0 |
| | 6<$m_n$≤10 | 9.0 | 13.0 | 18.0 | 25.0 | 36.0 |
| 125<d≤280 | 0.5≤$m_n$≤2 | 5.5 | 7.5 | 11.0 | 15.0 | 21.0 |
| | 2<$m_n$≤3.5 | 7.0 | 9.5 | 14.0 | 19.0 | 28.0 |
| | 3.5<$m_n$≤6 | 8.0 | 12.0 | 16.0 | 23.0 | 33.0 |
| | 6<$m_n$≤10 | 10.0 | 14.0 | 20.0 | 28.0 | 39.0 |
| 280<d≤560 | 0.5≤$m_n$≤2 | 6.5 | 9.0 | 13.0 | 18.0 | 26.0 |
| | 2<$m_n$≤3.5 | 8.0 | 11.0 | 16.0 | 22.0 | 32.0 |
| | 3.5<$m_n$≤6 | 9.0 | 13.0 | 18.0 | 26.0 | 37.0 |
| | 6<$m_n$≤10 | 11.0 | 15.0 | 22.0 | 31.0 | 43.0 |

表 9-11　渐开线圆柱齿轮齿廓倾斜偏差的允许值 $\pm f_{H\alpha}$　（μm）

| 分度圆直径 d/mm | 法向模数 $m_n$/mm | 精度等级 | | | | |
|---|---|---|---|---|---|---|
| | | 5 | 6 | 7 | 8 | 9 |
| 5≤d≤20 | 0.5≤$m_n$≤2 | 2.9 | 4.2 | 6.0 | 8.5 | 12.0 |
| | 2<$m_n$≤3.5 | 4.2 | 6.0 | 8.5 | 12.0 | 17.0 |
| 20<d≤50 | 0.5≤$m_n$≤2 | 3.3 | 4.6 | 6.5 | 9.5 | 13.0 |
| | 2<$m_n$≤3.5 | 4.5 | 6.5 | 9.0 | 13.0 | 18.0 |
| | 3.5<$m_n$≤6 | 5.5 | 8.0 | 11.0 | 16.0 | 22.0 |
| | 6<$m_n$≤10 | 7.0 | 9.5 | 14.0 | 19.0 | 27.0 |
| 50<d≤125 | 0.5≤$m_n$≤2 | 3.7 | 5.5 | 7.5 | 11.0 | 15.0 |
| | 2<$m_n$≤3.5 | 5.0 | 7.0 | 10.0 | 14.0 | 20.0 |
| | 3.5<$m_n$≤6 | 6.0 | 8.5 | 12.0 | 17.0 | 24.0 |
| | 6<$m_n$≤10 | 7.5 | 10.0 | 15.0 | 21.0 | 29.0 |
| 125<d≤280 | 0.5≤$m_n$≤2 | 4.4 | 6.0 | 9.0 | 12.0 | 18.0 |
| | 2<$m_n$≤3.5 | 5.5 | 8.0 | 11.0 | 16.0 | 23.0 |
| | 3.5<$m_n$≤6 | 6.5 | 9.5 | 13.0 | 19.0 | 27.0 |
| | 6<$m_n$≤10 | 8.0 | 11.0 | 16.0 | 23.0 | 32.0 |
| 280<d≤560 | 0.5≤$m_n$≤2 | 5.5 | 7.5 | 11.0 | 15.0 | 21.0 |
| | 2<$m_n$≤3.5 | 6.5 | 9.0 | 13.0 | 18.0 | 26.0 |
| | 3.5<$m_n$≤6 | 7.5 | 11.0 | 15.0 | 21.0 | 30.0 |
| | 6<$m_n$≤10 | 9.0 | 13.0 | 18.0 | 25.0 | 35.0 |

表 9-12 渐开线圆柱齿轮螺旋线总偏差 $F_\beta$ 的允许值 （μm）

| 分度圆直径 d/mm | 齿宽 b/mm | 精度等级 | | | | |
|---|---|---|---|---|---|---|
| | | 5 | 6 | 7 | 8 | 9 |
| 5≤d≤20 | 4≤b≤10 | 6.0 | 8.5 | 12.0 | 17.0 | 24.0 |
| | 10<b≤20 | 7.0 | 9.5 | 14.0 | 19.0 | 28.0 |
| | 20<b≤40 | 8.0 | 11.0 | 16.0 | 22.0 | 31.0 |
| | 40<b≤80 | 9.5 | 13.0 | 19.0 | 26.0 | 37.0 |
| 20<d≤50 | 4≤b≤10 | 6.5 | 9.0 | 13.0 | 18.0 | 25.0 |
| | 10<b≤20 | 7.0 | 10.0 | 14.0 | 20.0 | 29.0 |
| 20<d≤50 | 20<b≤40 | 8.0 | 11.0 | 16.0 | 23.0 | 32.0 |
| | 40<b≤80 | 9.5 | 13.0 | 19.0 | 27.0 | 38.0 |
| | 80<b≤160 | 11.0 | 16.0 | 23.0 | 32.0 | 46.0 |
| 50<d≤125 | 4≤b≤10 | 6.5 | 9.0 | 13.0 | 19.0 | 27.0 |
| | 10<b≤20 | 7.5 | 11.0 | 15.0 | 21.0 | 30.0 |
| | 20<b≤40 | 8.5 | 12.0 | 17.0 | 24.0 | 34.0 |
| | 40<b≤80 | 10.0 | 14.0 | 20.0 | 28.0 | 39.0 |
| | 80<b≤160 | 12.0 | 17.0 | 24.0 | 33.0 | 47.0 |
| | 160<b≤250 | 14.0 | 20.0 | 28.0 | 40.0 | 56.0 |
| 125<d≤280 | 4≤b≤10 | 7.0 | 10.0 | 14.0 | 20.0 | 29.0 |
| | 10<b≤20 | 8.0 | 11.0 | 16.0 | 22.0 | 32.0 |
| | 20<b≤40 | 9.0 | 13.0 | 18.0 | 25.0 | 36.0 |
| 125<d≤280 | 40<b≤80 | 10.0 | 15.0 | 21.0 | 29.0 | 41.0 |
| | 80<b≤160 | 12.0 | 17.0 | 25.0 | 35.0 | 49.0 |
| | 160<b≤250 | 14.0 | 20.0 | 29.0 | 41.0 | 58.0 |
| 280<d≤560 | 10<b≤20 | 8.5 | 12.0 | 17.0 | 24.0 | 34.0 |
| | 20<b≤40 | 9.5 | 13.0 | 19.0 | 27.0 | 38.0 |
| | 40<b≤80 | 11.0 | 15.0 | 22.0 | 31.0 | 44.0 |
| | 80<b≤160 | 13.0 | 18.0 | 26.0 | 36.0 | 52.0 |
| | 160<b≤250 | 15.0 | 21.0 | 30.0 | 43.0 | 60.0 |

表 9-13 渐开线圆柱齿轮螺旋线形状偏差 $f_{f\beta}$ 和螺旋线倾斜偏差 $\pm f_{H\beta}$ 的允许值 （μm）

| 分度圆直径 d/mm | 齿宽 b/mm | 精度等级 | | | | |
|---|---|---|---|---|---|---|
| | | 5 | 6 | 7 | 8 | 9 |
| 5≤d≤20 | 4≤b≤10 | 4.4 | 6.0 | 8.5 | 12.0 | 17.0 |
| | 10<b≤20 | 4.9 | 7.0 | 10.0 | 14.0 | 20.0 |
| | 20<b≤40 | 5.5 | 8.0 | 11.0 | 16.0 | 22.0 |
| | 40<b≤80 | 6.5 | 9.5 | 13.0 | 19.0 | 26.0 |
| 20<d≤50 | 4≤b≤10 | 4.5 | 6.5 | 9.0 | 13.0 | 18.0 |
| | 10<b≤20 | 5.0 | 7.0 | 10.0 | 14.0 | 20.0 |
| | 20<b≤40 | 6.0 | 8.0 | 12.0 | 16.0 | 23.0 |
| | 40<b≤80 | 7.0 | 9.5 | 14.0 | 19.0 | 27.0 |
| | 80<b≤160 | 8.0 | 12.0 | 16.0 | 23.0 | 33.0 |

续表

| 分度圆直径 d/mm | 齿宽 b/mm | 精度等级 | | | | |
|---|---|---|---|---|---|---|
| | | 5 | 6 | 7 | 8 | 9 |
| 50<d≤125 | 4≤b≤10 | 4.8 | 6.5 | 9.5 | 13.0 | 19.0 |
| | 10<b≤20 | 5.5 | 7.5 | 11.0 | 15.0 | 21.0 |
| | 20<b≤40 | 6.0 | 8.5 | 12.0 | 17.0 | 24.0 |
| | 40<b≤80 | 7.0 | 10.0 | 14.0 | 20.0 | 28.0 |
| | 80<b≤160 | 8.5 | 12.0 | 17.0 | 24.0 | 34.0 |
| | 160<b≤250 | 10.0 | 14.0 | 20.0 | 28.0 | 40.0 |
| 125<d≤280 | 4≤b≤10 | 5.0 | 7.0 | 10.0 | 14.0 | 20.0 |
| | 10<b≤20 | 5.5 | 8.0 | 11.0 | 16.0 | 23.0 |
| | 20<b≤40 | 6.5 | 9.0 | 13.0 | 18.0 | 25.0 |
| | 40<b≤80 | 7.5 | 10.0 | 15.0 | 21.0 | 29.0 |
| | 80<b≤160 | 8.5 | 12.0 | 17.0 | 25.0 | 35.0 |
| | 160<b≤250 | 10.0 | 15.0 | 21.0 | 29.0 | 41.0 |
| 280<d≤560 | 10<b≤20 | 6.0 | 8.5 | 12.0 | 17.0 | 24.0 |
| | 20<b≤40 | 7.0 | 9.5 | 14.0 | 19.0 | 27.0 |
| | 40<b≤80 | 8.0 | 11.0 | 16.0 | 22.0 | 31.0 |
| | 80<b≤160 | 9.0 | 13.0 | 18.0 | 23.0 | 37.0 |
| | 160<b≤250 | 11.0 | 15.0 | 22.0 | 30.0 | 43.0 |

表 9-14 渐开线圆柱齿轮一齿切向综合偏差 $f_i'/K$ 的允许值 （μm）

| 分度圆直径 d/mm | 法向模数 $m_n$/mm | 精度等级 | | | | |
|---|---|---|---|---|---|---|
| | | 5 | 6 | 7 | 8 | 9 |
| 5≤d≤20 | 0.5≤$m_n$≤2 | 14.0 | 19.0 | 27.0 | 38.0 | 54.0 |
| | 2<$m_n$≤3.5 | 16.0 | 23.0 | 32.0 | 45.0 | 64.0 |
| 20<d≤50 | 0.5≤$m_n$≤2 | 14.0 | 20.0 | 29.0 | 41.0 | 58.0 |
| | 2<$m_n$≤3.5 | 17.0 | 24.0 | 34.0 | 48.0 | 68.0 |
| | 3.5<$m_n$≤6 | 19.0 | 27.0 | 38.0 | 54.0 | 77.0 |
| | 6<$m_n$≤10 | 22.0 | 31.0 | 44.0 | 63.0 | 89.0 |
| 50<d≤125 | 0.5≤$m_n$≤2 | 16.0 | 22.0 | 31.0 | 44.0 | 62.0 |
| | 2<$m_n$≤3.5 | 18.0 | 25.0 | 36.0 | 51.0 | 72.0 |
| | 3.5<$m_n$≤6 | 20.0 | 29.0 | 40.0 | 57.0 | 81.0 |
| | 6<$m_n$≤10 | 23.0 | 33.0 | 47.0 | 66.0 | 93.0 |
| 125<d≤280 | 0.5≤$m_n$≤2 | 17.0 | 24.0 | 34.0 | 49.0 | 69.0 |
| | 2<$m_n$≤3.5 | 20.0 | 28.0 | 39.0 | 56.0 | 79.0 |
| | 3.5<$m_n$≤6 | 22.0 | 31.0 | 44.0 | 62.0 | 88.0 |
| | 6<$m_n$≤10 | 25.0 | 35.0 | 50.0 | 70.0 | 100.0 |
| 280<d≤560 | 0.5≤$m_n$≤2 | 19.0 | 27.0 | 39.0 | 54.0 | 77.0 |
| | 2<$m_n$≤3.5 | 22.0 | 31.0 | 44.0 | 62.0 | 87.0 |
| | 3.5<$m_n$≤6 | 24.0 | 34.0 | 48.0 | 68.0 | 96.0 |
| | 6<$m_n$≤10 | 27.0 | 38.0 | 54.0 | 76.0 | 108.0 |

注：$f_i'$ 值由表中值乘以 $K$ 得出。当 $\varepsilon_r$<4 时，$K=0.2(\varepsilon_r+4)/\varepsilon_r$；当 $\varepsilon_r$≥4 时，$K=0.4$；

$\varepsilon_r$——总重合度。

表 9-15 渐开线圆柱齿轮径向综合总偏差 $F_i''$ 的允许值 （μm）

| 分度圆直径 $d$/mm | 法向模数 $m_n$/mm | 精度等级 | | | | |
|---|---|---|---|---|---|---|
| | | 5 | 6 | 7 | 8 | 9 |
| 5≤d≤20 | 0.5≤$m_n$≤0.8 | 12 | 16 | 23 | 33 | 46 |
| | 0.8<$m_n$≤1.0 | 12 | 18 | 25 | 35 | 50 |
| | 1.0<$m_n$≤1.5 | 14 | 19 | 27 | 38 | 54 |
| | 1.5<$m_n$≤2.5 | 16 | 22 | 32 | 45 | 63 |
| | 2.5<$m_n$≤4.0 | 20 | 28 | 39 | 56 | 79 |
| 20<d≤50 | 0.5≤$m_n$≤0.8 | 14 | 20 | 28 | 40 | 56 |
| | 0.8<$m_n$≤1.0 | 15 | 21 | 30 | 42 | 60 |
| | 1.0<$m_n$≤1.5 | 16 | 23 | 32 | 45 | 64 |
| | 1.5<$m_n$≤2.5 | 18 | 26 | 37 | 52 | 73 |
| | 2.5<$m_n$≤4.0 | 22 | 31 | 44 | 63 | 89 |
| | 4.0<$m_n$≤6.0 | 28 | 39 | 56 | 79 | 111 |
| | 6.0<$m_n$≤10.0 | 37 | 52 | 74 | 104 | 147 |
| 50<d≤125 | 0.5≤$m_n$≤0.8 | 17 | 25 | 35 | 49 | 70 |
| | 0.8<$m_n$≤1.0 | 18 | 26 | 36 | 52 | 73 |
| | 1.0<$m_n$≤1.5 | 19 | 27 | 39 | 55 | 77 |
| | 1.5<$m_n$≤2.5 | 22 | 31 | 43 | 61 | 86 |
| | 2.5<$m_n$≤4.0 | 25 | 36 | 51 | 72 | 102 |
| | 4.0<$m_n$≤6.0 | 31 | 44 | 62 | 88 | 124 |
| | 6.0<$m_n$≤10.0 | 40 | 57 | 80 | 114 | 161 |
| 125<d≤280 | 0.5≤$m_n$≤0.8 | 22 | 31 | 44 | 63 | 89 |
| | 0.8<$m_n$≤1.0 | 23 | 33 | 46 | 65 | 92 |
| | 1.0<$m_n$≤1.5 | 24 | 34 | 48 | 68 | 97 |
| | 1.5<$m_n$≤2.5 | 26 | 37 | 53 | 75 | 103 |
| | 2.5<$m_n$≤4.0 | 30 | 43 | 61 | 86 | 121 |
| | 4.0<$m_n$≤6.0 | 36 | 51 | 72 | 102 | 144 |
| | 6.0<$m_n$≤10.0 | 45 | 64 | 90 | 127 | 180 |
| 280<d≤560 | 0.5≤$m_n$≤0.8 | 29 | 40 | 57 | 81 | 114 |
| | 0.8<$m_n$≤1.0 | 29 | 42 | 59 | 83 | 117 |
| | 1.0<$m_n$≤1.5 | 30 | 43 | 61 | 86 | 122 |
| | 1.5<$m_n$≤2.5 | 33 | 46 | 65 | 92 | 131 |
| | 2.5<$m_n$≤4.0 | 37 | 52 | 73 | 104 | 146 |
| | 4.0<$m_n$≤6.0 | 42 | 60 | 84 | 119 | 169 |
| | 6.0<$m_n$≤10.0 | 51 | 73 | 103 | 145 | 205 |

表 9-16 渐开线圆柱齿轮一齿径向综合偏差 $f_i''$ 的允许值 （μm）

| 分度圆直径 $d$/mm | 法向模数 $m_n$/mm | 精 度 等 级 | | | | |
|---|---|---|---|---|---|---|
| | | 5 | 6 | 7 | 8 | 9 |
| 5≤d≤20 | 0.5≤$m_n$≤0.8 | 2.5 | 4.0 | 5.5 | 7.5 | 11 |
| | 0.8<$m_n$≤1.0 | 3.5 | 5.0 | 7.0 | 10 | 14 |
| | 1.0<$m_n$≤1.5 | 4.5 | 6.5 | 9.0 | 13 | 18 |

续表

| 分度圆直径 | 法向模数 | 精 度 等 级 | | | | |
|---|---|---|---|---|---|---|
| $d$/mm | $m_n$/mm | 5 | 6 | 7 | 8 | 9 |
| $5 \leqslant d \leqslant 20$ | $1.5 < m_n \leqslant 2.5$ | 6.5 | 9.5 | 13 | 19 | 26 |
| | $2.5 < m_n \leqslant 4.0$ | 10 | 14 | 20 | 29 | 41 |
| $20 < d \leqslant 50$ | $0.5 \leqslant m_n \leqslant 0.8$ | 2.5 | 4.0 | 5.5 | 7.5 | 11 |
| | $0.8 < m_n \leqslant 1.0$ | 3.5 | 5.0 | 7.0 | 10 | 14 |
| | $1.0 < m_n \leqslant 1.5$ | 4.5 | 6.5 | 9.0 | 13 | 18 |
| | $1.5 < m_n \leqslant 2.5$ | 6.5 | 9.5 | 13 | 19 | 26 |
| | $2.5 < m_n \leqslant 4.0$ | 10 | 14 | 20 | 29 | 41 |
| | $4.0 < m_n \leqslant 6.0$ | 15 | 22 | 31 | 43 | 61 |
| | $6.0 < m_n \leqslant 10.0$ | 24 | 34 | 48 | 67 | 95 |
| $50 < d \leqslant 125$ | $0.5 \leqslant m_n \leqslant 0.8$ | 3.0 | 4.0 | 5.5 | 8.0 | 11 |
| | $0.8 < m_n \leqslant 1.0$ | 3.5 | 5.0 | 7.0 | 10 | 14 |
| | $1.0 < m_n \leqslant 1.5$ | 4.5 | 6.5 | 9.0 | 13 | 18 |
| | $1.5 < m_n \leqslant 2.5$ | 6.5 | 9.5 | 13 | 19 | 26 |
| | $2.5 < m_n \leqslant 4.0$ | 10 | 14 | 20 | 29 | 41 |
| | $4.0 < m_n \leqslant 6.0$ | 15 | 22 | 31 | 43 | 61 |
| | $6.0 < m_n \leqslant 10.0$ | 24 | 34 | 48 | 67 | 95 |
| $125 < d \leqslant 280$ | $0.5 \leqslant m_n \leqslant 0.8$ | 3.0 | 4.0 | 5.5 | 8.0 | 11 |
| | $0.8 < m_n \leqslant 1.0$ | 3.5 | 5.0 | 7.0 | 10 | 14 |
| | $1.0 < m_n \leqslant 1.5$ | 4.5 | 6.5 | 9.0 | 13 | 18 |
| $125 < d \leqslant 280$ | $1.5 < m_n \leqslant 2.5$ | 6.5 | 9.5 | 13 | 19 | 27 |
| | $2.5 < m_n \leqslant 4.0$ | 10 | 15 | 21 | 29 | 41 |
| | $4.0 < m_n \leqslant 6.0$ | 15 | 22 | 31 | 44 | 62 |
| | $6.0 < m_n \leqslant 10.0$ | 24 | 34 | 48 | 67 | 95 |
| $280 < d \leqslant 560$ | $0.5 \leqslant m_n \leqslant 0.8$ | 3.0 | 4.0 | 5.5 | 8.0 | 11 |
| | $0.8 < m_n \leqslant 1.0$ | 3.5 | 5.0 | 7.5 | 10 | 15 |
| | $1.0 < m_n \leqslant 1.5$ | 4.5 | 6.5 | 9.0 | 13 | 18 |
| | $1.5 < m_n \leqslant 2.5$ | 6.5 | 9.5 | 13 | 19 | 27 |
| | $2.5 < m_n \leqslant 4.0$ | 10 | 15 | 21 | 29 | 41 |
| | $4.0 < m_n \leqslant 6.0$ | 15 | 22 | 31 | 44 | 62 |
| | $6.0 < m_n \leqslant 10.0$ | 24 | 34 | 48 | 68 | 96 |

表 9-17　渐开线圆柱齿轮径向跳动 $F_r$ 的允许值　　　　　　（μm）

| 分度圆直径 | 法向模数 | 精 度 等 级 | | | | |
|---|---|---|---|---|---|---|
| $d$/mm | $m_n$/mm | 5 | 6 | 7 | 8 | 9 |
| $5 \leqslant d \leqslant 20$ | $0.5 \leqslant m_n \leqslant 2$ | 9.0 | 13 | 18 | 25 | 36 |
| | $2 < m_n \leqslant 3.5$ | 9.5 | 13 | 19 | 27 | 38 |
| $20 < d \leqslant 50$ | $0.5 \leqslant m_n \leqslant 2$ | 11 | 16 | 23 | 32 | 46 |
| | $2 < m_n \leqslant 3.5$ | 12 | 17 | 24 | 34 | 47 |
| | $3.5 < m_n \leqslant 6$ | 12 | 17 | 25 | 35 | 49 |
| | $6 < m_n \leqslant 10$ | 13 | 19 | 26 | 37 | 52 |

续表

| 分度圆直径 | 法向模数 | 精 度 等 级 | | | | |
|---|---|---|---|---|---|---|
| d/mm | $m_n$/mm | 5 | 6 | 7 | 8 | 9 |
| 50<d≤125 | 0.5≤$m_n$≤2 | 15 | 21 | 29 | 42 | 59 |
| | 2<$m_n$≤3.5 | 15 | 21 | 30 | 43 | 61 |
| | 3.5<$m_n$≤6 | 16 | 22 | 31 | 44 | 62 |
| | 6<$m_n$≤10 | 16 | 23 | 33 | 46 | 65 |
| 125<d≤280 | 0.5≤$m_n$≤2 | 20 | 28 | 39 | 55 | 78 |
| | 2<$m_n$≤3.5 | 20 | 28 | 40 | 56 | 80 |
| | 3.5<$m_n$≤6 | 20 | 29 | 41 | 58 | 82 |
| | 6<$m_n$≤10 | 21 | 30 | 42 | 60 | 85 |
| 280<d≤560 | 0.5≤$m_n$≤2 | 26 | 36 | 51 | 73 | 103 |
| | 2<$m_n$≤3.5 | 26 | 37 | 52 | 74 | 105 |
| | 3.5<$m_n$≤6 | 27 | 38 | 53 | 75 | 106 |
| | 6<$m_n$≤10 | 27 | 39 | 55 | 77 | 109 |

表 9-18 渐开线圆柱齿轮中心距偏差 ±$f_a$ 的允许值　　　　　　　（μm）

| 齿轮副中心距 | 精 度 等 级 | | |
|---|---|---|---|
| a/mm | 5～6 | 7～8 | 9～10 |
| 6<a≤10 | ±7.5 | ±11 | ±18 |
| 10<a≤18 | ±9 | ±13.5 | ±21.5 |
| 18<a≤30 | ±10.5 | ±16.5 | ±26 |
| 30<a≤50 | ±12.5 | ±19.5 | ±31 |
| 50<a≤80 | ±15 | ±23 | ±37 |
| 80<a≤120 | ±17.5 | ±27 | ±43.5 |
| 120<a≤180 | ±20 | ±31.5 | ±50 |
| 180<a≤250 | ±23 | ±36 | ±57 |
| 250<a≤315 | ±26 | ±40.5 | ±65 |
| 315<a≤400 | ±28.5 | ±44.5 | ±70 |
| 400<a≤500 | ±31.5 | ±48.5 | ±77.5 |
| 500<a≤630 | ±35 | ±55 | ±87 |
| 630<a≤800 | ±40 | ±62 | ±100 |
| 800<a≤1000 | ±45 | ±70 | ±115 |

表 9-19 渐开线圆柱齿轮轴线的平行度偏差 $f_{\Sigma\delta}$、$f_{\Sigma\beta}$ 的允许值

| 公差项目 | 代　号 | 公差计算式 |
|---|---|---|
| 公共平面内的平行度公差 | $f_{\Sigma\delta}$ | $f_{\Sigma\delta}=2f_{\Sigma\beta}$ |
| 垂直平面内的平行度公差 | $f_{\Sigma\beta}$ | $f_{\Sigma\beta}=0.5F_\beta(L/b)$ |

注：L——较大的轴承跨距；b——齿宽。

由于实际接触斑点的形状常常与图 9-18 所示的不同，其评估结果更多地取决于实际经验。因此，接触斑点的评定不能替代标准规定的精度项目的评定。

表 9-20 给出了接触斑点的数值规定。

表 9-20　接触斑点　　　　　　　　　　　　（%）

| 接 触 斑 点 | 精 度 等 级 | | | |
|---|---|---|---|---|
| | 6 | 7 | 8 | 9 |
| 按高度不小于 | 50<br>(40) | 45<br>(35) | 40<br>(30) | 30 |
| 按长度不小于 | 70 | 60 | 50 | 40 |

注：1. 接触斑点的分布位置应趋近齿面中部，齿顶和两端部棱边处不允许接触；

　　2. 括号内数值用于轴向重合度 $\varepsilon_\beta > 0.8$ 的斜齿轮。

**5. 接触斑点**

除了按标准规定选用适当的精度等级及精度项目，以满足齿轮的功能要求以外，工程上还可以用轮齿的接触斑点的检验来控制齿轮轮齿在齿长和齿高方向上的精度，以保证满足承载能力的要求。

齿轮副接触斑点的检验应安装在箱体中进行，也可以在齿轮副滚动试验机上或齿轮式单面啮合检查仪上进行。有光泽法和着色法两种检验方法。光泽法是在被测齿轮副齿面上不涂涂料进行测量，经足够时间的啮合运转，使齿面能见到清晰的擦亮痕迹。着色法是先在齿轮副的小齿轮部分齿面上涂以适当厚度的涂料，扳动小齿轮轴使齿轮副作工作齿面的啮合，直到齿面上出现清晰的涂料被擦掉的痕迹。

接触斑点主要用作齿线精度的评估，也受齿廓精度的影响。接触斑点的检验具有简易、快捷、测试结果的可再现性等特点。特别适用于大型齿轮、圆锥齿轮和航天齿轮。接触斑点用于测量齿轮对产品齿轮的检验，也可用于相配齿轮副的直接检验。

齿轮副的接触斑点应以小齿轮齿面的斑点为准，并以小齿轮齿面上接触斑点面积最小的齿面所计算的接触斑点的大小，作为测量结果。

接触斑点的大小是以在齿面上接触痕迹沿齿长方向的长度（扣除超过模数值的断开部分）和沿齿高方向的平均高度分别相对于工作长度和工作高度之比的百分比来确定，如图 9-18 所示。

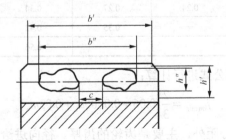

图 9-18　接触斑点的评定

沿齿长方向接触痕迹的百分比为：

$$\frac{b'' - c}{b'} \times 100\% \tag{9-14}$$

式中　$b''$ —— 接触痕迹的总长度（包括断开部分），单位为 mm；

　　$c$ —— 超过模数值的断开部分的长度，单位为 mm；

　　$b'$ —— 工作长度，单位为 mm。

沿齿高方向接触痕迹的百分比为：

$$\frac{h''-c}{h'}\times100\% \qquad (9\text{-}15)$$

式中　$h''$——接触痕迹的平均高度，单位为 mm；

　　　$h'$——工作高度，单位为 mm。

### 6. 齿轮副侧隙及其确定

在标准中心距条件下安装的齿轮副，若两齿轮的分度圆齿厚都为公称值 $\pi m/2$，则齿轮将为无间隙啮合，即齿侧间隙为零。要使齿轮传动具有所必需的侧隙，通常在加工中采取减薄齿厚或增加吃刀深度来获得齿侧间隙。影响侧隙的误差因素，对单个齿轮来说，就是刀具切齿时的径向深度不精确。此外，齿轮副的中心距偏差 $f_a$ 也直接影响装配后的侧隙大小。

齿厚极限偏差的确定一般采用计算法，步骤如下：

（1）首先确定齿轮副所需的最小法向侧隙

齿轮副的侧隙按齿轮的工作条件决定，与齿轮的精度等级无关。在工作时有较大温升的齿轮，为避免发热卡死，要求有较大的侧隙。对于需要正反转或有读数机构的齿轮，为避免空程影响，则要求较小的侧隙。

设计选定的最小法向侧隙 $j_{bn\,min}$ 应足以补偿齿轮传动时温升所引起的变形，并保证正常润滑。必要时可以将法向侧隙折算成圆周侧隙或径向侧隙。

齿轮副的最小法向侧隙 $j_{bn\,min}$ 可参考表 9-21 给出的推荐值。

表 9-21　中、大模数齿轮最小侧隙 $j_{bn\,min}$ 的推荐数据　　　　　　　　　　（mm）

| 法向模数 $m_n$ | 最小中心距 $a_i$ | | | | | |
|---|---|---|---|---|---|---|
| | 50 | 100 | 200 | 400 | 800 | 1600 |
| 1.5 | 0.09 | 0.11 | — | — | — | — |
| 2 | 0.10 | 0.12 | 0.15 | — | — | — |
| 3 | 0.12 | 0.14 | 0.17 | 0.24 | — | — |
| 5 | — | 0.18 | 0.21 | 0.28 | — | — |
| 8 | — | 0.24 | 0.27 | 0.34 | 0.47 | — |
| 12 | — | — | 0.35 | 0.42 | 0.55 | — |
| 18 | — | — | — | 0.54 | 0.61 | 0.94 |

$j_{bn\,min}$ 的数值也可用下列公式进行计算：

$$j_{bn\,min} = \frac{2}{3}(0.06 + 0.0005a_i + 0.03m_n) \qquad (9\text{-}16)$$

影响侧隙的因素除了中心距外，主要是齿轮的齿厚。径向进给量的调整是切齿过程控制齿厚，从而获得合理侧隙的主要工艺手段。

确定齿轮副中两个齿轮齿厚的上偏差 $E_{sns1}$ 和 $E_{sns2}$ 时，应考虑除保证形成齿轮副所需的最小侧隙外，还要补偿由于齿轮的制造误差和安装误差所引起的侧隙减少量，即

$$E_{sns1} + E_{sns2} = -(2f_a \tan\alpha_n + \frac{j_{bn\,min} + J_n}{\cos\alpha_n}) \qquad (9\text{-}17)$$

式中　$f_a$——中心距偏差的允许值；

　　　$J_n$——补偿齿轮加工误差和安装误差引起的侧隙减少量，按下式计算：

$$J_n = \sqrt{(f_{pt1}^2 + f_{pt2}^2)\cos^2\alpha_n + 2F_\beta^2} \qquad (9\text{-}18)$$

求出两个齿轮齿厚上偏差之和以后，可将此值等值分配给小齿轮和大齿轮，即

$$E_{sns1} = E_{sns2} = E_{sns}$$

如果采用不等值分配，一般大齿轮的齿厚减薄量略大于小齿轮的齿厚减薄量，以尽量增大小齿轮轮齿的强度。

（2）确定齿厚公差 $T_{sn}$ 和齿厚下偏差 $E_{sni}$

齿厚公差 $T_{sn}$ 由径向跳动偏差 $F_r$ 的允许值和切齿时径向进刀公差 $b_r$ 两项组成，将它们按随机误差合成，即

$$T_{sn} = \sqrt{F_r^2 + b_r^2} \cdot 2\tan\alpha_n \tag{9-19}$$

其大小由表 9-22 确定。

由于齿厚下偏差只影响齿轮副的最大侧隙，所以通常可以由工艺保证。齿厚合格条件可以简化为

$$E_{sn} \leqslant E_{sns} \tag{9-20}$$

表 9-22　渐开线圆柱齿轮径向进刀公差 $b_r$ 的推荐值

| 切齿方法 | 精度等级 | $b_r$ |
|---|---|---|
| 磨 | 4 | 1.26IT7 |
|  | 5 | IT8 |
|  | 6 | 1.26IT8 |
| 滚、插 | 7 | IT9 |
|  | 8 | 1.26IT9 |
| 铣 | 9 | IT10 |

注：IT 值根据齿轮分度圆直径由 GB/T 1800 查得。

由于齿厚测量通常以齿顶圆作为测量的定位基准，测量准确度不高，所以可以用公法线偏差代替齿厚偏差。相应地，规定公法线长度偏差 $E_{bn}$ 满足式（9-11）。

**7. 齿坯公差的确定**

齿坯公差包括齿轮内孔（或齿轮轴的轴颈）、齿顶圆和端面的尺寸公差、几何公差及各表面的粗糙度要求等。

齿轮内孔或轴颈常常作为加工、测量和安装基准，应按齿轮精度对它们的尺寸和形状提出一定的精度要求。

齿顶圆在加工时也常作安装基准（尤其是单件生产或尺寸较大的齿轮），或以它作为测量基准（如测量齿厚），而在使用时又以内孔或轴颈作为基准，这种基准不一致的情况会影响传动质量，所以对齿顶圆直径及其相对于内孔或轴颈的径向跳动都要提出一定的精度要求。

端面在加工时常作定位基准。如前所述，若端面与孔心线不垂直，就会引起齿向误差，所以也要提出一定的位置要求。

以上各项公差的确定见表 9-23。齿坯各表面的粗糙度按表 9-24 选取。

表 9-23　渐开线圆柱齿轮齿坯几何公差的推荐值

| 公差项目 | 精度值 |
|---|---|
| 圆度 | $0.04(L/b)F_\beta$ 或 $0.06\sim 0.1F_p$ |
| 圆柱度 | $0.04(\dfrac{L}{b})F_\beta$ 或 $0.1F_p$ |

续表

| 公差项目 | | 精度值 |
|---|---|---|
| 平面度 | | $0.06(d/b)F_\beta$ |
| 圆跳动 | 径向 | $0.15(L/b)F_\beta$ 或 $0.3F_p$ |
| | 轴向 | $0.2(d/b)F_\beta$ |

注：$L$——较大的轴承跨距；$b$——齿宽；$d$——端面直径。

表 9-24　渐开线圆柱齿轮各表面粗糙度 Ra 的推荐值　　　　　　（μm）

| 表面种类 | 齿轮精度等级 | | | | |
|---|---|---|---|---|---|
| | 5 | 6 | 7 | 8 | 9 |
| 齿面 | 0.5～0.63 | 0.8～1.0 | 1.25～1.6 | 2.0～2.5 | 3.2～4.0 |
| 基准孔 | 0.32～0.63 | 1.25 | | 2.5 | |
| 基准轴 | 0.32 | 0.63 | 1.25 | | 2.5 |
| 基准端面 | 1.25～2.5 | 2.5～5 | | 5 | |
| 顶圆柱面 | 1.25～2.5 | 5 | | | |

## 9.4.2　渐开线圆柱齿轮的精度设计及图样标注

【例 9-1】已知某通用减速器中有一对直齿圆柱齿轮副，模数 $m$=4mm，小齿轮齿数 $z_1$=30，大齿轮齿数 $z_2$=96，齿形角 $\alpha$=20°，两齿轮宽度 $b_1$=$b_2$=40mm，主动齿轮小齿轮转速 $n_1$=1000r/min，小批生产。试确定小齿轮的精度等级、精度项目、列出其各偏差的允许值以及齿厚偏差和齿坯精度要求。

**解：**

（1）确定精度等级

通用减速器中，齿轮可根据圆周速度确定精度等级。齿轮圆周速度 $v$ 为：

$$v = \pi d n_1 /(1000 \times 60)$$
$$= (\pi \times 4 \times 30 \times 1000)/(1000 \times 60)$$
$$= 6.28(\text{m/s})$$

查表 9-4，选定该齿轮的精度为 7 级。并选定 GB/T 10095.1—2008 和 GB/T 10095.2—2008 的各精度项目具有相同的精度等级。

（2）确定精度项目偏差的允许值

参照表 9-5，选定为 $F_i''$、$f_i''$ 和 $F_\beta$ 三个精度项目，小、大齿轮偏差允许值见下表

| 精度项目 | 所查表格 | 小齿轮偏差允许值 | 大齿轮偏差允许值 |
|---|---|---|---|
| 径向综合总偏差 $F_i''$ | 表 9-15 | $F_{i1}''$=0.051 | $F_{i2}''$=0.073 |
| 一齿径向综合偏差 $f_i''$ | 表 9-16 | $f_{i1}''$=0.020 | $f_{i2}''$=0.021 |
| 螺旋线总偏差 $F_\beta$ | 表 9-12 | $F_{\beta 1}$=0.017 | $F_{\beta 2}$=0.019 |

（3）确定齿厚上、下偏差

由 $j_{bn\,min} = \dfrac{2}{3}(0.06 + 0.0005a + 0.03m_n)$ 计算最小侧隙得：

$$j_{bnmin} = \frac{2}{3}(0.06 + 0.0005 \times 252 + 0.03 \times 4) = 0.204\text{mm}$$

为计算侧隙减小量 $J_n$ ，可由表 9-8 查得

$$f_{pt1} = 0.013 \text{mm}, \quad f_{pt2} = 0.016 \text{mm}$$

$$J_n = \sqrt{(f_{pt1}^2 + f_{pt2}^2)\cos^2\alpha + 2F_{\beta 1}^2} = \sqrt{(0.013^2 + 0.016^2)\cos^2 20 + 2 \times 0.017^2}$$

$$= 0.031 (\text{mm})$$

又由表 9-18 查得： $f_a = 0.0405 \text{mm}$ ， $\alpha_n = 20°$ 。

设大小两个齿轮齿厚上偏差相等，则

$$E_{sns1} = -(f_a \tan\alpha_n + \frac{j_{bnmin} + J_n}{2\cos\alpha_n}) = -(0.0405 \tan 20° + \frac{0.204 + 0.031}{2\cos 20°})$$

$$= -0.140 (\text{mm})$$

查表 9-22 、表 9-17 得 $b_{r1} = \text{IT9} = 0.087 \text{mm}$ ， $F_{r1} = 0.031 \text{mm}$ ；代入齿厚公差计算式 $T_{sn} = \sqrt{F_{r1}^2 + b_{r1}^2} \cdot 2\tan\alpha_n$ 得：

$$T_{sn1} = \sqrt{0.031^2 + 0.087^2} \cdot 2\tan 20° = 0.067 (\text{mm})$$

齿厚下偏差为：

$$E_{sni1} = E_{sns1} - T_{sn1} = -0.140 - 0.067 = -0.207 (\text{mm})$$

（4）公法线平均长度极限偏差

用公法线平均长度偏差代替齿厚偏差来检验侧隙情况，需要进行换算。公法线长度偏差可由齿厚偏差计算得到

$$E_{bns1} = E_{sns1}\cos\alpha_n = -0.140\cos 20° = -0.132 (\text{mm})$$

$$E_{bni1} = E_{sni1}\cos\alpha_n = -0.207\cos 20° = -0.195 (\text{mm})$$

跨 $k$ 个齿的公法线公称长度 $W_k$ 可按照下式计算

$$W_k = m[1.476 \times (2k-1) + 0.014z_1]$$

$$= 4 \times [1.476 \times (2 \times 4 - 1) + 0.014 \times 30]$$

$$= 43.008 (\text{mm})$$

跨齿数 $k$ 可从《机械设计手册》查到，或按下式计算：

$$k = \frac{z_1}{9} + 0.5 = \frac{30}{9} + 0.5 \approx 4$$

所以，公法线长度及其极限偏差应为： $W_k = 43.008_{-0.195}^{-0.132}$ 。

（5）确定齿坯技术要求

由表 9-23 及相关资料可确定齿轮孔或轴的尺寸公差和形状公差、顶圆直径公差、齿坯基准面径向圆跳动和轴向圆跳动。小齿轮内孔尺寸公差取 H7，为 $\phi 40_0^{+0.025}$ ；圆柱度公差取 0.004mm；轴向圆跳动取 0.010mm。齿顶圆既不作加工基准，也不作测量基准，其尺寸公差取 h11，即 $\phi 128_{-0.25}^{0}$ 。

小齿轮各表面的粗糙度要求可由表 9-24 查得。

将选取的齿轮精度等级、精度项目、公差值（或偏差的允许值）和齿坯技术要求等标注在小齿轮的工作图上。通常，除各表面的尺寸和上、下偏差以及粗糙度、几何公差等直接标注在视图上外，其余数据可用表格列出并置于图样的右上角。绘制的小齿轮工作图如图 9-17 所示。

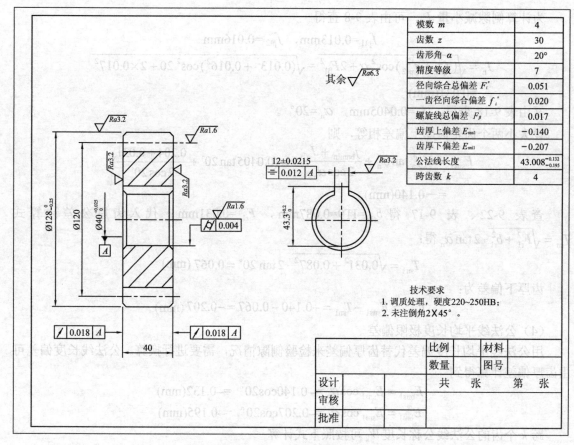

| 模数 $m$ | 4 |
| --- | --- |
| 齿数 $z$ | 30 |
| 齿形角 $\alpha$ | 20° |
| 精度等级 | 7 |
| 径向综合总偏差 $F_i''$ | 0.051 |
| 一齿径向综合偏差 $f_i''$ | 0.020 |
| 螺旋线总偏差 $F_\beta$ | 0.017 |
| 齿厚上偏差 $E_{sns1}$ | −0.140 |
| 齿厚下偏差 $E_{sni1}$ | −0.207 |
| 公法线长度 | $43.008^{-0.132}_{-0.195}$ |
| 跨齿数 $k$ | 4 |

其余 $\sqrt{Ra6.3}$

技术要求
1. 调质处理，硬度220~250HB；
2. 未注倒角2×45°。

| 比例 | | 材料 | |
| --- | --- | --- | --- |
| 数量 | | 图号 | |
| 设计 | | 共　张　　第　张 | |
| 审核 | | | |
| 批准 | | | |

图 9-19　齿轮工作图

# 习题

1．齿轮加工误差产生的原因有哪些？

2．为什么要对齿坯提出精度要求？齿坯精度主要包括哪些方面？

3．齿轮副侧隙有什么作用？获得齿轮副侧隙的方法有哪些？指出可以表征齿轮副侧隙的指标有哪些？

4．有一直齿圆柱齿轮，$m=2.5\text{mm}$，$z=40$，$b=25\text{mm}$，$\alpha=20°$。经检验知其各参数实际偏差值为：$F_\alpha=12\mu\text{m}$，$f_{pt}=-10\mu\text{m}$，$F_p=35\mu\text{m}$，$F_\beta=20\mu\text{m}$。问该齿轮可达几级精度？

5．某减速器中有一直齿圆柱齿轮，模数 $m=3$ mm，齿数 $z=32$，齿宽 $b=60$ mm，基准齿形角 $\alpha=20°$，传递最大功率为 5kW，转速为 960r/min。该齿轮在修配厂小批生产，试确定：

（1）齿轮精度等级；

（2）齿轮的齿廓、齿距、齿向精度项目中各项参数的偏差允许值。

6．某直齿圆柱齿轮副，模数 $m=5$ mm，齿宽 $b=50$ mm，基准齿形角 $\alpha=20°$，齿数 $z_1=20$、$z_2=50$。已知其精度等级为 6 级（GB/T 10095—2008）。假设生产批量为大批生产，试确定齿轮副的精度项目组合及其偏差的允许值。

7．某普通车床主轴变速箱中的一个直齿圆柱齿轮如图 9-18 所示，传递功率 $P=7.5$ kW，转

速 $n = 750 \text{ r/min}$，模数 $m = 3 \text{ mm}$，齿数 $z = 50$，基准齿形角 $\alpha = 20°$，齿宽 $b = 25 \text{mm}$，齿轮内孔直径 $d = 45 \text{mm}$。齿轮副中心距 $a = 180 \text{mm}$，最小侧隙 $j_{bn\,min} = 0.13 \text{mm}$。生产类型为成批生产，试确定：

（1）齿轮精度等级和齿厚偏差；

（2）齿轮的精度项目中各项参数的偏差允许值；

（3）齿坯的尺寸公差和几何公差；

（4）孔键槽宽度和深度的公称尺寸和极限偏差；

（5）齿轮齿面和其他主要表面的粗糙度允许值。

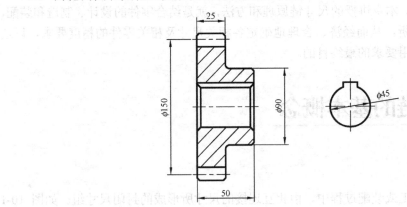

图 9-20　习题 7 图

# 第10章 尺寸链

　　机械产品由零部件组成，部件或整机的最终尺寸及其公差是由若干相关联零件的尺寸及其公差所组成的，这些零件的尺寸、尺寸公差和装配精度，就可以用尺寸链的方式来表示他们之间的关系。因此，简单地说，尺寸链主要是研究尺寸公差与位置公差的计算和达到产品公差要求的设计方法与工艺方法。本章讲授的尺寸链原理和方法，就是结合零件的设计、制造和装配，通过对这种联系的全面分析，从而经济、合理地确定各相关尺寸及相关零件的精度要求，以达到保证产品质量、满足使用要求的最终目的。

## 10.1　尺寸链的基本概念

### 1. 尺寸链的组成

　　尺寸链是指零件在加工或装配过程中，由相互连接的尺寸所形成的封闭尺寸组。如图 10-1（a）所示的套筒零件，由轴向设计尺寸 $A_0$、$A_2$ 以及工序尺寸 $A_1$ 构成一封闭的尺寸组，形成图 10-1（b）的尺寸链。图 10-2（a）为孔、轴的装配，由孔的尺寸 $A_1$、轴的尺寸 $A_2$ 和装配后的间隙 $A_0$ 构成如图 10-2（b）所示的尺寸链。

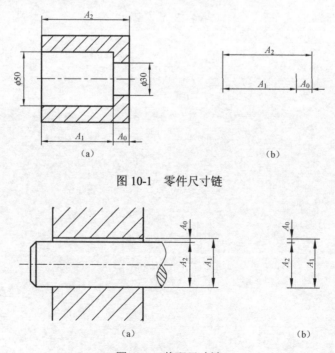

图 10-1　零件尺寸链

图 10-2　装配尺寸链

　　上两例中，列入尺寸链的每一个尺寸均称为环，尺寸链的环分为封闭环和组成环。

（1）封闭环

尺寸链中，加工或装配过程最后形成的一环称为封闭环。对零件工艺尺寸链，封闭环是加工中间接获得的尺寸，如图 10-1 中的 $A_0$。对装配尺寸链，封闭环是装配后自然形成的一环，如图 10-2 中齿轮和轴的间隙 $A_0$。一个尺寸链只能有一个封闭环。

（2）组成环

尺寸链中，除封闭环以外的其他环均称为组成环。根据它们对封闭环影响的不同，组成环又分为增环和减环。

① 增环。若尺寸链中其他组成环不变，当某一组成环增大时，封闭环随之增大；该组成环减小时，封闭环随之减小，则此组成环为增环。例如，图 10-1（b）中的 $A_2$，图 10-2（b）中的 $A_1$ 即为增环。

② 减环。若尺寸链中其他组成环不变，当某一组成环增大时，封闭环随之减小；该组成环减小时，封闭环随之增大，则此组成环为减环。例如，图 10-1（b）中的 $A_1$，图 10-2（b）中的 $A_2$ 即为减环。

增环和减环对封闭坏的影响完全相反，因此，在尺寸链中需正确判别。这里介绍一种判别增环和减环的简便方法，即画尺寸链图时，可从任一环开始，用单向箭头顺次画出各环的尺寸线，凡与封闭环箭头方向相同的组成环是减环，与封闭环箭头方向相反的是增环。如图 10-3 中，$A_2$、$A_5$ 为减环，$A_1$、$A_3$、$A_4$ 为增环。

**2．尺寸链的特性**

根据以上诸例和有关概念，可以将尺寸链的特性归纳如下。

① 封闭性。各环依次连接封闭。因而构成尺寸链的环至少应该是三环，而封闭环只有一个。

② 关联性。由于封闭环是装配或加工过程中间接得到的一环，因此各组成环的变动必然影响封闭环，这是尺寸链的内在本质。

**3．尺寸链的类型**

尺寸链有各种不同的形式，可以按不同的方法分类。

（1）按尺寸链中环的特征分类

① 长度尺寸链，是指全部组成环为长度尺寸的尺寸链，如图 10-1 所示。

② 角度尺寸链，是指全部组成环为角度尺寸的尺寸链，如图 10-4 所示。

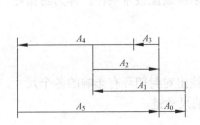

图 10-3 增环和减环的判别

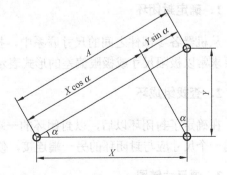

图 10-4 角度尺寸链

（2）按各环所在空间位置分类

① 线性尺寸链，是指全部组成环平行于封闭环的尺寸链，如图 10-1 所示。

② 平面尺寸链，是指全部组成环位于一个或几个平行平面内，但某些组成环不平行于封闭环的尺寸链，如图 10-5 所示。

③ 空间尺寸链，是指各组成环位于几个不平行的平面内的尺寸链。空间尺寸链可以用坐标投影法转换为直线尺寸链。

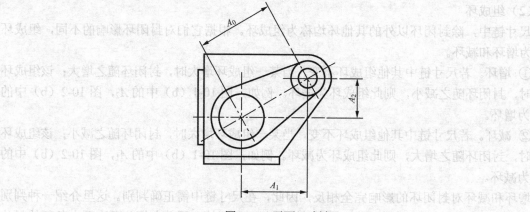

图 10-5　平面尺寸链

（3）按尺寸链的应用场合不同分

① 装配尺寸链，装配尺寸链的各组成环为不同零件的设计尺寸，而封闭环通常为装配精度，如图 10-2 所示。

② 工艺尺寸链，是同一零件，在加工过程中由工序尺寸、定位尺寸和基准尺寸之间形成的尺寸链，如图 10-1 所示。

③ 零件尺寸链。

# 10.2　尺寸链的建立和计算

## 10.2.1　装配尺寸链的建立

### 1．确定封闭环

从机器各零部件之间的尺寸联系中，找出产品设计要求或装配技术条件，即为封闭环，这个要求常以极限尺寸或极限偏差的形式表示。

### 2．查找组成环

在确定了封闭环以后，以封闭环的一端为起点，依次找出对封闭环有影响的各个尺寸，最后的一个尺寸应与封闭环的另一端连接，便构成一个闭合的尺寸链。

### 3．画尺寸链图

将各尺寸依次首尾相连，即可画出尺寸链图。

## 10.2.2　工艺尺寸链的建立

工艺尺寸链是同一零件在加工过程中，由相互联系的尺寸（设计尺寸，工序尺寸和定位尺寸等）形成的尺寸链。建立工艺尺寸链必须联系加工工艺过程及具体加工方法来确定封闭环和组成环。

工艺尺寸链的封闭环是加工过程中间接得到的尺寸，它可以是设计尺寸、工序尺寸或加工余量。而组成环的尺寸是加工中直接保证的尺寸，通常为中间工序尺寸或设计尺寸。

下面举例说明工艺尺寸链的建立。

图 10-6 （a）是一轴套，轴向设计尺寸已在图中注出，其加工工序是：① 车两端面，保证尺寸 $A_1$；② 镗 $\phi30H8$ 孔，保证尺寸 $A_2$；③ 磨左端面，直接保证尺寸 $50_{-0.2}^{0}$ mm，间接保证尺寸 $36_{0}^{+0.5}$ mm，现对其尺寸链分析如下：

根据加工工序可知，设计尺寸 $36_{0}^{+0.5}$ mm 是最后一道工序间接保证的尺寸，为该尺寸链的封闭环，而工序尺寸 $A_1$、$A_2$ 及设计尺寸 $50_{-0.2}^{0}$ mm 都是在加工中直接保证的尺寸，因而是组成环，其尺寸链如图 10-6 （b）所示。另外由尺寸 $50_{-0.2}^{0}$ mm、$A_1$ 和磨削余量 $Z$ 构成三环尺寸链，余量 $Z$ 是封闭环。

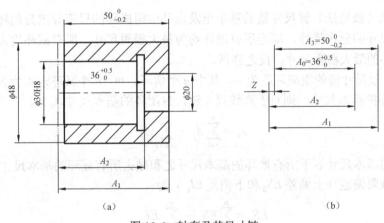

图 10-6　轴套及其尺寸链

## 10.2.3　尺寸链的计算

尺寸链的计算有正计算、反计算和中间计算 3 种类型。

正计算是指已知各组成环的极限尺寸，求封闭环的极限尺寸。这类计算主要用来验算设计的正确性，所以又称校核计算。

反计算是指已知封闭环的极限尺寸和各组成环的基本尺寸，求各组成环的极限偏差。这类计算主要用在设计上，即根据机器的使用要求来分配各零件的公差。反计算通常用于机械设计计算。

中间计算是指已知封闭环和部分组成环的极限尺寸，求某一组成环的极限尺寸。这类计算常用在工艺上。如基准换算、工序尺寸计算等。

尺寸链的计算方法有以下 3 种。

完全互换法（极值法）。完全互换法是尺寸链计算中最基本的方法，它从尺寸链各环的最大与最小极限尺寸出发进行尺寸链计算，不考虑各环实际尺寸的分布情况。按此法计算出的尺寸加工各组成环，装配时各组成环不需挑选或辅助加工，装配后即能满足封闭环的公差要求，即可实现完全互换。

大数互换法（概率法）。这种方法是以保证大数互换为出发点。生产实践和大量统计资料表明，在大量生产且工艺过程稳定的情况下，各组成环的实际尺寸趋近公差带中间的概率大，出现在极限值的概率小，增环与减环以相反极限值形成封闭环的概率就更小。所以，用极值法解尺寸链，虽然能实现完全互换，但往往是不经济的。

采用大数互换法（概率法），不是在全部产品中，而是在绝大多数产品中，装配时不需挑选或修配，就能满足封闭环的公差要求，即保证大数互换。装配后可能有极少数产品不能满足封闭环规定的公差要求。

按大数互换法（概率法），在相同封闭环公差条件下，可使组成环的公差扩大，从而获得良好的技术和经济效益，比较科学和合理，常用于大批量生产的情况。

其他方法。在某些场合，为了获得更高的装配精度，而生产条件又不允许提高组成环的制造精度时，可采用分组互换法、修配法和调整法等方法。

### 1. 用完全互换法(极值法)解尺寸链

完全互换法（极值法）解尺寸链的基本出发点是由组成环的极值导出封闭环的极值，而不考虑各环实际尺寸的分布特性，即当所有增环均为最大极限尺寸、所有减环均为最小极限尺寸时，获得封闭环的最大极限尺寸；反之亦然。

基本公式：设尺寸链的组成环数为 $m$，其中 $n$ 个增环，$m-n$ 个减环，$A_0$ 为封闭环的基本尺寸，$A_j$ 为组成环的基本尺寸，则对于直线尺寸链，封闭环的基本尺寸 $A_0$ 为：

$$A_0 = \sum_{j=1}^{n} A_j - \sum_{j=n+1}^{m} A_j \tag{10-1}$$

即封闭环的基本尺寸等于所有增环的基本尺寸之和减去所有减环的基本尺寸之和。

封闭环的极限偏差（上偏差 $ES_0$ 和下偏差 $EI_0$）为：

$$ES_0 = \sum_{j=1}^{n} ES_j - \sum_{j=n+1}^{m} EI_j \tag{10-2}$$

$$EI_0 = \sum_{j=1}^{n} EI_j - \sum_{j=n+1}^{m} ES_j \tag{10-3}$$

即封闭环的上偏差等于所有增环的上偏差之和减去所有减环的下偏差之和；封闭环的下偏差等于所有增环的下偏差之和减去所有减环的上偏差之和。

封闭环公差 $T_0$ 为：

$$T_0 = \sum_{j=1}^{m} T_j \tag{10-4}$$

即封闭环的公差等于所有组成环的公差之和。

### 2. 用完全互换法（极值法）解工艺尺寸链

这类问题属于中间计算问题，多用于工艺中的工序尺寸计算或基准转换的计算。

【**例 10-1**】加工某一齿轮孔（图 10-7（a））。加工工序为：先镗孔至 $\phi39.4_0^{+0.10}$，然后插键槽保证尺寸 $X$，再镗孔至 $\phi40_0^{+0.04}$。加工后应保证尺寸 $43.3_0^{+0.20}$ 的要求。求工序尺寸 $X$ 及其极限偏差。

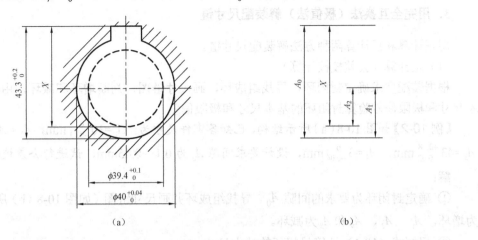

（a） （b）

图 10-7 孔键槽加工尺寸链计算

**解：**

① 确定封闭环。在工艺尺寸链中，封闭环随加工顺序不同而改变，因此工艺尺寸链的封闭环要根据工艺路线去查找。本题加工顺序已经确定，加工最后形成的尺寸就是封闭环，即 $A_0 = 43.3_0^{+0.20}$。

② 查明组成环。根据本题特点，组成环为 $A_1 = 20_0^{+0.02}$、$A_2 = 19.7_0^{+0.05}$、$A_3 = X$。

③ 画尺寸链图，并判断增环和减环。本题可从 $A_0$ 上端开始，画 $X$（$X$ 的下端为 $A_2$ 的外径处）；再画 $A_2$ 至孔中心。由孔中心画 $A_1$，最后与封闭环下端连接成封闭形，构成工艺尺寸链，如图 10-7（b）所示。其中 $X$ 和 $A_1$ 为增环，$A_2$ 为减环。

④ 尺寸链计算。

由式（10-1）得：

$$A_0 = (A_1 + X) - A_2$$
$$43.3 = (20 + X) - 19.7$$

得

$$X = 43.3 + 19.7 - 20 = 43.00 \text{(mm)}$$

由式（10-2）得：

$$ES_0 = (ES_1 + ES_x) - EI_2$$
$$+0.2 = (+0.02 + ES_x) - 0$$
$$ES_x = +0.18 \text{(mm)}$$

由式（10-3）得：

$$EI_0 = (EI_1 + EI_x) - ES_2$$
$$0 = 0 + EI_x - 0.05$$

即

$$EI_x = +0.05 \text{(mm)}$$

因此

$$X = 43_{+0.05}^{+0.18}$$

用式（10-4）验算：

$$T_0 = T_1 + T_2 + T_3$$

$$0.20 = 0.02 + 0.13 + 0.05$$

故极限偏差的计算正确。

### 3．用完全互换法（极值法）解装配尺寸链

用正计算和反计算两种方法解装配尺寸链。

（1）正计算（公差校核计算）

根据装配要求确定封闭环，寻找组成环，画尺寸链图，判断增环和减环，由各组成环的基本尺寸和极限偏差验算封闭环的基本尺寸和极限偏差。

【例10-2】如图10-8（a）所示结构，已知各零件尺寸为：$A_1 = 30_{-0.13}^{\ \ 0}$ mm，$A_2 = A_5 = 5_{-0.075}^{\ \ 0}$ mm，$A_3 = 43_{+0.02}^{+0.18}$ mm，$A_4 = 3_{-0.04}^{\ \ 0}$ mm，设计要求间隙 $A_0$ 为 0.1～0.45mm，试进行公差校核计算。

**解：**

① 确定封闭环为要求的间隙 $A_0$，寻找组成环并画尺寸链图（如图10-8（b）所示），判断 $A_3$ 为增环，$A_1$、$A_2$、$A_4$ 和 $A_5$ 为减环。

② 根据式（10-1）计算封闭环的基本尺寸

$$A_0 = A_3 - (A_1 + A_2 + A_4 + A_5) = 43 - (30 + 5 + 3 + 5) = 0$$

由设计要求间隙为 0.1～0.45mm，可得封闭环的尺寸为 $0_{+0.10}^{+0.45}$ mm。

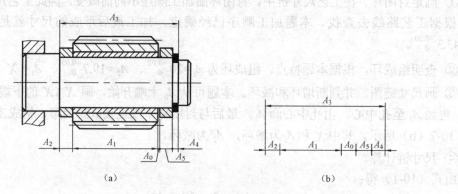

(a)　　　　　　　　(b)

图10-8　齿轮部件装配尺寸链

③ 根据式（10-2）和式（10-3）计算封闭环的极限偏差

$$\begin{aligned}
ES_0 &= ES_3 - (EI_1 + EI_2 + EI_4 + EI_5) \\
&= 0.18 - (-0.13 - 0.075 - 0.04 - 0.075) \\
&= 0.5 \text{(mm)} \\
EI_0 &= EI_3 - (ES_1 + ES_2 + ES_4 + ES_5) \\
&= 0.02 - (0 + 0 + 0 + 0) = 0.02 \text{(mm)}
\end{aligned}$$

④ 根据式（10-4）计算封闭环的公差

$$\begin{aligned}
T_0 &= T_1 + T_2 + T_3 + T_4 + T_5 \\
&= 0.13 + 0.075 + 0.16 + 0.075 + 0.04 = 0.48 \text{(mm)}
\end{aligned}$$

公差校核结果表明，封闭环的上、下偏差及公差均已超过规定范围，必须调整组成环的极限偏差。

（2）反计算（公差设计计算）

反计算又分为等公差法和等精度法两种。

等公差法是先假定各组成环公差相等，在满足式（10-4）的条件下，求出组成环的平均公差，然后按各环加工难易，凭经验进行调整，将某些环的公差加大，某些环的公差减小，但调整后各组成环公差之和仍等于封闭环的公差，这种方法称为等公差法，即

$$T_j = \frac{T_0}{m} \qquad (10\text{-}5)$$

采用等公差法时，各组成环分配得到的公差不是等精度。要求严格时，可采用等精度法进行计算。所谓等精度法，是假定各组成环按同一公差等级进行制造，由此求出平均公差等级系数，然后确定各组成环公差。但是最后也应对个别组成环的公差进行适当调整，以满足式（10-4）的要求。

按 GB/T1800.3－1998 规定，在 IT5～IT18 公差等级内，标准公差的计算公式为 $T = ai$，其中，$i$ 为标准公差因子，$a$ 为公差等级系数。在常用尺寸段内，$i = 0.45\sqrt[3]{D} + 0.001D$，其中，$D$ 为基本尺寸分段的计算尺寸。为应用方便，将公差等级系数的值列于表 10-1 中。

**表 10-1 公差等级系数 $a$ 的数值**

| 公差等级 | IT8 | IT9 | IT10 | IT11 | IT12 | IT13 | IT14 | IT15 | IT16 | IT17 | IT18 |
|---|---|---|---|---|---|---|---|---|---|---|---|
| 系数 $a$ | 25 | 40 | 64 | 100 | 160 | 250 | 400 | 640 | 1000 | 1600 | 2500 |

令各组成环公差等级系数相等，$a_1 = a_2 = a_3 = \cdots = a_m = a$，代入式（10-4），得：

$$T_0 = \sum_{j=1}^{m} T_j = a_1 i_1 + a_2 i_2 + \cdots + a_m i_m = a \sum_{j=1}^{m} i_j$$

所以

$$a = \frac{T_0}{\sum_{j=1}^{m} i_j} \qquad (10\text{-}6)$$

$i$ 值可由表 10-2 查得。

**表 10-2 标准公差因子 $i$ 的数值**

| 尺寸段 $D$/mm | >1 ~3 | >3 ~6 | >6 ~10 | >10 ~18 | >18 ~30 | >30 ~50 | >50 ~80 | >80 ~120 | >120 ~180 | >180 ~250 | >250 ~315 | >315 ~400 | >400 ~500 |
|---|---|---|---|---|---|---|---|---|---|---|---|---|---|
| 标准公差因子 $i$/μm | 0.54 | 0.73 | 0.90 | 1.08 | 1.31 | 1.56 | 1.86 | 2.17 | 2.52 | 2.90 | 3.23 | 3.54 | 3.89 |

计算出 $a$ 后，按标准查取与其相近的公差等级系数，并通过查表确定各组成环的公差。

用等公差法或等精度法确定了各组成环的公差之后，先留一个组成环作为调整环，其余各组成环的极限偏差按"入体原则"确定，即包容件尺寸的基本偏差为 H，被包容件尺寸的基本偏差为 h，一般长度尺寸用 js。

进行公差设计计算时，最后必须进行校核，以保证设计的正确性。

**【例 10-3】** 如图 10-8 所示，已知 $A_1 = 30\text{mm}$，$A_2 = A_5 = 5\text{mm}$，$A_3 = 43\text{mm}$，$A_4 = 3\text{mm}$，设计要求间隙 $A_0$ 为 0.1～0.35mm。试确定各组成环的公差和极限偏差。

**解：**

根据图 10-8（b）的尺寸链判断 $A_3$ 为增环，$A_1$、$A_2$、$A_4$ 和 $A_5$ 为减环。

由式（10-1）计算封闭环的基本尺寸：

$$A_0 = A_3 - (A_1 + A_2 + A_4 + A_5) = 43 - (30 + 5 + 3 + 5) = 0$$

由设计要求间隙为 0.1～0.35mm，得封闭环的极限偏差和公差为：

$$ES_0 = +0.35(mm)$$
$$EI_0 = +0.10(mm)$$
$$T_0 = +0.35 - (+0.10) = 0.25(mm)$$

按式（10-5）计算各组成环的平均公差

$$T_{av} = \frac{T_0}{m} = \frac{0.25}{5} = 0.05(mm)$$

根据各环基本尺寸大小及加工难易，将各环公差调整为：

$$T_1 = T_3 = 0.06(mm)$$
$$T_2 = T_5 = 0.04(mm)$$

按"入体原则"确定各组成环的极限偏差，$A_1$、$A_2$、$A_4$ 和 $A_5$ 为被包容件尺寸，则

$$A_1 = 30_{-0.06}^{\ 0}，\quad A_2 = 5_{-0.04}^{\ 0}，\quad A_4 = 3_{-0.05}^{\ 0}，\quad A_5 = 5_{-0.04}^{\ 0}$$

根据式（10-2）和式（10-3）可得协调环 $A_3$ 的极限偏差：

$$0.35 = ES_3 - (-0.06 - 0.04 - 0.05 - 0.04)$$
$$ES_3 = +0.16(mm)$$
$$0.10 = EI_3 - 0 - 0 - 0 - 0$$
$$EI_3 = +0.10$$

故 $A_3 = 43_{+0.10}^{+0.16}$

### 4. 完全互换法（极值法）的应用

事实上，各组成环实际尺寸获得极值的概率本来是很小的，而全部增环和全部减环同时获得相反极值的概率就更小了。所以，用全部增环和全部减环同时获得相反极值为前提的极值法解尺寸链，其优点是可以实现完全互换，易于装配，便于组织流水生产线。

由式（10-4）可知，用完全互换法解尺寸链所得到的组成环的公差较小，为保证封闭环公差要求，组成环的环数越多，其公差值越小，加工越困难。因此，完全互换法通常用于组成环的环数较少（$m=3～4$）或只要求粗略计算的尺寸链。式（10-4）说明封闭环公差为各组成环公差之和，是尺寸链中公差最大的。因此，除装配尺寸链的封闭环取决于装配要求之外，零件尺寸链的封闭环应尽可能选公差最大的环充当。此外，设计时应使形成此封闭环的尺寸链的环数越少越好，这称为设计中的最短链原则。

### 5. 用大数互换法（概率法）解尺寸链

（1）基本公式

封闭环的基本尺寸计算公式与式（10-1）相同。

（2）封闭环公差

根据概率论关于独立随机变量合成规则，各组成环（独立随机变量）的标准偏差 $\sigma_j$ 与封闭环的标准偏差 $\sigma_0$ 的关系为：

$$\sigma_0 = \sqrt{\sum_{j=1}^{m} \sigma_j^2} \tag{10-7}$$

如果组成环的实际尺寸均按正态分布，且分布范围与公差带宽度一致，分布中心与公差带中心重合（如图 10-9 所示），则封闭环的尺寸也按正态分布，各环公差与标准偏差的关系如下：

$$T_0 = 6\sigma_0$$

$$T_j = 6\sigma_j$$

将此关系代入式（10-7），得：

$$T_0 = \sqrt{\sum_{j=1}^{m} T_j^2} \qquad (10\text{-}8)$$

即封闭环的公差等于所有组成环公差的平方和的开方。

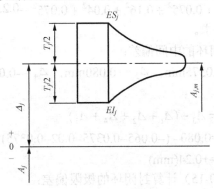

图 10-9 组成环按正态规律分布

当各组成环为不同于正态分布的其他分布时，应当引入一个相对分布系数 $K$，即

$$T_0 = \sqrt{\sum_{j=1}^{m} K_j^2 T_j^2} \qquad (10\text{-}9)$$

不同形式的分布，$K$ 值也不同。例如，正态分布时，$K=1$；偏态分布时，$K=1.17$。

（3）封闭环的中间偏差和极限偏差

由图 10-9 可见，中间偏差 $\Delta$ 为上偏差与下偏差的平均值，即

$$\Delta_0 = \frac{1}{2}(ES_0 + EI_0) \qquad (10\text{-}10)$$

$$\Delta_j = \frac{1}{2}(ES_j + EI_j) \qquad (10\text{-}11)$$

封闭环的中间尺寸 $A_{0m}$ 等于所有增环的中间尺寸之和减去所有减环的中间尺寸之和，即

$$A_{0m} = \sum_{j=1}^{n} A_{jm} - \sum_{j=n+1}^{m} A_{jm} \qquad (10\text{-}12)$$

封闭环的中间偏差 $\Delta_0$：

$$\Delta_0 = \sum_{j=1}^{n} \Delta_j - \sum_{j=n+1}^{m} \Delta_j \qquad (10\text{-}13)$$

中间偏差 $\Delta$、极限偏差（上偏差 $ES$ 和下偏差 $EI$）和公差 $T$ 的关系如下：

$$ES = \Delta + \frac{T}{2} \qquad (10\text{-}14)$$

$$EI = \Delta - \frac{T}{2} \qquad (10\text{-}15)$$

（4）计算方法

用大数互换法计算尺寸链的步骤与完全互换法相同，只是某些计算公式不同。

【例 10-4】用大数互换法解例 10-2。假设各组成环按正态分布，且分布范围与公差带宽度一致，分布中心与公差带中心重合。

**解：**

根据式（10-8）计算封闭环公差：

$$T_0 = \sqrt{\sum_{j=1}^{m} T_j^2}$$

$$= \sqrt{0.13^2 + 0.075^2 + 0.16^2 + 0.04^2 + 0.075^2} \approx 0.235 \text{ (mm)}$$

所以，封闭环公差符合要求。

根据式（10-13）计算封闭环的中间偏差：

$\Delta_1 = -0.065\text{mm}$，$\Delta_2 = -0.0375\text{mm}$，$\Delta_3 = +0.080\text{mm}$，$\Delta_4 = -0.02\text{mm}$，$\Delta_5 = -0.0375\text{mm}$

所以

$$\Delta_0 = \Delta_3 - (\Delta_1 + \Delta_2 + \Delta_4 + \Delta_5)$$

$$= 0.080 - (-0.065 - 0.0375 - 0.02 - 0.0375)$$

$$= +0.24 \text{(mm)}$$

根据式（10-14）和式（10-15）计算封闭环的极限偏差：

$$ES_0 = \Delta_0 + \frac{T_0}{2} = 0.24 + \frac{0.235}{2} \approx 0.358 \text{(mm)}$$

$$EI_0 = \Delta_0 - \frac{T_0}{2} = 0.24 - \frac{0.235}{2} \approx 0.123 \text{(mm)}$$

校核结果表明，封闭环的上、下偏差满足间隙为 0.1～0.45mm 的要求。

### 6. 大数互换法（概率法）的应用

通过对要求相同的同一尺寸链进行两种方法的对比性计算，说明大数互换法解尺寸链所得到的各组成环公差，比完全互换法算得的结果要大，经济效益较好。对于校核计算，大数互换法计算精度比完全互换法高。

因此，大数互换法通常用于计算组成环环数较多而封闭环精度较高的尺寸链。但大数互换法解尺寸链只能保证大量同批零件中绝大部分具有互换性，如取置信水平为 99.73%，则有 0.27% 的废品率。对达不到要求的产品必须有明确的工艺措施，如修配法，以保证质量。

# 10.3  保证装配精度的其他方法

### 1. 分组互换法

如果产品装配精度要求很高，若使用完全互换法或大数互换法，算出的各组成环公差会很小，给零件的加工带来困难。这时，可采用分组互换法。

分组互换法是把组成环的公差扩大 N 倍，使其达到经济加工精度要求。加工后将全部零件进行精密测量，按实际尺寸大小进行分组，装配时根据大配大、小配小的原则，按对应组进行装配，以满足封闭环要求。按分组法组织生产时，同组零件具有互换性，而组与组之间不能互换。

采用分组互换法给组成环分配公差时，为了保证装配后各组的配合性质一致，其增环公差值应等于减环公差值。

分组互换法的优点是：既可扩大零件的制造公差，又能保证高的装配精度。其主要缺点是：增加了检测费用，仅组内零件可以互换。由于零件尺寸分布不均匀，可能在某些组内剩下多余零件，造成浪费。

分组互换法一般宜用于大批量生产中的高精度、零件形状简单易测、环数少的尺寸链。另外，由于分组后零件的形状误差不会减小，这就限制了分组数，一般为 2～4 组。

**2．修配法**

修配法是根据零件加工的可能性，对各组成环规定经济可行的制造公差。装配时，通过修配方法改变尺寸链中预先规定的某组成环的尺寸（该环称为补偿环），以满足装配精度要求。

在选择补偿环时，应选择那些只与本尺寸链的精度有关而与其他精度无关的组成环，并选择易于装拆且修配面积不大的零件。同时要计算其合理的公差，既保证有足够的修配量，又不使修配量过大。

修配法的优点也是既扩大了组成环的制造公差，又能得到较高的装配精度。

修配法的主要缺点是：增加了修配工作量和费用；修配后各组成环失去互换性；不易组织流水生产。

修配法常用于批量不大、环数较多、精度要求高的尺寸链。如机床、精密仪器等行业。

**3．调整法**

调整法是将尺寸链各组成环按经济公差制造，由于组成环尺寸公差放大而使封闭环上产生的累积误差，可在装配时采用调整补偿环的尺寸或位置来补偿。

常用的补偿环分为固定补偿环和可动补偿环两种。

① 固定补偿环，是在尺寸链中选择一个合适的组成环作为补偿环（如垫片、垫圈或轴套等）。补偿环可根据需要按尺寸大小分为若干组，装配时，从合适的尺寸组中取一补偿环，装入尺寸链中预定的位置，使封闭环达到规定的技术要求。

② 可动补偿环，是指在装配时调整可动补偿环的位置，以达到封闭环的精度要求。这种补偿环在机械设计中应用很广，结构形式也很多，如机床中常用的镶条、调节螺旋副等。

调整法的主要优点是：加大组成环的制造公差，使制造容易，同时可得到很高的装配精度；装配时不需修配；使用过程中可以调整补偿环的位置或更换补偿环，以恢复机器原有精度。

调整法的主要缺点是：有时需要额外增加尺寸链零件数(补偿环)，使结构复杂，制造费用增高，结构刚性降低。

调整法主要应用于封闭环要求精度高、组成环数目较多的尺寸链，尤其是对使用过程中组成环的尺寸可能由于磨损、温度变化或受力变形等原因而产生较大变化的尺寸链，调整法具有独特的优越性。

修配法和调整法的精度在一定程度上取决于装配工人的技术水平。

# 习题

1．某套筒零件的尺寸如图 10-10 所示，试计算其壁厚尺寸。已知加工顺序为：先车外圆至 $\phi30_{-0.04}^{0}$，其次镗内孔至 $\phi20_{0}^{+0.06}$。要求内孔对外圆的同轴度误差不超过 $\phi0.02$ mm。

2．当上题零件要求外圆镀铬时，问镀层厚度应控制在什么范围，才能保证镀铬后壁厚为 5±0.05mm。

3．图 10-11 所示零件，由于 $A_3$ 不易测量，现改为按 $A_1$、$A_2$ 测量。为了保证原设计要求，试计算 $A_2$ 的基本尺寸与极限偏差。

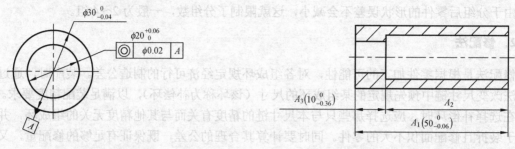

图 10-10　习题 1 图　　　　　　　　　　　　　　图 10-11　习题 3 图

4．某厂加工一批曲轴、连杆及衬套等零件（图 10-12）。经调试运转，发现有的曲轴肩与衬套端面有划伤现象。原设计要求 $A_0 = 0.1 \sim 0.2\text{mm}$，而 $A_1 = 150^{+0.018}_{0}$，$A_2 = A_3 = 75^{-0.02}_{-0.08}$。试验算图样给定零件尺寸的极限偏差是否合理。

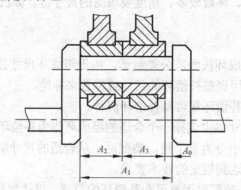

图 10-12　习题 4 图

5．图 10-13 所示零件上各尺寸为：$A_1 = 30^{0}_{-0.052}\,\text{mm}$，$A_2 = 16^{0}_{-0.043}\,\text{mm}$，$A_3 = 14 \pm 0.021\,\text{mm}$，$A_4 = 6^{+0.048}_{0}\,\text{mm}$，$A_5 = 24^{0}_{-0.084}\,\text{mm}$。试分析图 10-14（a）、（b）、（c）、（d）四种尺寸标注中，哪种尺寸标法可以使 $A_6$（封闭环）的变动范围最小？

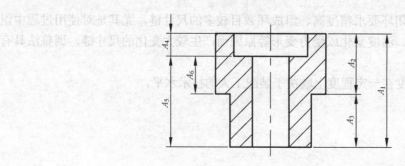

图 10-13　习题 5 图

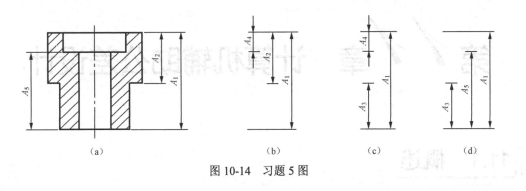

图 10-14 习题 5 图

# 第11章 计算机辅助公差设计

## 11.1　概述

### 11.1.1　计算机辅助公差设计的意义

计算机辅助公差设计（Computer Aided Tolerancing，CAT）是指在机械产品的设计、加工、装配、检测等过程中，利用计算机对产品及其零部件的尺寸和公差进行并行的优化选择和监控，力图用最低的成本，设计并生产出满足用户精度要求产品的过程。

计算机辅助公差设计是 CAD/CAM 集成的关键技术之一，它不仅影响产品的质量，而且对制造成本有着很重要的影响。作为机械产品设计和制造过程设计中的一项重要内容，机械零件的公差设计和工序公差设计在国内基本上还是依靠设计人员的经验或图表，采用类比的方法进行人工或半人工设计，在各种 CAD 软件中仅能实现公差的标注。目前，国内外已有许多学者开展了计算机辅助公差设计的研究，但尚未达到完全实用的程度，如 IDEAS 等软件中已出现公差分析模块，但仅能作公差分析之用。因此，公差设计的现状无法与 CAD、CAM 及其集成技术的发展相适应，已成为制约它们进一步发展的关键问题。

20 世纪 80 年代中期以来，并行工程（Concurrent Engineering）作为一种新的产品开发方法在工程界出现，并引起了强烈的反响。在并行工程环境中 CAD、CAPP、CAM 的集成，不仅仅要求在整个系统内数据的共享与交换，还要求相互评价、相互协调以实现并行设计，因此就需要各种分析与评价手段。设计公差与工序公差并行设计以及公差分析技术是 CAD、CAPP、CAM 集成中的重要内容，又是它们相互评价和协调的手段。公差的设计结果不仅影响产品的精度，也影响到产品的加工成本，而公差设计所涉及的因素较多，如何合理分配公差是一个复杂的问题。计算机辅助公差设计是实现 CAD、CAPP、CAM 集成化和并行工程设计的重要内容。

鉴于计算机辅助公差设计的现状，杨叔子院士指出："众所周知，公差设计在机械产品设计中占有重要的地位，但公差分析和设计的研究远远落后于 CAD，CAPP，CAM 自身的研究，使其无法与目前的 CAD/CAM 集成、CIMS 的发展相适应，从而已成为制约它们进一步发展的一大关键所在"。国内外许多学者均持有上述相同看法，指出 CAT 在 CAD/CAM 集成中的重要性。由此可见，CAT 作为 CAD/CAM 集成中的一大关键技术，是国内外先进制造技术发展中急需解决的问题。

### 11.1.2　计算机辅助公差设计的发展

1978 年，英国剑桥大学的 Hillyard 博士在其博士论文《几何形状设计中的尺寸和公差》中首次提出利用计算机，辅助确定零件的形状、尺寸公差和几何公差的概念，建议用数学方程式来描述零件的几何形状，并以此来进行零件的尺寸和公差设计。同年，丹麦的 Bjorke 教授发表专著《计算机辅助公差设计》，提出利用计算机化的尺寸链进行设计和制造公差的控制，这是计算机辅助公差设计发展的开端。1988 年，Weill 发表的研究论文 *"Tolerancing for Function"*（面向功能的公差设计）成为计算机辅助公差设计史上的一个转折点，掀起了计算机辅助公差设计的研究热潮。

1983 年，Requicha 发表了"几何公差理论基础"一文，提出漂移公差带理论。该理论奠定了计算机辅助公差设计的理论基础。

到 1987 年，美国的 Turner 博士发表博士论文"计算机辅助几何设计中的公差问题"，建立了一套具有实用意义的公差数学理论和公差分析方法。而 Ahmad 同年提出用专家系统方法进行 ISO 互换性配合公差的选择。

后来有人提出把公差分配问题转化为带有限制条件的多元约束优化问题；通过使用数据库、规则推理及用户的交互作用来进行公差设计；建立计算机跟踪方程式，运用优化策略来确定零件的工序公差等方面的理论。

1996 年 K.L.Ting 提出对机构性能质量灵敏度及公差鲁棒设计技术，通过设计公差对性能质量影响的模拟，控制关键环的公差，放松其他环的公差，从而使性能质量得到大大改进。此后，C．X．Feng 和 A．Kusiak 等人进一步阐述了鲁棒公差设计的方法与实施，他们从减少制造过程的公差灵敏度和最佳制造成本出发，通过正交试验法进行公差分配。

1997 年 A．O．Nassef 采用不匹配率理论来进行计算机辅助几何公差求解。G．willhelm 等人提出了并行工程环境中进行公差综合的观点，阐述了公差综合的框架，以及公差的一致性、充分性和有效性的检验准则。我国学者张根保教授与 M．Porcher 对并行公差设计作了进一步的论述，把产品的设计、制造和质检三个阶段统一对待，设计出满足要求的加工公差和检验规程，并于 1998 年给出了并行公差设计的数学模型。1998 年 S.H.Park 和 K.W.Lee 采用区域细分的方法给出当在计算机中储存了零件几何模型、装配状态及公差信息后，进行可装配性验证的方法，从而实现了设计阶段的装配验证，对并行工程的实现有着重要的意义。

目前，随着计算机技术的迅速发展，国内外学者在公差建模与计算机表示、公差分析、公差分配等技术领域展开了系统深入的研究。此外，在计算机检测、几何质量控制、公差数学定义与标准等方面亦有广泛的研究。

## 11.1.3　计算机辅助公差设计的基本概念

### 1．公差（Tolerance）

零件尺寸和几何参数的允许变动量称为公差。包括尺寸公差和几何公差等。

### 2．公差链（Tolerance Link）

在机器装配或零件加工过程中，由相互连接的尺寸形成的封闭的尺寸组称为公差链，也称尺寸链。它具有封闭性和关联性两个基本特征。

### 3．链环（Link）

在公差尺寸链中，构成封闭形的每个尺寸称为链环。链环又分为封闭环和组成环。

### 4. 公差设计（Tolerance Design）

包括公差分析与公差综合。主要是根据已知封闭环尺寸的上、下偏差求解各组成环尺寸的上、下偏差和根据各组成环尺寸的上、下偏差求解封闭环的上、下偏差。公差设计是建立在公差设计函数基础之上的。

所谓公差设计函数（Tolerance Design Function），就是指装配技术要求、产品的功能要求等与有关尺寸之间的函数关系，如孔轴配合件的配合间隙等的数学表示。

### 5. 公差分析（Tolerance Analysis）

也称公差验证（Tolerance Verification）。是指已知各组成环的尺寸和公差，确定最终装配后需保证的封闭环公差。公差分析方法主要有极值法和统计法。极值法是针对零件尺寸处于上、下极限值的极端情况进行的公差分析，因此设计出的零件合格率为 100%，但各组成环的公差很小，从而提高了加工成本。统计法公差分析中较著名的有均方根法、可靠性指标法、蒙特卡罗模拟法、田口玄一试验法等。

### 6. 公差综合（Tolerance Synthesis）

是指在保证产品装配技术要求下，确定各组成环尺寸经济合理的公差。公差的最优化分配（设计）法是指建立公差模型（加工成本公差模型、装配失效模型等）和约束条件（装配功能要求、工序选择条件等），利用各种优化算法进行公差分配。这是一个典型的随机优化过程，可采用近似法和装配成功率估算法。其实质上是一个以尺寸链（或传动链）组成的零（部）件制造成本最小为目标，以设计技术条件和预期装配成功率为约束的数学规划问题，也是一个多随机变量的优化问题。

## 11.1.4    计算机辅助公差设计的分类

### 1. 按公差设计所应用的对象分类

公差设计可分为装配级的公差设计和零件级的公差设计。装配级的公差设计，研究装配中各有关零件误差的积累对产品性能的影响。为了利用计算机进行公差设计，首先要对零件和装配进行描述。对装配进行描述采用的技术有计算机化的装配图（直接由零件图组装而成）、树状描述法和网络图描述法。对零件的描述采用线框建模技术、表面建模技术和实体建模技术，而实体建模技术又可分为 CSG 模型、Brep 模型、组合模型、特征基础模型、变量几何模型和参数化模型等。

### 2. 按计算机表达尺寸和公差的方法分类

一类方法直接将尺寸和标准公差依附在零件的几何表达上，目前应用较多；另一类采用 STEP 公差的研究仍在进行中；第三类方法试图采用数学重新定义公差，从而从理论上彻底解决公差的计算机辅助设计问题。

### 3. 按使用的研究技术分类

包括利用实体建模和变量几何技术进行公差设计的方法、基于工艺分析的设计方法和利用人工智能、专家系统进行设计的方法。

#### 4．按公差设计的应用领域分类

按公差设计的应用领域可将其分为 5 类：① 产品定义阶段的公差设计。主要是利用田口玄一方法进行产品功能或装配公差的设计。② 产品装配图阶段的公差设计。主要是研究零件误差积累对产品性能的影响，包括尺寸标注模式设计和公差设计。③ CAPP 阶段的公差设计。包括对输入 CAPP 系统的零件公差进行相容性检验，并进行从设计尺寸和公差到加工尺寸和公差的转换。④ 制造阶段的公差设计。包括对加工过程进行监控，利用统计公差模型进行过程控制，使加工过程产生的误差小于或等于设计公差。⑤ 质量控制和检测阶段的公差设计。包括根据设计公差确定 CMM 检测规程，对检测结果进行评估等。

#### 5．按公差设计的目标分类

包括公差分析和公差综合、公差相容性检验、功能尺寸标注模式设计、设计尺寸和公差到加工尺寸和公差的转换以及并行公差设计等。

公差分析是已知零件的设计公差，根据误差在系统中传递路线（由系统的装配结构而定）确定装配公差是否满足。公差综合则是个相反的过程，已知产品装配公差值，将该公差按一定的规则分配到各有关零件上去。为了进行公差分析和综合，必须建立表达装配误差（或产品性能变化）和零件设计公差之间关系的功能方程、表达制造价格和公差关系的成本模型、表达加工误差和工步公差之间关系的方程。

公差相容性检验主要验证尺寸、公差和表面粗糙度之间的相互兼容问题，这种检验过程对保证生成一个可行的工艺规程至关重要。

功能尺寸标注模式设计确定零件图上尺寸标注方式，以保证系统装配功能和低制造价格。

# 11.2　计算机辅助公差设计理论

## 11.2.1　公差信息的表示

ISO 公差系统已在实践中应用多年，很适合手工设计环境。但随着计算机技术在设计和制造中的推广应用，ISO 公差系统已越来越显示出它的不足，最突出的缺陷在于 ISO 公差很不适合计算机的表达、处理以及在各个阶段的数据传递。

公差信息的表示是指在计算机中对某一实体模型或特征模型进行准确无误的公差表述。公差的表示模型不仅要能够支持公差数据的存储，而且更要对公差的语义进行支持。为了使公差设计与产品设计真正集成在一起，并实现设计与制造信息的集成，需要在 CAD 中完整、准确、方便地表达公差信息。但目前的 CAD 系统普遍缺乏这一功能，从而制约了 CAD 的进一步发展。

公差在计算机中的表示是指首先建立一个概念"公差是形状的属性"，然后建立一个合适的能被计算机所接受的数学模型，并且要求表示完整、有效、清楚、正确。

尺寸和公差在计算机中的表示方法主要有以下几种。

### 1．基于 CSG（Constructive Solid Geometry，构造实体几何法）的公差表示模型

该模型把公差作为物体特征的属性，用 VGraph（Variational Graph，变量几何图）把这些信息表示出来。VGraph 的属性定义可以在 CSG 树的生成过程中交互形成，即将属性定义在基本的面元（NFace）上，通过 NFace 把 VGraph 与实体模型联系起来。

### 2．基于 B—rep（boundary—representation，边界表示法）的公差表示模型

一种较自然的建立独立表示模型的思路是把实体造型系统视为一个高层的虚拟模型，软件系统提供一种接口，通过这个接口将表示模型与实体模型连接。基于上述思想，R．F．Johnson 在基于 B—rep 的 CAM—I 系统中提出了在实体模型中附加公差信息的问题，公差表示模型模块用 EDT 模型（Evaluated Dimension and Tolerance）来表述，用户先定义好名义实体，再通过模板交互地定义模型。模型的数据结构由四个节点构成：尺寸与公差节点（D/T），实体连接节点（EL），基准参考框架节点（DRF），生成数据节点（ED）。EDT 模型只能支持 B—rep 实体造型方式。

### 3．基于 CSG/B—rep 的公差表示模型

CSG 表达方式中实体被表达成体素的集合操作的组合，由于 CSG 树可以使用预先设计好的"特征"作为体素来进行构造，故高层次的特征表述和确认是可能的，但 CSG 表达方式有不唯一性和冗余性，不利于尺寸和公差信息的表达。B—rep 对于表达底层特征信息有利，但所有信息均在同一层次上，不利于高层特征信息的表达，且没有显示表达"空间约束"的信息。因此，采用 CSG/B—rep 混合表达造型是较好的方法。Roy 和 Liu 在基于特征造型的系统中讨论了公差信息的表示问题，使用了层次结构来组织特征，在构造实体的过程中可同时加入表示信息如公差信息等。CSG 树中节点可以是体素和特征，集合操作可以在层次结构的任一层进行。B—rep 的表示使用邻面图（FAG）来表达，面作为定义物体的实体，面—边关系作为体元之间的基本关系。CSG 与 B—rep 结合是通过层次邻面图来实现，特征添加的针对其他特征的尺寸/公差等信息都是在同一层次上或针对同一预定义的基准框架。公差信息是通过"查询面表"（Reference Face List，RFL）附在实体模型之上。

### 4．基于 TTRS 的公差信息表示模型

Clement 等人从研究建立独立于造型系统的公差信息表示模型的角度出发，提出了基于 TTRS（Topologically and Technologically Related Surface, TTRS）的公差信息表示方法。它首先从 CAD 系统中提取必需的信息，将零件的各表面以二叉树的形式组织，形成零件的 TTRS 二叉树结构，接着构造此 TTRS 的最小几何基准元（Minimum Geometric Datum Element，MGDE）。根据 MGDE 及其相互之间的关系，可以确定出公差的类型。公差信息就可以添加于 MGDE 上。Clement 等对 TTRS 及 MGDE 的构造规则作了较为深入的研究。该模型最大的特色之处在于提出了 TTRS 的概念及其组织方式，对 CAD 系统所提供的几何信息进行了重新的组织以便于实现公差信息的添加。但在其具体实现时主要是考虑了拓扑上表面的相联，对于技术上表面的关联则未真正考虑。

### 5．基于公差元的公差信息表示模型

Guilford 在变动几何造型系统 GEOS 中提出了表示元（Representational primitive）的概念。

在该模型中，表示元及公差基准均是以类的形式定义，公差的所有信息如公差类型、大小、作用对象及所引用的基准等均以类属性的形式给出，通过定义类方法引用这些属性并将公差添加于 CAD 系统中。通过定义少量的表示元及其组合来表达标准中绝大部分类型的公差，但还不能完全地表达标准中所有的公差信息。Willhelm 和 Lu 在并行工程环境中发展了基于条件公差的公差元（Tolerance primitive）概念来表示公差。表示元与公差元都是面向对象的概念，适合并行工程下的特征造型系统，表示元侧重于公差表示，公差元侧重于公差设计。

基于公差元的公差信息表示模型主要侧重于公差本身信息的组织，对于其如何在 CAD 系统中添加考虑较少，即对 CAD 系统中的几何信息未进行重新的组织处理，只是将公差信息直接添加于相应的对象上。

### 6. 基于特征建模的分层公差建模系统

该系统是由 J. J. Shall 所提出的，主要采用特征、面向对象等技术进行公差表示。L. Rivest 进行了三维公差带可视化研究，即采用在三维 CAD 中进行公差动态建模方法。该方法通过对每个公差带定义一个局部坐标系、给出相对于基准坐标的参数来进行公差的建模。这种方法很适合于公差三维分析，并能在三维空间中显示公差带。

## 11.2.2　公差并行设计

一般的计算机辅助公差设计是将设计公差和工序公差分步进行的。在设计阶段，以装配成功概率或装配技术要求、公差标准化为约束条件，以满足总加工成本最小为目标函数进行设计公差的分配；在工艺文件编制阶段，采用工艺尺寸链技术进行工序公差的优化分配。当不能保证设计公差时，则须将这些信息反馈给设计人员，由设计人员重新调整设计公差。这种公差的分步设计方法，设计周期长，不利于 CAD/CAM 的集成和并行工程的发展，同时，目前在 CAPP 中还没有进行各种工艺路线优劣比较的技术经济指标评价方法。

并行公差设计是指一种设计公差和工序公差同时进行设计的方法，在设计阶段就应直接求出满足设计要求的加工公差和检验规程来。

公差并行设计一般将成本作为公差设计优劣的评价指标，其目标是在加工成本最低、并保证装配技术要求和合理的加工方法下，设计出尽可能大的设计公差、工序公差和最优的工艺路线，因此公差并行设计数学模型的目标函数是总成本最小。设计公差和工序公差并行设计时的约束条件是指将这两者分别设计时的约束条件同时进行考虑，合并其中共同的约束。设计公差的约束条件主要考虑装配功能要求以及生产批量等；工序公差设计的约束条件主要有设计公差约束、加工方法选择、加工余量公差约束、经济加工精度约束，以上所有约束即为总模型的约束条件。

设计公差和工序公差并行设计的数学模型考虑装配功能要求、加工方法选择、加工余量公差、经济加工精度范围等约束因素，这种数学模型使公差设计在设计阶段就已全面考虑加工方法、成本、质量等因素。由于该数学模型考虑了各种加工方法，因此它将为各种工艺路线优劣比较提供一种技术经济指标定量评价手段，以确定出最优的工艺路线，对于促进并行工程实施以及 CAD/CAM 集成有着重要意义。

把日本著名质量管理专家田口玄一博士提出的田口质量观的质量损失成本引入到并行公差设计中。并行公差设计的数学模型是以总成本最小为目标函数，以装配功能要求、加工余量公差和经济加工精度为约束条件，其中总成本包括各组成尺寸的每一道工序的加工成本和封闭环尺寸的质量损失成本。

### 1. 目标函数

$$\min Cs = \sum_{i=1}^{n} \sum_{j=1}^{o_j} \sum_{k=1}^{p_{ij}} \mu_{ijk} C_{ijk}(T_{ijk})$$

式中　$n$——装配尺寸链中的组成环尺寸的总数；

$o_j$——第 $i$ 个组成环尺寸的加工工序数；

$p_{ij}$——第 $i$ 个组成环尺寸第 $j$ 道工序可提供选择的加工方法数目；

$\mu_{ijk}$——加工方法选择系数。第 $i$ 个组成环尺寸第 $j$ 道工序选中第 $k$ 种加工方法时，$\mu_{ijk}=1$，否则 $\mu_{ijk}=0$；

$C_{ijk}(T_{ijk})$——第 $i$ 个组成环尺寸第 $j$ 道工序选中第 $k$ 种加工方法时的成本-公差函数。

### 2. 约束条件

（1）每一道工序可选择的经济加工精度范围

$$T_{ijk}^- < T_{ijk} < T_{ijk}^+$$

式中　$T_{ijk}^-$、$T_{ijk}^+$——第 $i$ 个组成环尺寸第 $j$ 道工序选中第 $k$ 种加工方法时工序尺寸公差的下、上边界。

（2）加工余量公差约束

所谓加工余量是指在机械加工过程中从被加工表面上所切除的金属层的厚度。由于工序尺寸存在公差，因此加工余量也存在公差，其约束为第 $i$ 个组成环尺寸前后两道相邻的工序公差之和必须小于或等于后一道工序的加工余量公差 $T_{zij}$，即

$$T_{ij} + T_{i(j-1)} \leqslant T_{zij}$$

因此，第 $i$ 个组成环尺寸各工序优选加工方法是加工余量公差约束为

$$\sum_{k=1}^{p_{ij}} \mu_{ijk} T_{ijk} + \sum_{k=1}^{p_{i(j-1)}} \mu_{i(j-1)k} T_{i(j-1)k} \leqslant T_{zij}$$

式中　$T_{zij}$——第 $i$ 个组成环尺寸第 $j$ 道工序的加工余量公差；

$T_{ijk}$、$T_{i(j-1)k}$——分别为第 $i$ 个组成环尺寸第 $j$、$(j-1)$ 道相邻两工序选用的加工方法后的工序公差；

$P_{ij}$、$P_{i(j-1)}$——分别为第 $i$ 个组成环尺寸第 $j$、$(j-1)$ 道相邻两工序选用的加工方法数。

（3）加工方法选择约束

$$\sum_{k=1}^{p_{ij}} \mu_{ijk} = 1 \qquad (i=1,\cdots,n; j=1,\cdots,o_i)$$

上式确保对应每一工序仅选中一种加工方法。

（4）装配尺寸链功能（精度）要求约束

① 极值法约束

第 $i$ 个组成环尺寸公差在终加工工序中优选加工方法后为：

$$T_i = \sum_{k=1}^{p_{io_i}} \mu_{io_i k} T_{io_i k}$$

式中　$o_i$——第 $i$ 个组成环尺寸的终加工工序编号；

$P_{io_i}$——第 $i$ 个组成环尺寸终加工工序可供选择的加工方法数；

$T_{io_i k}$——第 $i$ 个组成环尺寸终加工工序第 $k$ 种加工方法时的公差；

$\mu_{io_i k}$——第 $i$ 个组成环尺寸终加工工序第 $k$ 种加工工序的选择系数，选中时 $\mu_{io_i k} = 1$，否则 $\mu_{io_i k} = 0$。

则装配尺寸链功能要求约束为：

$$\sum_{i=1}^{n} \sum_{k=1}^{p_{io_i}} \mu_{io_i k} T_{io_i k} \leqslant T_{\Sigma}$$

式中　$T_{\Sigma}$——装配尺寸链封闭环的设计公差。

② 统计法约束

第 $i$ 个组成环尺寸公差表示为

$$T_i^2 = r_i^2 \sum_{k=1}^{p_{io_i}} \mu_{io_i k} \frac{T_{io_i k}^2}{\gamma_{io_i k}^2}$$

则装配功能要求约束为

$$r_{\Sigma}^2 \sum_{i=1}^{n} \sum_{k=1}^{p_{io_i k}} \mu_{io_i k} \frac{T_{io_i k}^2}{\gamma_{io_i k}^2} \leqslant T_{\Sigma}^2$$

式中　$r_i$——第 $i$ 个组成环尺寸的置信系数；

$r_{\Sigma}$——装配尺寸链封闭环尺寸的置信系数；

$\gamma_{io_i k}$——第 $i$ 个组成环尺寸终加工工序第 $k$ 种加工方法时的置信系数。

③ 装配成功率约束

$$P_R \geqslant P_U$$

可按照不同的应用场合选取相应的基于极值法、统计法或二阶矩装配成功率估算方法来确定本约束条件。上述公差并行设计优化模型通过一些改变也可以用于单个零件的工序公差优化设计。

**3．实例仿真**

有一齿轮组件如图 11-1 所示，齿轮端面与挡环 1 之间要求间隙 $d_6$ 在 0.10～0.35mm 之间（即其公差为 0.25）。已知各组成环基本尺寸分别为 $d_1 = d_2 = 5$，$d_3 = 30$，$d_4 = 3$，$d_5 = 43$，求为保证间隙 $d_6$ 的要求，各组成环尺寸的工序公差。

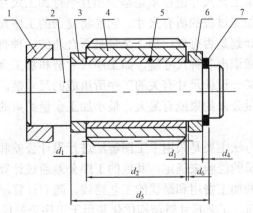

1—机体；2—轴；3—挡环；4—齿轮；5—轴套；6—挡环；7—弹簧挡圈

图 11-1　齿轮组件

弹簧卡环属标准件，其公差 T4（T4= 0.05）是给定的。经简化后的轴、齿轮衬和挡环的轴向尺寸的加工均为端面加工（图 11-2 中的（a）、（b）和（c）所示），其主要的加工工序、经济加工精度范围、加工余量公差约束见表 11-1。假设 $d_4$、$d_6$ 与 $d_5$ 的分布均为对称的正态分布，$d_1$、$d_2$、$d_3$ 的分布均为对称的三角分布。则该并行公差优化模型的每一道最优工序公差见表 11-1，其最小的总成本为 20.79。

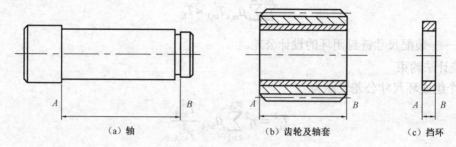

（a）轴　　　　　　　　　　（b）齿轮及轴套　　　　（c）挡环

图 11-2　组成零件及加工面

表 11-1　各组成零件的主要加工工序及最优的工序公差

| 项目 | 工序号 | 加工方法 | 定位面 | 加工面 | 经济加工精度 | 余量公差 | 最优工序公差 |
|---|---|---|---|---|---|---|---|
| 挡环 | 1 | 磨 | $A$ | $B$ | 0.05～0.08 | | 0.075 |
| | 2 | 磨 | $B$ | $A$ | 0.05～0.08 | 0.16 | 0.075 |
| 轴套 | 1 | 粗车 | $B$ | $A$ | 0.21～0.28 | | 0.22 |
| | 2 | 粗车 | $A$ | $B$ | 0.21～0.28 | | 0.22 |
| | 3 | 精车 | $B$ | $A$ | 0.11～0.16 | 0.39 | 0.15 |
| | 4 | 精车 | $A$ | $B$ | 0.11～0.16 | 0.39 | 0.15 |
| 轴 | 1 | 粗车 | $A$ | $B$ | 0.15～0.22 | | 0.17 |
| | 2 | 精车 | $A$ | $B$ | 0.085～0.15 | 0.33 | 0.1 |

## 11.2.3　工序公差设计

精密零件的 CAPP 中的一个重要问题是确定工序尺寸和工序公差问题。工序公差设计主要基于工艺尺寸链技术。所谓工艺尺寸链技术是基于相互平行加工尺寸的一维尺寸链的工序设计技术，并用图来描述零件加工过程的所有尺寸。它能将复杂的工序尺寸和公差问题进行分解，控制公差累积、检验工艺计划是否有效、加工余量是否合适的一种有用工具。采用一定的跟踪算法可以从工艺尺寸链中标识出各种尺寸链，如工序尺寸链和加工余量公差尺寸链。工序尺寸链是指那些与加工零件上某一设计尺寸有关的工序所组成的尺寸链。加工余量公差尺寸链是指加工零件尺寸与有加工余量公差约束或有最大、最小加工余量约束的工序相关的那些工序所组成的尺寸链。

传统的工序公差设计方法主要是采用手工图解法进行设计公差和工序公差关系的验证，其中关键工序公差由设计人员的经验来确定，其他的工序公差通过计算得到。该法不能得到最优工序公差，不能提供定量的加工费用和最优的工艺路线。随着计算机技术的发展，工序公差设计目前主要有两个研究方向：工艺尺寸链结构优化和用于工序公差优化分配的数学模型。

传统的工艺尺寸链技术采用手工绘制，该法枯燥、费时、易出错，不易被计算机所识别。不少学者在研究工序公差优化分配的同时，也致力于研究工艺尺寸链结构的优化，其目的是在计算机中容易描述工艺尺寸链结构，并从该结构中易于自动产生各种尺寸链。目前已采用有向图法、树法、块孔法来描述工艺尺寸链结构。其中有向图法较全面描述加工路线，并且存储量数据量小；而矩阵树法所描述的信息量大，并且冗余信息较多，占用更多的计算机内存；树法、块孔法因其界面系统不太友好，所以不易被用户所接受。下面描述基于有向图法的工艺尺寸链自动生成技术以及工序尺寸的设计，并且所讨论的工艺尺寸链有如下约束条件：① 仅考虑重要的加工表面；② 不考虑角度加工；③ 所有的设计公差和工序公差都为对称的公差；④ 不考虑无实体切削的加工方法；⑤ 由于位置公差的名义尺寸数值可认为是零，不影响工序尺寸的计算，因此在工艺尺寸链中可以不考虑这些因素；同时位置公差只对装配尺寸链的封闭环尺寸和公差有影响，不影响零件的余量公差和设计公差。

**1．工序公差设计的约束条件**

在一般的工序公差确定时，应考虑如下一些限制条件：① 公差不应超出经济的加工精度范围；② 应考虑零件的设计精度；③ 精加工或半精加工的工序公差应考虑加工余量的大小，因为公差的界限决定加工余量的最大与最小值。这些限制条件同样适用于计算机辅助工序公差设计中。

（1）经济加工精度的约束条件

经济加工精度指在正常的生产条件下，采用某一加工方法，零件被加工表面所能得到的尺寸精度、几何形状和位置精度及表面粗糙度的范围。

工序尺寸的经济加工精度边界为：$T_j^- < T_j < T_j^+$

式中　$T_j^-$、$T_j^+$——第 $j$ 道工序的某种加工方法所对应的最小、最大尺寸公差；

$T_j$——第 $j$ 道工序公差。

位置公差的经济加工精度边界为：$T_j^{o-} < T_j^o < T_j^{o+}$

式中　$T_j^{o-}$、$T_j^{o+}$——第 $j$ 道工序的某种加工方法所对应的最小、最大位置公差；

$T_j^o$——第 $j$ 道工序的位置公差。

位置公差的经济加工精度的约束条件一般用于在装配尺寸链中有位置公差的组成环中。

（2）设计公差的约束条件

对于某零件上某一工序尺寸链，一般采用公差的极限公式，则设计公差的约束条件为在该设计尺寸的工序尺寸链中各工序尺寸公差之和必须小于或等于该设计尺寸的公差值，即有

$$\sum_{r=1}^{BP_i} T_r \leqslant T_{b_i}$$

式中　$BP_i$、$T_r$——第 $i$ 个设计尺寸的工序尺寸链中的工序总数和该工序尺寸链中的第 $r$ 个工序尺寸公差；

$T_{b_i}$——第 $i$ 个设计尺寸的设计公差。

（3）加工余量公差的约束条件

对于加工零件所有的余量公差尺寸链，如采用公差的极值公式，则前后两道相邻工序公差之和必须小于或等于后一道工序的加工余量公差，即有：

$$T_{ij} + T_{i(j-1)} \leqslant T_{z_{ij}}$$

式中　$T_{ij}$、$T_{i(j-1)}$——第 $i$ 个组成环尺寸第 $j$、$(j-1)$ 道相邻两工序公差；

$T_{z_{ij}}$——第 $i$ 个设计尺寸的第 $j$ 道工序的加工余量公差。

**2. 工序公差设计的目标函数**

目标函数是工序公差设计优劣的指标，因此应慎重的选择目标函数。由于人们所考虑的角度不同以及为了工序公差的设计模型的简化，提出了许多目标函数，归纳起来有如下六种模型。

① 为了使公差与尺寸的数量等级相等，将加工零件的工艺路线中的所有工序公差乘以某一常数（例如100），然后将其和工序尺寸相加，并使总数为最大。这种目标函数的表达式为：

$$\max(\sum_j WD_j + \sum_j 100 P_j T_j)$$

式中　$P_j$——第 $j$ 道工序公差的大于1的权系数；

　　　$WD_j$——第 $j$ 道工序尺寸。

② 对每一道工序分配一个初始公差，然后再计算每一个工序尺寸链，使加工余量公差尺寸链的剩余公差总和为最小。表达式为：

$$\min(\sum_{i=1}^n Z_i + \sum_{j=1}^m W_j)$$

式中　$n$——设计尺寸的数目；

　　　$m$——有加工余量约束的工序数目；

　　　$Z_i$——第 $i$ 个设计尺寸链的剩余公差；

　　　$W_j$——第 $j$ 道工序的加工余量尺寸链的剩余公差。

③ 每一种工序公差所对应的加工成本 $C_k$ 总和为最小，即

$$\min(\sum_k C_k)$$

这种目标函数是目前最常用的。

④ 公差平衡工序的目标函数，首先对每一道工序分配一个初始化工序公差，然后再对初始公差增加一定的公差，并使所有的这些增加的公差总和为最小，即

$$\min(\sum_{k=1}^m P_k T_k)$$

式中　$P_k$——第 $k$ 道工序的权系数；

　　　$T_k$——第 $k$ 道工序的所增加的公差。

⑤ 考虑工序能力公差的目标函数，使最小的工序能力为最大，其表达式为：

$$\max\{(\frac{T_1}{\sigma_1}, \frac{T_2}{\sigma_2}, \cdots, \frac{T_k}{\sigma_k}, \cdots, \frac{T_m}{\sigma_m})\}$$

式中　$\sigma_k$——第 $k$ 道工序的标准偏差。

⑥ 废品成本最小作为目标函数，表达式为：

$$F_1 = \frac{s(1)^* C_{mm} + \sum_{i=1}^n \{C_{fm}(i) + C_{fi}(i) + s(i)[C_m(i) + C(i)]\}}{s(1)\prod_{i=1}^n \int_{WD_{il}}^{WD_{im}} f(WD_i)dWD_i}$$

式中　$s(1)$——初始输入的零件数；

　　　$C_{mm}$——单位材料费；

　　　$C_{fm}$——工序的单位装夹费用；

　　　$C_{fi}$——工序的单位安装检验仪器费用；

$C_m(i)$——工序的单位加工费用；

$f(WD_i)$——工序尺寸 $WD_i$ 的概率密度；

$C(i)$——工序的单位检验费用；

$WD_{im}$、$WD_{il}$——$WD_i$ 的上下限。

这些目标函数中，模型（1）、（4）权系数的选择依赖于设计人员的经验，带有一定的主观因素，并且设计出的工序公差依赖于初始值；模型（5）、（6）所需输入的工艺参数较多，这必将造成对用户的负担；模型（2）中如果初始分配的工序公差过大，则不能设计出合理的小于零的剩余公差。

计算机辅助工序公差设计时可以从上述目标函数中进行选择，然后加上一些约束条件，构成其数学模型。但是在这样的数学模型中，当设计公差不合理时，在进行工序公差设计时还需修改设计公差。

## 11.2.4　其他的公差设计理论

### 1．成本—公差模型

为了实现合理的公差分配，建立一个实用性的成本—公差模型至关重要。目前国内外提出的成本—公差模型主要有：指数模型、幂指数模型、负平方模型、三次多项式模型、指数和幂指数组合模型、线性和指数组合模型、四次多项式模型等几种基于初等函数的数学模型。这些模型都有一个共同的特点，即都是基于"公差越小，成本越高"这样一个观察事实的。在实际应用中，实现一个适当的模型，然后根据收集到的公差成本数据采用曲线拟合的方式确定模型中的各个系数。用这种方法建立的成本模型没有与具体实现公差的加工工艺过程联系起来，因而无法确切反映公差和成本之间的真实关系。另一方面，全面收集这些公差成本数据也是很不现实的，所以应该建立一个与工艺过程相联系的、以数据库为支持的、实用性强的、面向并行公差设计的成本—公差模型。

### 2．动态公差控制

传统的公差控制是一级一级向后"保障"的，即产品设计阶段产生的设计公差应保障产品规划阶段所确定的产品精度指标；在工艺设计阶段所确定的加工公差应保障设计公差；在加工阶段所得到的零件误差应小于或等于加工公差；在装配后所得到的产品实际精度应小于或等于产品的精度指标。这种逐级向后保障的体系具有逐级紧缩公差的倾向，事实上增加了制造成本。

在动态公差控制（也称顺序公差控制）中，公差数值并不是固定不变的，每加工完一个零件后，即对该零件进行测量，得到实际的误差值后，再把该值带入加工方程重新进行计算，得到未加工零件的公差值。这种动态公差控制系统可以使加工成本最小化，所存在的问题是测量成本增加，同一装配中的零件必须按顺序进行加工，零件的互换性变差。

### 3．几何公差设计

几何公差和尺寸公差具有同等重要的地位，应该大力加强几何公差的研究。正确的选用几何公差，以保证产品质量，满足其工作性能和使用等方面的要求，同时便于合理地选用加工方法，以提高劳动生产率和降低成本。过去设计者往往根据经验进行设计，很容易出现一些问题：

① 很难控制几何公差类型的选择。为了控制轴的实效尺寸，可以选用直线度、圆轴度、圆跳动、全跳动等进行控制，但很难选定一种最合适的。② 几何公差大小的选择不适当。若选择偏大，则达不到控制要求；若选择偏小，又使制造成本升高，很难选择理想值。③ 基准的选择和确定的不合适。基准选择的正确与否不仅影响加工过程，而且也影响检测过程。因此依据传统的经验来设计几何公差已远远不能满足要求。计算机辅助几何公差设计的方法主要有：基于遗传算法与成本函数的几何公差优化设计和基于不匹配率的几何公差优化设计两种方法。

在设计方面，应该研究一种根据产品功能和装配结构定义几何公差的方法，包括必需的、影响产品功能的几何公差的类型和公差的具体数值。还应考虑几何公差之间以及几何公差同尺寸公差之间的非线性叠加问题；在制造工艺方面，应研究几何公差和加工设备、加工工艺过程确定所能产生的最大几何公差，由此来确定所设计的几何公差能否被保证。

计算机辅助公差设计作为 CAD/CAM 集成的关键技术之一，虽然历经国内外众多学者 20 多年的不懈努力，并取得了许多重要的研究成果，但是还远不成熟和完善，还需要作更进一步的研究，使之能够与 CAD、CAPP、CAM 的发展相适应。尤其应加强并行公差设计理论方面的研究，希望能够形成一套成熟的理论和方法，使得设计人员在设计阶段就可直接求出满足功能要求的加工公差。理想的并行公差设计系统，应可以直接把设计过程和制造过程联系起来，既能处理尺寸公差，也能处理几何公差，根据装配图能直接生成功能方程，能由加工工艺过程自动生成加工方程，既能进行并行公差分析又能进行并行公差综合，同时还包括一个基于数据库和加工工艺过程的实用成本模型。

# 第12章 三坐标测量机简介

## 12.1 概述

自 1959 年英国 Ferranti 公司生产出首台三坐标测量机以来，其发展速度十分迅速。目前已成为一种高效率的精密测量仪器，并被广泛地用于机械制造、电子、汽车和航空航天等工业领域。它可以进行各种零部件的尺寸、形状、相互位置以及空间曲面的检测，也可用于画线、定中心孔、光刻集成线路等，并可对连续曲面进行扫描及制备数控加工程序等。由于它的通用性强、测量范围大、精度高、效率高、性能好，并能与柔性制造系统相连接，因此享有"测量中心"之美誉。

### 12.1.1 三维测量的作用与意义

20 世纪 60 年代以来，工业生产有了很大的发展，机械、汽车、航空、航天和电子工业兴起后，各种复杂零件的研制和生产需要先进的检测技术与仪器，因而体现三维测量技术的三坐标测量机便应运而生，并迅速发展和日趋完善。

三坐标测量机的出现是标志计量仪器从古典的手动方式向现代化自动测试技术过渡的一个里程碑。三坐标测量机在下述方面对三维测量技术有重要作用。

① 解决了复杂形状表面轮廓尺寸的测量。例如箱体零件的孔径与孔位、叶片与齿轮、汽车及飞机等的外廓尺寸检测等。

② 提高了三维测量的精度。目前高精度的坐标测量机的单轴精度，每米长度可达 1μm 以内，二维空间精度可达 1～2μm。对于车间检测用的三坐标测量机，每米测量精度单轴也达 3～4μm。

③ 由于三坐标测量机可与数控机床和加工中心配套组成生产加工线或柔性制造系统，因而促进了自动化生产技术的发展。

④ 随着自动化程度的不断发展，三坐标测量机的测量效率得到了大大提高。

### 12.1.2 三坐标测量机的组成

坐标测量机是一种使用时基座固定，能产生至少三个线位移或角位移，且三个位移至少有一个为线位移的测量器具。三坐标测量机种类繁多、形式各异、性能多样，所测对象及其用途也不尽相同，但大体上皆由若干具有一定功能的部分组合而成。

作为一种测量仪器，三坐标测量机主要是比较被测量与标准量，并将比较结果用数值表示出来。三坐标测量机需要三个方向的标准器（标尺），并利用导轨实现沿相应方向的运动，还需要三维测头对被测量进行探测和瞄准。此外，测量机还应具有数据处理和自动检测等功能，由相应的电气控制系统与计算机软硬件实现。

三坐标测量机可分为主机、探测系统、电气系统三大部分，如图 12-1 所示。

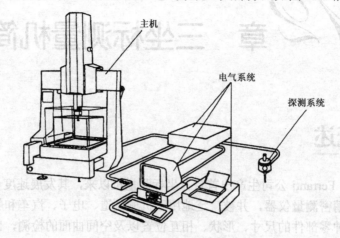

图 12-1　三坐标测量机的组成

### 1．主机

三坐标测量机的主机包括主体架构、标尺系统、导轨、驱动装置、平衡部件、转台及附件等。

主体架构是工作台、立柱、桥框、壳体等机械结构的集合体。

标尺系统是测量机的重要组成部分，是决定仪器精度的重要环节。三坐标测量机所用的标尺有线纹尺、精密丝杠、感应同步器、光栅尺、磁尺及光波波长等。

测量机导轨多采用滑动导轨、滚动导轨和气浮导轨，而以气浮静压导轨最为常见。气浮导轨由导轨体和气垫组成。此外，还应包括气源、稳压器、过滤器、气管、分流器等气动装置。

测量机上一般采用的驱动装置有丝杠丝母、滚动轮、钢丝、齿形带、齿轮齿条、光轴滚动轮等传动，并配以伺服电机驱动。采用直线电机的驱动装置正在迅速增多。

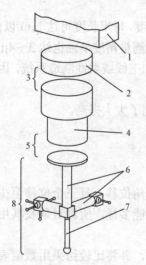

1—探测轴；2—测头加长杆；3—测头交换
系统；4—测头；5—探针交换系统；
6—探针加长杆；7—探针杆；8—探针

图 12-2　探测系统

平衡部件主要用于 Z 轴框架结构中。它的功能是平衡 Z 轴的质量，以使 Z 轴上下运动时无偏重干扰，使检测时 Z 向测量力稳定。平衡装置有重锤、发条或弹簧、汽缸活塞杆等类型。

转台是工件相对坐标测量机的线性运动轴线做旋转的工件装卡装置。其作用是使测量机增加一个回转运动的自由度，以便于某些类型零件的测量。转台包括分度台、单轴回转台、万能转台（二轴或三轴）和数控转台等。

### 2．探测系统

由测头（探测时能发送信号的装置）以及可附加配置的测头加长杆、测头交换系统、探针、探针交换系统和探针加长杆等组成的系统，如图 12-2 所示。通常，也可以将这样的探测系统称为测头。

三维探测系统（测头）即是三维测量的传感器，它可在三个方向上感受瞄准信号和微小位移，以实现瞄准与测微两种功能。测头有接触式和非接触式之分，按输出的信号，有用于发信号的触发式测头和用于扫描的瞄准式测头、测微式测头等。有些三维探测系统还包括测头回转体等附件，即通过手动或机动调位装置调整探针不同的空间角度位置。这样，就可以称为万向探测系统。

探测系统按携带探针的数量也可以分为单探针系统和多探针系统。多探针系统又包括带几个探针的单测头探针系统，或带多测头，每一测头带一个或多个探针的多探针系统。

### 3．电气系统

电气控制系统是测量机的控制部分。它具有单轴与多轴联动控制、外围设备控制、通信控制和保护与逻辑控制等。

此外，计算机硬件、控制软件与数据处理软件、打印与绘图等测量结果的输出设备，也是三坐标测量机必不可少的组成部分。

## 12.1.3　三坐标测量机的分类

三坐标测量机发展至今已经历了若干个阶段，从数字显示及打印型，到带有小型计算机，直至目前的计算机数字控制（CNC）型。三坐标测量机的分类方法很多，但基本不外乎以下几类。

### 1．按结构形式与运动关系分类

按照结构形式与运动关系，三坐标测量机可分为移动桥式、固定桥式、龙门式、悬臂式、水平臂式、坐标镗式、卧镗式和仪器台式等。不论结构形式如何变化，三坐标测量机都是建立在具有三根相互垂直轴的正交坐标系基础之上的。

### 2．按测量机的测量范围分类

按照三坐标测量机的测量范围，可将其分为小型、中型与大型三类。

小型坐标测量机主要用于测量小型精密的模具、工具、刀具与集成线路板等。这些零件的精度较高，因而要求测量机的精度也高。它的测量范围，一般是 $X$ 轴方向（即最长的一个坐标方向）小于 500mm。它可以是手动的，也可以是数控的。常用的结构形式有仪器台式、卧镗式、坐标镗式、悬臂式、移动桥式与极坐标式等。

中型坐标测量机的测量范围在 $X$ 轴方向为 500～2000mm，主要用于对箱体、模具类零件的测量。操作控制有手动与机动两种，许多测量机还具有 CNC 自动控制系统。其精度等级多为中等，也有精密型的。从结构形式看，几乎包括仪器台式和桥式等所有形式。

大型坐标测量机的测量范围在 $X$ 轴方向应大于 2000mm，主要用于汽车与飞机外壳、发动机与推进器叶片等大型零件的检测。它的自动化程度较高，多为 CNC 型，但也有手动或机动的。精度等级一般为中等或低等。结构形式多为龙门式（CNC 型，中等精度）或水平臂式（手动或机动，低等精度）。

### 3．按测量精度分类

按照测量机的测量精度，有低精度、中等精度和高精度三类。

低精度的主要是具有水平臂的三坐标画线机。中等精度及一部分低精度测量机常称为生产型的。生产型的常在车间或生产线上使用，也有一部分在实验室使用。高精度的称为精密型或计量型，主要在计量室使用。

低、中、高精度三坐标测量机大体上可这样划分：低精度测量机的单轴最大测量不确定度大体在 $1 \times 10^{-4}L$ 左右，空间最大测量不确定度为 $(2 \sim 3) \times 10^{-4}L$，其中 $L$ 为最大量程；中等精度的三坐标测量机，其单轴与空间最大测量不确定度分别约为 $1 \times 10^{-5}L$ 和 $(2 \sim 3) \times 10^{-5}L$；精密型的则分别小于 $1 \times 10^{-6}L$ 和 $(2 \sim 3) \times 10^{-6}L$。

近年来超高精度的测量机也已出现，例如在 1m 量程下空间测量精度为亚微米级的测量机，以及一些小量程的纳米级的测量机。

# 12.2 三坐标测量机的主机

三坐标测量机的机械结构最初是在精密机床基础上发展起来的。如美国 Moore 公司的测量机就是由坐标镗→坐标磨→坐标测量机逐步发展而来的，而瑞士的 SIP 公司的测量机则是在大型万能工具显微镜→光学三坐标测量仪基础上逐步发展起来的。这些测量机的结构都没有脱离精密机床及传统精密测试仪器的结构。

## 12.2.1 三坐标测量机的主体结构

### 1. 三坐标测量机的结构形式

三坐标测量机的结构形式可归纳为七大类：悬臂式、桥框式、龙门式、立柱式、卧镗式、仪器台式和极坐标式。其中，前三类是由平板测量原理发展起来的，一般称为坐标测量机(Coordinate Measuring Machine，CMM)；立柱式和卧镗式是由镗床发展起来的，一般称为万能测量机(Universal Measuring Machine，UMM)；仪器台式是由测量显微镜演变而成的，又称为三坐标测量仪；而极坐标式是从极坐标原理发展起来的。

如图 12-3 所示为悬臂式三坐标测量机结构示意图。这种结构形式用于精度要求不太高的小型测量机中，其优点是结构简单、测量空间开阔。

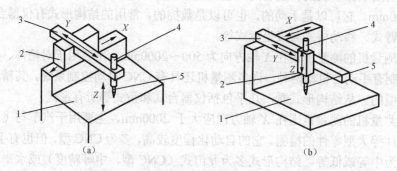

1—工作台；2—滑架；3—悬臂；4—主轴；5—测头

图 12-3 悬臂式三坐标测量机

如图 12-4 所示为水平臂式三坐标测量机，这也是悬臂式的一种，在汽车工业中有广泛的应用。其中，水平臂 6 的端部安装的 7 是测头或画线头，可对工件进行测量或画线。因此，水平臂式三坐标测量机也称为三坐标画线机。

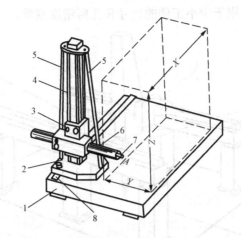

1—工作台；2—滑座；3—滑架；4—立柱；5—增强杆；6—水平臂；7—测头或画线头；8—导轨

图 12-4　水平臂式三坐标测量机

固定桥式三坐标测量机如图 12-5 所示。它与移功桥式三坐标测量机同属桥框式。其主要区别是，固定桥式的桥框 2 是固定不动的，它直接与基座 5 连接。这种结构的主要优点是 $X$ 向的标尺 6 与驱动机构可以设置在工作台下方中部，$Y$ 向阿贝臂小；从中间驱动，绕 $Z$ 轴偏摆小；整个测量机的结构刚度很好，容易保证较高的精度。精密型的三坐标测量机大多采用这种结构。

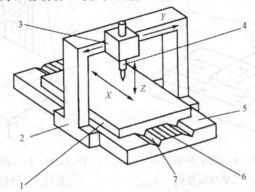

1—工作台；2—桥框；3—滑架；4—主轴；5—基座；6—标尺；7—导轨

图 12-5　固定桥式三坐标测量机

如图 12-6 所示为龙门式三坐标测量机。这种结构只适用于大型三坐标测量机。图中 2 为导轨，其中标有 $X$ 向箭头的是主导轨，它同时限制横梁 3 在 $Y$ 向与 $Z$ 向的位移；另一根为辅助导轨。由于 $X$ 向标尺与驱动装置只能在侧面，因此会带来较大的阿贝臂与绕 $Z$ 轴偏摆，造成较大的阿贝误差，驱动也不易平稳。为了改善测量机的驱动性能、减小阿贝误差，对于 $Y$ 向行程在 2.5m 以上的测量机，常采用双驱动与双标尺的方案，即靠双标尺反馈回来的信号控制左右两侧同步运动。

如图 12-7 所示的立柱式三坐标测量机是在坐标镗的基础上发展起来的。这种测量机结构牢靠、精度高，可将加工与检测合为一体。但工件的质量对工作台运动有影响，同时工作台作 $X$、$Y$ 向运动，两个方向都增大了占地空间，因此只适合于中小型测量机。

如图 12-8 所示的卧镗式测量机是在卧式镗床基础上发展起来的，所以特别适用于测量卧镗加工类零件，也适用在生产线上作自动检测。这种测量机也是一种水平臂式三坐标测量机，一

般水平轴 $Y$ 向位移较小，多用于中小工件的尺寸和几何精度测量。

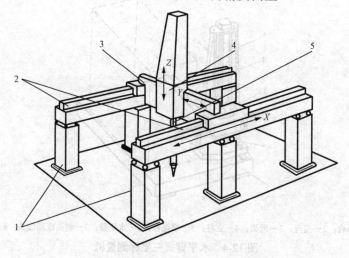

1—立柱；2—导轨；3—横梁；4—滑架；5—主轴

图 12-6　龙门式三坐标测量机

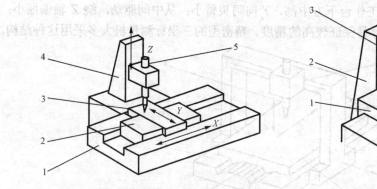

1—基座；2、3—工作台；4—立柱；5—主轴

图 12-7　立柱式三坐标测量机

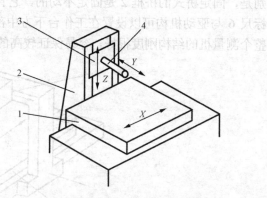

1—工作台；2—立柱；3—滑座；4—水平轴

图 12-8　卧镗式三坐标测量机

如图 12-9 所示为仪器台式三坐标测量机，它是在工具显微镜的结构基础上发展起来的，其运功的配置形式与万能工具显微镜相同。这种典型的仪器结构，优点是操作方便、测量精度高；缺点是测量范围较小，多数为小型测量机。

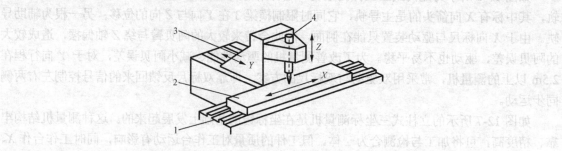

1—底座；2—工作台；3—立柱；4—主轴

图 12-9　仪器台式三坐标测量机

#### 2．三坐标测量机的结构材料

三坐标测量机的结构材料对其测量精度、性能有很大影响，随着各种新型材料的研究、开发和应用，三坐标测量机的结构材料也越来越多，性能也越来越好。常用的结构材料主要有以下几种。

① 铸铁。铸铁是应用较为普遍的一种材料，主要用于底座、滑动与滚动导轨、立柱、支架、床身等。它的优点是变形小、耐磨性好、易于加工、成本较低、线膨胀系数与多数被测件（钢件）接近，是早期三坐标测量机广泛使用的材料。至今在某些测量机，如画线机上仍主要用铸铁材料。但铸铁也有缺点，如易受腐蚀，耐磨性低于花岗石，强度不高等。

② 钢。钢主要用于外壳、支架等结构，有的测量机底座也采用钢，一般常采用低碳钢。钢的优点是刚性和强度好，可采用焊接工艺，缺点是容易变形。

③ 花岗石。花岗石比钢轻，比铝重，是目前应用较为普遍的一种材料。花岗石的主要优点是变形小、稳定性好、不生锈，易于作平面加工并达到比铸铁更高的平面度，适合制作高精度的平台与导轨。

花岗石也存在不少缺点，主要是：虽然可以用黏结的方法制成空心结构，但较麻烦；实心结构质量大，不易加工，特别是螺纹孔和光孔难以加工；不能将磁力表架吸附到其上；造价高于铸铁；材质较脆，粗加工时容易崩边；遇水会产生微量变形等。因此，使用中应注意防水防潮，禁止用混水的清洗剂擦拭花岗石表面。

④ 陶瓷。陶瓷是近年来发展较快的材料之一。它是将陶瓷材料压制成形后烧结，再研磨而得。其特点是多孔、质量轻、强度高、易加工、耐磨性好、不生锈。陶瓷的缺点是制作设备造价高、工艺要求也较高，而且毛坯制造复杂，所以使用这种材料的测量机不多。

⑤ 铝合金。三坐标测量机主要是使用高强度铝合金，这是近几年发展最快的新型材料。铝材的优点是质量轻、强度高、变形小、导热性能好，并且能进行焊接，适合作测量机上的许多部件。应用高强度铝合金是目前的主要趋势。

总体来看，三坐标测量机结构材料的发展经历了由金属到陶瓷、花岗石，再由这些自然材料发展到铝合金的过程。现在，各种合成材料的研究也在深入进行，德国 Zeiss、英国 LK 及 Tarus 公司均开始采用碳素纤维作结构件。随着对精度要求的不断提高，对材料的性能要求也越来越高。可以看出，三坐标测量机的结构材料正向着质量轻、变形小和易加工的方向发展。

## 12.2.2 三坐标测量机的标尺系统

标尺系统，也称为测量系统，是三坐标测量机的重要组成部分。测量系统直接影响坐标测量机的精度、性能和成本。不同的测量系统，对坐标测量机的使用环境也有不同的要求。

测量系统可以分为机械式测量系统、光学式测量系统和电气式测量系统。其中，使用最多的是光栅，其次是感应同步器和光学编码器。对于高精度测量机可采用激光干涉仪测量系统。

光栅的种类很多，在玻璃表面上制有透明与不透明间隔相等的线纹，称为透射光栅；在金属镜面上制成全反射或漫反射并间隔相等的线纹，称做反射光栅；也可以把线纹做成具有一定衍射角度的光栅。

光栅测量是由一个定光栅和一个动光栅合在一起作为检测元件，靠它们产生的莫尔条纹来检测位移值。通常，长光栅尺安装在测量机的固定部件上，称为标尺光栅。短光栅尺（指示光栅）的线纹与标尺光栅的线纹保持一定间隙，并在自身平面内转一个很小角度 $\theta$。当光源照射时，两光栅之间的线纹相交，组成一条条黑白相间的条纹，称为"莫尔条纹"，如图 12-10 所示。若光栅尺的栅距为 $W$，则莫尔条纹节距为

$$B = \frac{W}{2\sin(\theta/2)} \approx \frac{W}{\theta}$$

(12-1)

由于 $\theta$ 通常很小，因此莫尔条纹就有一种很强的放大作用。标尺光栅与指示光栅每相对移动一个栅距，莫尔条纹便移动一个节距。莫尔条纹是由大量（数百条）的光栅刻线共同形成的，因此它对光栅的刻线误差有平均作用，从而提高了位移检测的精度。

光栅读数系统的基本工作原理如图 12-11 所示。标尺光栅 3 固结在测量机的固定部件上，光栅读数头固结在移动部件上。光栅读数头由光源 1、聚光镜 2、指示光栅 4 和光电元件 5 组成。由光源 1 发出的光经聚光镜 2 形成平行光束，将标尺光栅 3 与指示光栅 4 照亮，形成莫尔条纹。光电元件 5 将莫尔条纹的亮暗转换成电信号。若采用细分电路，即在莫尔条纹变化一个周期内，发出若干个细分脉冲，则可读出光栅头移过一个栅距内的信号。采用可逆计数器记录发出的脉冲数。计数器所计的数代表光栅头的位移量，光栅头向不同方向移动，则可逆计数器按不同方向计数。

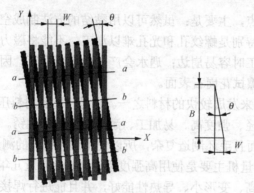

图 12-10　莫尔条纹

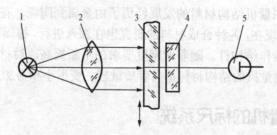

1—光源；2—聚光镜；3—标尺光栅；4—指示光栅；5—光电元件

图 12-11　光栅读数系统的工作原理

## 12.2.3　三坐标测量机的其他机构与部件

### 1. 导轨

在精密测量仪器中，导轨部件是最重要的部件之一。导轨不仅应可靠地承受外加载荷，更主要的是必须保证运动件的定位及运动精度，以及与有关部件的相互位置精度。测量机的导轨一般也可采用机床中常见的滑动导轨形式，如双 V 形导轨、V—平面导轨、直角形导轨、燕尾

导轨、圆柱导轨等。所不同的是测量机有着自身的特点及精度要求，因此常用气浮导轨及滑动摩擦导轨，而滚动导轨应用较少。这是因为无论是滚珠导轨，还是滚柱导轨，耐磨性均较差，刚度也较滑动导轨低。

#### 2．驱动机构

三坐标测量机中的驱动系统是指 $X$，$Y$，$Z$ 三个方向的驱动系统。对驱动系统的主要要求是传动平稳、爬行小、刚度高，同时产生的震动与噪声小。驱动方式主要有丝杠传动、钢带传动、齿形带传动、齿轮齿条传动以及摩擦轮传动、气压传动、直线电机驱动等。驱动电机主要有步进电机、直流伺服电机和交流伺服电机。

#### 3．平衡部件

三坐标测量机中，主轴处于铅直方向，因此对于主轴需要加一与运动部件质量相同的反向平衡力，以避免主轴自行坠落撞坏测头，同时使部件沿导轨上下移动时轻便而平稳，停止时可靠而稳定。常用的平衡机构有重锤平衡机构、弹簧平衡机构、气压平衡机构，以及用传动机构实现平衡等。

#### 4．附件

为了充分发挥三坐标测量机的效能，使它能高效、方便地测量工件，或对三坐标测量机自身进行标定，需要采用各种附件。常用的附件有：测量各种回转形零件所使用的转台；被测件的装夹与送料附件；测量机的标定与检测附件等。

# 12.3　三坐标测量机的测头

## 12.3.1　测头的功用与类型

三坐标测量机是靠测头来拾取信号的，其功能、效率、精度均与测头密切相关。没有先进的测头，就无法发挥测量机的功能。测头的两大基本功能是测微（即测出与给定标准坐标值的偏差量）和触发瞄准并过零发信号。

按结构原理，测头可分为机械式、光学式和电气式等。其中，机械式主要用于手动测量；光学式多用于非接触测量；电气式多用于接触式的自动测量。

按测量方法，测量头可分为接触式和非接触式两类。接触式测量头便于拾取三向尺寸信号，应用甚为广泛，种类也很多；非接触测量头由于有独到的优点，发展十分迅速。

接触式测头可分为硬测头与软测头两类。硬测头多为机械式测头，主要用于手动测量。由于人手直接操作，故测量力不易控制。测量力过大，会引起测头和被测件的变形；测量力过小，又不能保持测头与被测件可靠接触；测量力的变化也会使瞄准精度下降。而软测头的测端与被测件接触后，测端可作偏移，传感器进而输出开关信号或模拟信号。在测端接触工件后仅发出瞄准信号的测头称为触发式测头；除发信号外，还能进行偏移量读数的测头称为模拟式测头。

按功用可将测头分为用于瞄准的测头和用于测微的测头。用于瞄准的测头有全部的硬测头、电气测头中的开关式测头和光学测头中的光学点位测头等。用于测微的测头有电气测头中的电感测头、电容测头，光学测头中的三角法测头、激光聚焦测头、视像测头等。

三坐标测头种类繁多、技术复杂、精度要求高。研究开发新型、高精度三维测头，提高探测速度，发展非接触测头等是三坐标测头的发展方向。

## 12.3.2  机械式测头

机械式测头也即硬测头，主要用于精度不太高的小型测量机中的手动测量，有的也用于数控自动测量。机械式测头成本低，操作简单方便，种类繁多。图 12-12 所示为常用的几种测头。

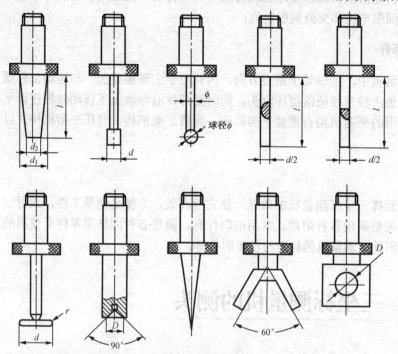

图 12-12   常用硬测头

## 12.3.3  光学非接触测头

与机械式测头相比，光学测头有如下许多突出的优点。

① 没有测量力，可以用于各种低硬度和易变形零件的测量，也没有摩擦。

② 由于不接触，可以很快的速度对物体进行扫描测量，测量速度与采样频率都较高。

③ 光斑可以做得很小，因此可以探测一般机械式测头难以探测的部位，也不必进行测端半径的补偿。

④ 通常都具有较大的量程，如十毫米乃至数十毫米。

光学非接触测头也有其先天不足，除物体的尺寸特性外，物体的辐射特性对测量结果也有较大影响。照明情况、表面状态反射情况、阴影、挡光、对谱线吸收情况等，都会引入附加误差。

目前在三坐标测量机上应用的光学测头的种类很多，如一维测头（如三角法测头、激光聚焦测头、光纤测头等）、二维测头（各种视像测头）、三维测头（如用莫尔条纹技术形成等高线进行条纹计数的测头、体视测头）等。图 12-13 所示为用一维激光扫描测头对手机外壳曲面进行测量的实例。

以下简要介绍激光三角法测头的工作原理。

三角法测头是最常用的光学测头之一。由激光器（通常为半导体激光器）LD 发出的光，经光学系统形成一个很细的平行光束，照到被测工件表面上。由工件表面反射回来的光，可能是镜面反射光，也可能是漫反射光。由于三角法测头是利用漫反射光进行探测的，因此可测量粗糙、无光泽的表面。在汽车工业中，常常需要制作一些石膏、黏土、木材的模型，这些模型都可以采用三角法测头进行测量。

图 12-14 中，漫反射光经成像系统落到光电检测器件上（位置敏感器件 PSD 或电荷耦合器件 CCD）。照明光轴与成像光轴间有一夹角 $\theta$，称为三角成像角。被测表面处于不同位置时，漫反射光斑按照一定三角关系成像于光电检测器件的不同位置，从而探测出被测表面的位置。图中，$X$ 为被测件表面的位置变化，$Y$ 为成像位置的变化，其关系为

$$X = \frac{a}{b} \cdot \frac{\sin\varphi}{\sin\theta} \cdot Y$$

图 12-13　非接触测量实例

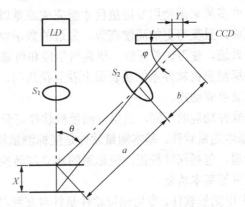

图 12-14　三角法测距原理

成像位置的变化 $Y$ 被转换为电流信号，经信号调制电路及处理系统后，可得到与成像点位置成正比的电压信号。这样，通过检测电压信号即可得到 $Y$ 值，由上式即可计算出被测件的位移 $X$。

## 12.3.4　电气测头

在现今的三坐标测量机中，使用最多、应用范围最广的是电气测头。电气测头多采用电触、电感、电容、应变片、压电晶体等作为传感器来接收测量信号，可以达到很高的测量精度，所以电气测头在各类三坐标测头中占主要位置。

按照功能，电气测头可分为开关测头和模拟测头。其中，开关测头只作瞄准之用，而模拟测头既可进行瞄准，又具有测微功能。

按能感受的运动维数，电气测头可分为单向（即一坐标）电测头，双向（即二坐标）电测头和三向（即三坐标）电测头。

如图 12-15 所示为瑞士 TESA 公司生产的三维测头。该测头将测座和触发式测头整合为一体，并可在两个轴方向按 15° 步距分度，其中 $A$ 轴 0～90°，$B$ 轴 ±180°。这样，测头即可在空间 168 个不同位置上精确定位。测头位

图 12-15　电触式开关测头

置重复性 1.5μm，单项重复性 0.35μm，可触发力仅 0.1～0.3N。这种测头性价比极高，进行三维测量非常方便。

# 12.4　三坐标测量机的软件

## 12.4.1　三坐标测量软件的分类

对三坐标测量机的主要要求是精度高、功能强、操作方便。其中，三坐标测量机的精度与速度主要取决于机械结构、控制系统和测头，而功能则主要取决于软件和测头，操作方便与否也与软件有很大关系。

随着计算机技术、计算技术及几何量测试技术的迅猛发展，三坐标测量机的智能化程度越来越高，许多原来需使用专用量仪才能完成或难以完成的复杂工件的测量，现代的三坐标测量机也能完成，且变得更加简便高效。先进的数学模型和算法的涌现，不断完善和充实着坐标测量机软件系统，使得误差评价　更具科学性和可靠性。

三坐标测量机软件系统从表面上看五花八门，但本质上可归纳为两种，一种是可编程式，另一种是菜单驱动式。

根据软件功能的不同，三坐标测量机软件可分为如下三类。

① 基本测量软件。基本测量软件是坐标测量机必备的最小配置软件。它负责完成整个测量系统的管理，包括探针校正，坐标系的建立与转换、输入输出管理、基本几何要素的尺寸与几何精度测量等基本功能。

② 专用测量软件。专用测量软件是针对某种具有特定用途的零部件的测量问题而开发的软件。如齿轮、螺纹、凸轮、自由曲线和自由曲面等测量都需要各自的专用测量软件。

③ 附加功能软件。为了增强三坐标测量机的功能和用软件补偿的方法提高测量精度，三坐标测量机中还常有各种附加功能软件，如附件驱动软件、统计分析软件、误差检测软件、误差补偿软件、CAD 软件等。

根据测量软件的作用性质不同，可把它们分为如下两类。

① 控制软件。对坐标测量机的 X, Y, Z 三轴运动进行控制的软件为控制软件，包括速度和加速度控制、数字 PID 调节、三轴联动、各种探测模式(如点位探测、自定中心探测和扫描探测)的测头控制等。

② 数据处理软件。对离散采样的数据点的集合，用一定的数学模型进行计算，以获得测量结果的软件称为数据处理软件。

## 12.4.2　几个重要概念

### 1. 探针校正

使用三坐标测量机进行测量之初，通常要先进行探针校正。探针校正的意义有两个方面。

首先，探针校正是为了正确确定探针的实际位置。使用一根固定的探针，只能测量简单形状的工件。对于深孔、长柱或有多个测量平面的复杂工件，通常需使用多根探针组合或单探针多转位的可回转测头才能完成测量任务。但处在不同位置的探针将会给出不同的坐标值。为了获得正确统一的坐标值，软件系统必须能自动修正处于不同位置探针的坐标差值。而这些坐标差值就是通过探针校正程序来确定，并储存在计算机内部数据库里的。

其次，探针校正是为了补偿测端球径与探针挠曲变形误差。尽管接触式探针的测量力不是很大，但对于高精度的测量来说，测量力使得测杆挠曲变形带来的误差是不容忽视的。图 12-16 为探针在不同方向测量时的受力变形差异。在三坐标测量过程中，通常是通过测量一已知的实物标准（如标准球、量块等）得到带有挠曲变形误差的测端作用直径，实际测量时，再调用测端作用直径值对它进行补偿以获得精密测量结果。在这一补偿中，也在一定程度上补偿了动态探测误差。

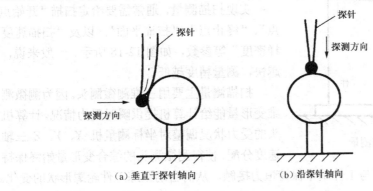

图 12-16　探针受力变形差异

### 2. 探测模式

三坐标测量机目前使用最为广泛的是接触式电气测头。接触式电气测头有点位探测模式、连续扫描模式和自定中心探测模式。以下简要介绍最常用的点位探测模式和连续扫描模式。

（1）点位探测模式

所谓点位探测，指的是由人工操作或由计算机控制，使测头逐点探测被测物体表面的方式。这种探测模式，既适于触发式开关测头，也适于测微式模拟测头。是三坐标测量中使用最多的探测模式。

如图 12-17 所示，假定测头初始位置为 $A$，为探测工件表面 $C$ 点，一般先快速驱使测头到达 $C$ 点表面法线上方很近的一点 $B$，再沿法线方向慢速探测点 $C$，之后快速到达 $D$ 点，慢速探测 $E$ 点……如此反复，逐点测量。测量完成后，测头停在远离工件的 $H$ 点处。

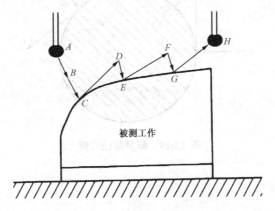

图 12-17　点位测量

这里，将点 B，D，F 称为 "避障点"，点 C，E 和 G 称为 "探测点"，BC，DE 和 FG 称为 "探测方向矢量"。如果测量已知的几何要素，这些 "避障点"、"探测点" 和 "方向矢量" 都可通过程序自动生成。如果测量未知要素，就需要通过手动测量并用自学习程序记录它们。

（2）连续扫描模式

所谓连续扫描探测，就是测头沿被测工件表面按照预先确定的速率运动，并自动获取测量数据的一种测量模式。扫描测量的最大特点是效率高，即在短时间内可以获取工件表面的大量数据。它适合于测量工件表面形状。

实现扫描测量，通常需要给定扫描 "开始点"、"方向点"、"终止点"、"扫描平面"，以及 "扫描速度" 和 "采样密度" 等参数，如图 12-18 所示。一般来说，扫描速度越快，测量精度越低。

扫描测量主要用三维测微测头。因为测微测头通过三维变形量能给计算机提供瞬时受力情况，计算机能根据测头的受力状况调整对坐标测量机 X、Y、Z 三轴电动机的速度分配，使得测微测头的综合变形量始终保持在某一定

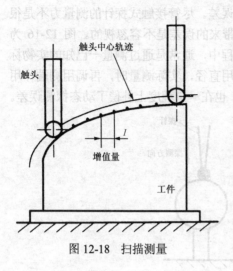

图 12-18　扫描测量

值附近，也就是使测头与工件基本保持恒力接触，从而自动跟踪工件轮廓形状的变化。

## 3．测量路径

用 CNC 坐标测量机自动测量某一工件时，需要有测量程序。而具体测量该工件的某一元素，如某一平面、球体、圆柱或圆锥等时，需要有测量路径。测量程序的功能就是为了有序、快速、高效地探测分布在元素表面的各个实际点的坐标，并保证在检测过程中测头与工件或其他物体不发生碰撞。

手动式三坐标测量机的测量路径是由测量操作者随时确定的，而 CNC 测量机则需要靠控制软件保证。测量路径有三大要素，即名义探测点、名义探测点法矢和避障点。测量路径实际上就是一系列名义探测点及其法矢和避障点的集合。图 12-19 为一个测量路径的实例。

测量路径可以通过键盘输入、自学、自动生成等方式产生。

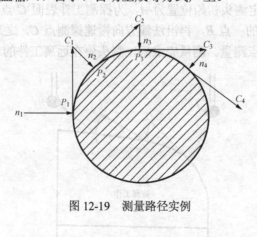

图 12-19　测量路径实例

# 12.5　三坐标测量机的应用

三坐标测量机作为大型空间几何量检测设备，在推动我国制造业的发展方面起着越来越重要的作用。尤其是在我国汽车工业逐步走上核心技术自主开发，模具、摩托车行业走出国门，造船工业做大做强赶超世界一流的今天，三坐标测量更是企业技术进步、产品升级、质量控制等不可或缺的检测手段。

在箱体类零件中，平面、孔等要素的实际尺寸、几何形状、相互位置的测量是其检验的主要内容。采用传统的测量方法存在许多的困难。如基准建立困难，数据处理复杂，有些关联要素还需通过组合测量才能得到等。然而采用三坐标测量机测量时，全部的测量过程将转化为在同一坐标系下的坐标点位置的测量，数据处理也由软件来完成。这样，箱体类零件的测量过程就变得十分简单。图 12-20 为发动机缸体的测量实例。

齿轮传动是机械中最重要的传动方式之一。齿轮的检验参数较多，如齿形（含压力角）、周节、齿向误差、径向跳动等，因此特别适合于用测量机进行检测。图 12-21 为螺旋伞齿轮的测量实例。

图 12-20　发动机缸体测量实例

图 12-21　螺旋伞齿轮测量实例

由于齿轮是常用零件，因此多数三坐标测量机都有齿轮测量软件。齿轮测量时，通常要求输入齿轮类型、齿数、法向模数、法向压力角、螺旋角及旋向、齿轮宽度、变位系数等。具体的测量方法主要有展成法和坐标法两种。

曲面测量在机械制造、汽车、航空、航天等工业中有广泛的应用。发动机蜗轮、翼片，飞机机翼、各种模具等都需要曲面测量。图 12-22、图 12-23 为三坐标测量机在汽车工业中的应用实例。模具在现代工业生产中具有极重要地位，汽车外壳生产主要靠冲压模具，家电、照相机、玩具生产大量靠注塑模具。在逆向工程中，通过对实物模型或由美学造型得到的模型进行测量，形成 CAD 与 CAM 数据文件，然后控制加工，这里的关键是曲面的测量。

曲面的形状、方程可以是已知的，也可能是未知的，甚至是难以用数学式表达的。对于这类自由曲面，难以用其他仪器测量，三坐标测量机常是最佳乃至唯一的选择。

进入 21 世纪，三坐标测量机已由单纯的精密计量仪器发展成为现代化的先进制造技术中的重要组成部分，成为 3D 检测的工业标准设备。图 12-24 表达了三坐标测量机与 CAD/CAM 的集成。

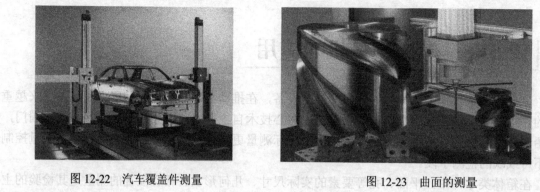

图 12-22　汽车覆盖件测量　　　　　　　　图 12-23　曲面的测量

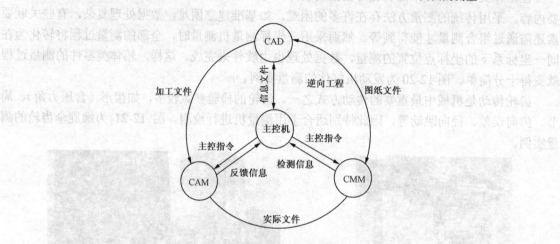

图 12-24　CMM 与 CAD/CAM 的集成

# 参 考 文 献

[1] 蒋向前. 新一代 GPS 标准理论与应用. 北京：高等教育出版社，2007.

[2] 李柱，徐振高，蒋向前. 互换性与测量技术. 北京：高等教育出版社，2004.

[3] 中国标准出版社全国产品尺寸和几何技术规范标准化技术委员会. 中国机械工业标准汇编 极限与配合卷（第二版）. 北京：中国标准出版社，2002.

[4] 方昆凡. 公差与配合技术手册（修订本）. 北京：北京出版社，2000.

[5] 李柱. 互换性与测量技术基础. 北京. 计量出版社，1984.

[6] 廖念钊. 互换性与测量技术基础（第五版）. 北京. 中国计量出版社，2008.

[7] 潘宝俊. 互换性与测量技术基础. 北京：中国标准出版社，1997.

[8] 李柱，赵卓贤. 互换性与测量技术基础. 北京：机械工业出版社，1989.

[9] 刘品. 互换性与测量技术基础. 哈尔滨：哈尔滨工业大学出版社，1993.

[10] 赵容. 互换性与测量技术基础. 沈阳：辽宁科学技术出版社，1995.

[11] 甘永立. 几何量公差与检测习题试题集. 上海：上海科学技术出版社，1987.

[12] 潘淑清. 几何精度规范学. 北京：北京理工大学出版社，2003.

[13] 汪恺. 形状和位置公差标准应用指南. 北京：中国标准出版社，2000.

[14] 吴昭同，杨将新. 计算机辅助公差优化设计. 杭州：浙江大学出版社，1999.

[15] 方红芳，何勇，吴昭同. 基于田口质量观的并行公差设计的研究. 机械设计，1998.

[16] 张根保. 计算机辅助公差设计综述. 中国机械工程，1996.

[17] 刘玉生等. CAD 系统中公差信息建模技术综述. 计算机辅助设计与图形学学报，2001.

[18] 张国雄. 三坐标测量机. 天津：天津大学出版社，1999.

[19] 海克斯康测量技术（青岛）有限公司产品样本.

# 反侵权盗版声明

电子工业出版社依法对本作品享有专有出版权。任何未经权利人书面许可，复制、销售或通过信息网络传播本作品的行为，歪曲、篡改、剽窃本作品的行为，均违反《中华人民共和国著作权法》，其行为人应承担相应的民事责任和行政责任，构成犯罪的，将被依法追究刑事责任。

为了维护市场秩序，保护权利人的合法权益，我社将依法查处和打击侵权盗版的单位和个人。欢迎社会各界人士积极举报侵权盗版行为，本社将奖励举报有功人员，并保证举报人的信息不被泄露。

举报电话：（010）88254396；（010）88258888

传　　真：（010）88254397

E-mail：　dbqq@phei.com.cn

通信地址：北京市万寿路 173 信箱

　　　　　电子工业出版社总编办公室

邮　　编：100036